国家工业节能技术应用指南

机械工业技术发展基金会
机械工业节能与资源利用中心

组编

王志雄	祁卓娅	马小路	侯 觉	吴 怡
张 磊	段彦敏	马成果	张加胜	韦伟中
晋振东	袁文博	王耀伟	栗世芳	栗世杰
辛双全	周 君	栾玉成	牛志远	张 华
王文景	陆 虎	胡志强	邢 磊	张春晖
高宏钧	吴 玺	郭红军	李正荣	

编著

U0179085

机械工业出版社

本书梳理了工业节能技术装备的推广政策、现状及成效，分类介绍了入选工业和信息化部 2019 年、2020 年《国家工业节能技术装备推荐目录》的各项节能技术，并详细阐述了其技术原理、适用范围、应用案例及效果等内容。本书主要内容包括：绪论、重点用能设备节能技术、流程工业节能技术、余热余能再利用节能技术、智能物联网管理系统节能技术、"十四五"工业节能技术装备发展方向。本书可为工业企业开展节能技术改造提供专业指南，也可为政府有关部门制定节能减排相关政策措施提供参考依据，对全社会开展节能减排工作具有重要意义。

本书可供工业企业的管理人员与技术人员，以及各行业节能监察中心、节能技术服务中心、专业研究机构的相关人员参考，也可作为相关专业在校师生的参考书。

图书在版编目（CIP）数据

国家工业节能技术应用指南/机械工业技术发展基金会，机械工业节能与资源利用中心组编；王志雄等编著. —北京：机械工业出版社，2022.4（2023.4 重印）
ISBN 978-7-111-70211-5

Ⅰ.①国… Ⅱ.①机… ②机… ③王… Ⅲ.①工业-节能-中国-指南 Ⅳ.①TK01-62

中国版本图书馆 CIP 数据核字（2022）第 029995 号

机械工业出版社（北京市百万庄大街 22 号　邮政编码 100037）
策划编辑：陈保华　　　　　责任编辑：陈保华　王春雨
责任校对：樊钟英　刘雅娜　封面设计：马精明
责任印制：张　博
北京中科印刷有限公司印刷
2023 年 4 月第 1 版第 2 次印刷
169mm×239mm・17.75 印张・294 千字
标准书号：ISBN 978-7-111-70211-5
定价：99.00 元

电话服务　　　　　　　　　网络服务
客服电话：010-88361066　　机　工　官　网：www.cmpbook.com
　　　　　010-88379833　　机　工　官　博：weibo.com/cmp1952
　　　　　010-68326294　　金　书　网：www.golden-book.com
封底无防伪标均为盗版　机工教育服务网：www.cmpedu.com

为加快推广先进适用的节能技术装备（产品），推动工业节能降碳，助力碳达峰、碳中和目标实现，机械工业技术发展基金会/机械工业节能与资源利用中心受工业和信息化部节能与综合利用司委托，开展了国家工业节能技术装备遴选及"能效之星"产品评价工作。经企业申报、各地工业和信息化主管部门及行业协会推荐、专家评审、网上公示，先后遴选产生了2019年、2020年《国家工业节能技术装备推荐目录》。为进一步促推先进工业节能技术的广泛应用，我们在分析目前绿色发展技术政策背景的基础上，将2019年、2020年《国家工业节能技术装备推荐目录》中的先进高效工业节能技术及应用案例进行整理，编写了这本《国家工业节能技术应用指南》。

全书分为三个部分：第一部分为第1章，介绍了"双碳"背景下工业节能技术装备推广的政策、现状及成效。第二部分为第2～5章，按照技术领域或应用行业的不同，每章详细介绍了一类或一个领域的技术，依次分别为重点用能设备节能技术、流程工业节能技术、余热余能再利用节能技术、智能物联网管理系统节能技术，较为详细地介绍了技术原理、适用范围、应用案例及效果等内容。为便于读者迅速了解不同领域技术应用特点及效果，每章第1节均对该领域部分适用范围广、推广效果突出的典型技术进行了详细的阐述，突出了这些典型技术的研发背景、技术特点和应用效果。第三部分为第6章，介绍了"十四五"工业节能技术装备发展方向。

本书主要面向工业节能技术装备用户企业的技术管理人员、节能服务公司业务人员、地方节能监察人员、节能培训学员，以及政府管理部门、行业服务机构、技术咨询机构、投资公司、金融机构等单位的相关负责人员，可引导行业企业及用户更加深入地了解具体实用的先进节能技术，为各政府管理部门、行业服务机构、金融机构等提供可靠的技术信息参考，同时也为相关节能培训提供参考教材。

本书主要执笔人如下:

章号	执笔人	执笔人单位
第1章	王志雄	机械工业技术发展基金会/机械工业节能与资源利用中心
	祁卓娅	
	马小路	
	侯 觉	
	吴 怡	
	张 磊	
	段彦敏	
第2章	马小路	机械工业技术发展基金会/机械工业节能与资源利用中心
	马成果	黑龙江新双锅锅炉有限公司
	胡志强	亿昇(天津)科技有限公司
	邢 磊	
	张春晖	江苏嘉轩智能工业科技股份有限公司
	高宏钧	上海凯泉泵业(集团)有限公司
第3章	侯 觉	机械工业技术发展基金会/机械工业节能与资源利用中心
	张 华	安徽马钢矿业资源集团有限公司
	王文景	
	陆 虎	
	郭红军	淄博科邦热工科技有限公司
	栾玉成	常州优纳新材料科技有限公司
	张加胜	中石大蓝天(青岛)石油技术有限公司
	韦伟中	
第4章	张 磊	机械工业技术发展基金会/机械工业节能与资源利用中心
	周 君	山东巨亚环保科技股份有限公司
	晋振东	山东京博石油化工有限公司
	袁文博	
	王耀伟	
	李正荣	唐山瓦特合同能源管理有限公司

（续）

章号	执笔人	执笔人单位
第5章	段彦敏	机械工业技术发展基金会/机械工业节能与资源利用中心
	栗世芳	汉诺威智慧能源科技（内蒙古）有限公司
	栗世杰	
	辛双全	
	牛志远	深圳市华控科技集团有限公司
	吴　玺	苏州琅润达检测科技有限公司
第6章	王志雄	机械工业技术发展基金会/机械工业节能与资源利用中心
	马小路	
	侯　觉	
	段彦敏	

　　在本书出版之际，谨向全体编审人员及参加本书编写工作的有关单位和专家表示诚挚的谢意。由于本书内容涉及工业领域范围较广，难免有一些不当之处，希望广大读者批评指正，以便在今后工作中改进。

本书编委会

目 录

第1章

绪 论

随着二氧化碳等温室气体排放的增加，全球生态系统受到严重威胁，世界各国纷纷出台相应政策措施以减排温室气体、应对气候变化，低碳发展已成大势所趋。2020 年 9 月，习近平总书记做出庄严宣示：中国将提高国家自主贡献力度，采取更加有力的政策和措施，二氧化碳排放力争 2030 年前达到峰值，努力争取 2060 年前实现碳中和。2021 年 9 月，中共中央、国务院印发《关于完整准确全面贯彻新发展理念做好碳达峰碳中和工作的意见》，把 "坚持节约优先" 作为重要基本原则，强调要 "把节约能源资源放在首位，实行全面节约战略"。毋庸置疑，节能是减少二氧化碳排放的主要途径，是转变经济增长方式的重要抓手，是推动企业低碳发展的有效措施，是实现碳达峰碳中和目标的关键性手段。2021 年 10 月，国务院印发《2030 年前碳达峰行动方案》，将 "工业领域碳达峰行动" 作为 "碳达峰十大行动" 之一，明确指出工业是产生碳排放的主要领域之一，对全国整体实现碳达峰具有重要影响，要加快推广应用先进适用的绿色低碳技术与节能技术设备，鼓励企业节能升级改造，加强传统产业和重点行业领域绿色低碳改造。

1.1　"双碳" 背景下节能技术推广政策与行动

碳达峰碳中和的愿景目标，对我国工业提出了低碳绿色发展的高要求。在此背景下，国家出台了明确的指导意见及行动方案，部分省市制定了相应政策，重点行业也开展了应对碳达峰碳中和的相关行动，其中都将推广应用先进适用的工业节能技术作为实现碳达峰碳中和目标的重要抓手。

1. 国家政策及行动方案

2021年2月,中共中央、国务院印发的《关于加快建立健全绿色低碳循环发展经济体系的指导意见》指出,"建立健全绿色低碳循环发展的经济体系""实施绿色技术创新攻关行动""拓宽节能环保、清洁能源等领域技术装备和服务合作""及时发布绿色技术推广目录,加快先进成熟技术推广应用"等。2021年10月,中共中央、国务院印发的《关于完整准确全面贯彻新发展理念做好碳达峰碳中和工作的意见》指出,"推广先进绿色低碳技术和经验,加快先进适用技术研发和推广""以节能降碳为导向,修订产业结构调整指导目录""持续深化工业等重点领域节能""加快实施节能降碳改造升级,打造能效'领跑者'"等。2021年10月,国务院印发《2030年前碳达峰行动方案》,方案提出了"碳达峰十大行动";在"节能降碳增效行动""工业领域碳达峰行动""循环经济助力降碳行动""绿色低碳科技创新行动"中,提出要推进重点用能设备节能增效,以电机、风机、泵、压缩机、变压器、换热器、工业锅炉等设备为重点,全面提升能效标准,建立以能效为导向的激励约束机制,推广先进高效产品设备,加快淘汰落后低效设备;加快传统产业绿色低碳改造,加强重点行业和领域技术改造,在钢铁、有色金属、建材、石化等行业均提出要"推广先进适用技术""加快推广应用先进适用绿色低碳技术""推广节能技术设备""鼓励企业节能升级改造""推进工业余压余热利用""加快先进适用技术研发和推广应用"等。我国"双碳"政策——节能技术装备推广要点如图1-1所示。

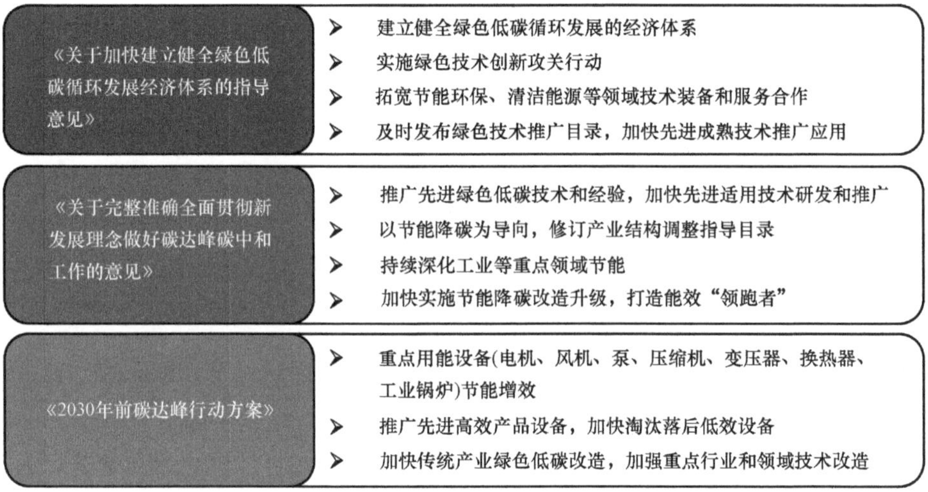

《关于加快建立健全绿色低碳循环发展经济体系的指导意见》	➤ 建立健全绿色低碳循环发展的经济体系 ➤ 实施绿色技术创新攻关行动 ➤ 拓宽节能环保、清洁能源等领域技术装备和服务合作 ➤ 及时发布绿色技术推广目录,加快先进成熟技术推广应用
《关于完整准确全面贯彻新发展理念做好碳达峰碳中和工作的意见》	➤ 推广先进绿色低碳技术和经验,加快先进适用技术研发和推广 ➤ 以节能降碳为导向,修订产业结构调整指导目录 ➤ 持续深化工业等重点领域节能 ➤ 加快实施节能降碳改造升级,打造能效"领跑者"
《2030年前碳达峰行动方案》	➤ 重点用能设备(电机、风机、泵、压缩机、变压器、换热器、工业锅炉)节能增效 ➤ 推广先进高效产品设备,加快淘汰落后低效设备 ➤ 加快传统产业绿色低碳改造,加强重点行业和领域技术改造

图1-1 我国"双碳"政策——节能技术装备推广要点

2. 地方政策

地方"双碳"政策——节能技术装备推广要点见表1-1。

表1-1　地方"双碳"政策——节能技术装备推广要点

省市	政策(时间)	主要内容(节能技术推广)
北京市	《北京市关于进一步完善市场导向的绿色技术创新体系若干措施》(2021.9)	1)建立创新型绿色技术目录清单机制 2)支持创新型绿色技术示范应用项目建设 3)对于节能技术改造等项目给予资金补助及奖励
天津市	《天津市国民经济和社会发展第十四个五年规划和二〇三五年远景目标纲要》(2021.2)	1)推动产业园区实施循环化、节能低碳化改造 2)加强重点用能单位节能管理,加快推进能耗在线监测系统建设与数据应用 3)加快推动市场导向的绿色技术创新,发展壮大节能环保、清洁能源等绿色产业
河北省	《河北省"十四五"循环经济发展规划》(2021.8)	1)全面开展企业节能改造,积极利用余热余压资源,推行热电联产、分布式能源及光伏储能一体化系统应用,实现园区低碳发展 2)推动石化、焦化、水泥等重点行业"一行一策"制定清洁生产改造提升计划
内蒙古自治区	《内蒙古自治区"十四五"生态环境保护规划》(2021.9)	1)开展重点领域绿色技术研发和示范 2)支持重点绿色技术创新成果转化应用 3)加快推广应用减污降碳技术
上海市	《节能减排和应对气候变化重点工作安排》(2021.6)	1)开展重点高耗能行业节能技术改造等行动 2)实施数据中心、冷却塔、冷库能效提升重点工程
江苏省	《江苏省生态环境厅2021年推动碳达峰碳中和工作计划》(2021.5)	1)加快推动产业结构、能源结构优化 2)攻克一批低碳零碳负碳技术
浙江省	《浙江省碳达峰碳中和科技创新行动方案》(2021.6)	1)大力提高节能降碳关键核心技术研发能力 2)积极推广可再生能源、储能、氢能、CCUS(碳捕集、利用与封存)、生态碳汇等关键核心技术
山东省	《山东省工业和信息化领域循环经济"十四五"发展规划》(2021.9)	1)发展节能锅炉、高效内燃机及余热余压利用技术和装备,提升节能电机及拖动设备技术水平,发展高效节能电器及照明设备 2)加快突破一批原创性、引领性绿色低碳技术 3)以绿色低碳技术创新和应用为重点,培育和推广绿色产品,大力发展节能环保等绿色低碳产业
河南省	《关于实施重点用能单位节能降碳改造三年行动计划的通知》(2021.8)	1)重点实施高耗能设备改造、能量系统优化、余热余压回收利用等节能改造,推广应用节能新材料及新技术方案 2)重点实施煤炭消费减量、清洁能源替代、生产过程降碳改造等 3)重点实施原料清洁替代、生产过程"三废"无害化处置、废物资源化利用等减污协同增效改造

（续）

省市	政策（时间）	主要内容（节能技术推广）
湖南省	《湖南省"十四五"生态环境保护规划》（2021.9）	1）推动产业结构绿色转型，加快建设绿色制造体系 2）突破一批先进储能、碳捕集利用封存等关键技术 3）推动能源结构持续优化，推进火电燃煤机组升级改造
陕西省	《陕西省"十四五"生态环境保护规划》（2021.9）	1）开展钢铁、建材、石化等行业全流程清洁化、循环化、低碳化改造 2）实施电力、钢铁、建材等重点行业领域减污降碳协同治理 3）推动重点行业有序开展超低排放改造
深圳市	《深圳市工业和信息化局支持绿色发展促进工业"碳达峰"扶持计划操作规程》（2021.7）	对实施电机、变压器等重点用能设备的能效改造提升等节能减排效果较明显的示范项目进行直接资助

  为实现碳达峰碳中和的目标，各重点省市都将节能技术装备研发与推广应用作为产业结构绿色转型、区域节能降碳与绿色发展的重要措施。一是将节能技术装备攻关作为科技支撑碳达峰碳中和的关键举措。例如，浙江省印发了《浙江省碳达峰碳中和科技创新行动方案》，指出要将大力提高节能降碳关键核心技术研发能力作为重点工作；江苏省发布了《江苏省生态环境厅 2021 年推动碳达峰碳中和工作计划》，明确要着力攻克一批低碳零碳负碳技术，抢占绿色低碳科技和产业创新制高点；湖南省印发了《湖南省"十四五"生态环境保护规划》，强调在先进储能，燃料电池，碳捕集、利用与封存等方面突破一批关键技术；山东省发布了《山东省工业和信息化领域循环经济"十四五"发展规划》，提出聚焦节能环保、重大装备、关键共性技术，加快突破一批原创性、引领性绿色低碳技术。二是采用先进适用的节能技术装备，对重点高耗能行业进行节能技术改造。例如北京市制定了《北京市关于进一步完善市场导向的绿色技术创新体系若干措施》，支持创新型绿色技术示范应用项目建设；上海市提出了《节能减排和应对气候变化重点工作安排》，要求开展重点高耗能行业节能技术改造等行动；天津市发布了《天津市国民经济和社会发展第十四个五年规划和二○三五年远景目标纲要》，指出要推动产业园区实施循环化、节能低碳化改造；河南省发布了《关于实施重点用能单位节能降碳改造三年行动计划的通知》，提出重点实施高耗能设备改造、能量系统优化、余热余压回收利用等节能改造；河北省在发布的《河北省"十四五"循环经济发展规划》中明确指出，全面开展企业节能改造，积

极利用余热余压资源，推行热电联产、分布式能源及光伏储能一体化系统应用，实现园区低碳发展；陕西省印发了《陕西省"十四五"生态环境保护规划》，要求以钢铁、建材、有色金属、石化等行业为重点，开展全流程清洁化、循环化、低碳化改造，促进传统产业绿色转型升级。

3. 行业行动

建材、钢铁、石化、有色金属等重点行业能源消费占我国工业能源消费的比重一直保持在 70% 左右，这些领域的节能降碳工作是我国工业实现碳达峰碳中和目标的重点所在。2021 年 10 月，国家发改委联合多个部门发布的《关于严格能效约束推动重点领域节能降碳的若干意见》中明确，通过加强节能技术装备的研发应用、开展节能降碳技术改造等重点任务，到 2025 年钢铁、建材、石化等重点行业整体能效水平明显提升，碳排放强度明显下降，绿色低碳发展能力显著增强；到 2030 年，重点行业整体能效水平和碳排放强度达到国际先进水平，为如期实现碳达峰目标提供有力支撑。为贯彻落实节能降碳的任务，各重点行业以推广先进节能技术装备为重要抓手，先后开展了本行业节能降碳增效工作。

中国建筑材料联合会率先向建材全行业发出了碳达峰碳中和倡议，着力推动建材工业生产方式、能源结构、产业结构等优化调整，提出要在 2025 年前全面实现碳达峰，水泥行业在 2023 年前率先实现碳达峰。此前，建材行业举行了多场节能减碳技术路径研讨会，交流了水泥、玻璃、陶瓷、玻纤等主要产业的碳减排技术路径，并正在研究提出以碳减排为核心内容的建筑材料行业重点技术攻关项目，重点围绕绿色低碳技术、智能制造技术，对标世界先进水平，确定行业科技研发创新的重点和方向，布局和储备一批前沿碳减排技术，采用多种有效途径和方式协同攻关，力争在清洁能源利用、燃料替代、减污降碳迭代技术研发等方面取得进展和突破。

中国钢铁工业协会发起成立了"钢铁行业低碳工作推进委员会"，编制行业碳达峰路线图和行动方案。其中 4 个节点为：2025 年碳排放达峰，2030 年碳排放总量稳步下降，2035 年有较大幅度下降，2060 年前中国钢铁行业将深度脱碳。其中重要实现路径之一是节能及提升能效，包括推广先进适用节能低碳技术，提高余热自发电率、数字化、智能化技术应用。

中国石油和化学工业联合会联合 17 家石油和化工企业、化工园区在京联合签署并共同发布了《中国石油和化学工业碳达峰与碳中和宣言》，明确提出要大力提高能效，加强全过程节能管理，淘汰落后产能，有效控制化石能源消耗总量，加大科技研发力度，瞄准新一代清洁高效可循环生产工艺、节能减碳及二氧化碳循环利用技术、化石能源清洁开发转化与利用技术等，增加科技创新投入，着力突破一批核心和关键技术。

中国有色金属工业协会联合相关单位研究制定了《有色金属行业碳达峰实施方案》，其中包括优选一批先进技术成果向全行业推介，加大成果转化力度，促进冶炼领域重大节能降耗先进技术推广应用，开展节能减碳技术攻关及推广，大力发展污染减量化、有毒有害原料替代、废渣资源化等绿色工艺技术装备；修订行业规范及准入条件，鼓励和引导行业转型升级，以适应新形势下的产业技术进步需求，提高技术、能耗、环保等门槛，助推行业绿色发展。

1.2 工业节能技术装备推广现状

工业节能技术装备的推广应用是工业领域节能降碳的重要举措之一，工业和信息化部（简称工信部）、国家发展和改革委员会（简称国家发改委）等政府有关部门在"十三五"期间不断加强节能技术装备的推广工作，先后发布多个涉及节能技术装备（产品）推广的目录，出台配套扶持政策，持续推进节能新技术、新装备、新产品的开发与推广应用，详见表1-2。

表1-2 各部委"十三五"期间发布的节能技术装备目录

目 录 名 称	发布部门及时间	组织部门	批次
《节能机电设备（产品）推荐目录》	工信部 2016年	工信部	共1批
《国家工业节能技术装备推荐目录》	工信部 2017—2020年	工信部	共4批
《"能效之星"产品目录》（工业装备部分）	工信部 2016—2020年	工信部	共5批
《高耗能落后机电设备（产品）淘汰目录》	工信部 2016年	工信部	共1批
《绿色数据中心先进适用技术产品目录》	工信部 2017—2020年	工信部	共4批

（续）

目 录 名 称	发布部门及时间	组织部门	批次
《国家重点节能低碳技术推广目录（节能部分）》	国家发改委 2016—2017 年	国家发改委	共 2 批
《战略性新兴产业重点产品和服务指导目录》	国家发改委 2017 年	国家发改委 科技部 工信部 财政部	共 1 批
《绿色技术推广目录（2020 年）》	国家发改委 2020 年	国家发改委 科技部 工信部 自然资源部	共 1 批
《绿色产业指导目录（2019 年版）》	国家发改委 2019 年	国家发改委 工信部 自然资源部 生态环境部 住房和城乡建设部 中国人民银行 国家能源局	共 1 批
《绿色债券支持项目目录（2021 年版）》	中国人民银行 2021 年	中国人民银行 国家发改委 证监会	共 1 批
《节能节水专用设备企业所得税优惠目录（2017 年版）》	财政部 2017 年	财政部 税务总局 国家发改委 工信部 环境保护部	共 1 批

工信部为加快推广先进适用节能技术装备产品，在"十三五"期间发布了 1 批《节能机电设备（产品）推荐目录》、4 批《国家工业节能技术装备推荐目录》、5 批《"能效之星"产品目录》、4 批《绿色数据中心先进适用技术产品目录》和 1 批《高耗能落后机电设备（产品）淘汰目录》（以下合并简称《目录》），《节能机电设备（产品）推荐目录》和《国家工业节能技术装备推荐目录》共涉及工业节能技术装备 1350 项，其中包括工业节能技术 223 项，工业节能装备 13 类 1127 个规格型号；《"能效之星"产品目录》共涉及工业装备和终端消费类产品共 641 个规格型号；《绿色数据中心先进适用技术产品目录》共涉及 157 项技术；《高耗能落后机电设备（产品）淘汰目录》包括三相配电变压

器、电动机、电弧焊机三大类 127 个规格产品。为加快工业节能技术装备（产品）的推广应用，工信部每年编制发布《国家工业节能技术应用指南与案例》，详细解读技术装备（产品）的适用范围、工艺指标、技术特点、节能减排效果等，加强技术提供方与用户的供需对接；每年组织相关行业协会在钢铁、有色金属、石化、化工、建材、纺织、轻工等重点行业，以及电机、变压器等重点领域，开展"节能服务进企业""院士专家行"、现场技术交流等活动，为企业提供技术咨询和服务，结合中国国际家用电器博览会等活动，组织开展"能效之星"产品发布，扩大《目录》的引导效应；实施工业企业节能诊断服务行动，结合《目录》，帮助企业查找节能潜力，提出技术改造、装备升级、工艺优化等节能改造建议；依托《目录》的发布，加强标准与政策协同，制修订相关标准，推动电动机、锅炉、变压器等能效标准提升。

国家发改委"十三五"期间共发布了两批《国家重点节能低碳技术推广目录（节能部分）》，涉及煤炭、电力、钢铁、有色金属、石化、化工、建材等 13 个行业，共 556 项重点节能技术。《国家重点节能低碳技术推广目录》发布后，每年组织相关行业协会在钢铁、石化、电力等多个领域召开技术推广会，推介具有国际国内先进水平的节能技术；同时开展节能技术应用案例示范，委托第三方节能监测机构对先进节能技术设备使用后的节能效果进行认证并发布；建立技术推广交流平台，形成了平台推动、行业专家协助、技术企业参与的技术推广应用局面；实施能耗总量和强度"双控"行动，通过《国家重点节能低碳技术推广目录》引导，支持重点行业改造升级，大力淘汰落后产能，加快发展壮大战略性新兴产业，推动能源结构优化，降低煤炭消费比重，提高非化石能源比重。

国家发改委、科技部、工信部、自然资源部共同编制了《绿色技术推广目录（2020 年）》，共涉及五大类 116 项绿色技术，包括节能环保产业 63 项技术，清洁生产产业 26 项技术，清洁能源产业 15 项技术，生态环境产业 4 项技术，基础设施绿色升级方面 8 项技术。《绿色技术推广目录（2020 年）》发布之后，组织开展相关政策的解读及节能技术推广研讨会，委托相关行业机构开展重点节能技术应用典型案例评选和推广工作；依托国家电网浙江省电力有限公司双创中心，搭建国家绿色技术交易中心，引导技术创新，促进成果转化；结合"国家节能宣传周""全国低碳日"连续举办"节博会""绿色技术创享汇"等活动。下一步，还将从建立健全绿色技术转移转化市场交易体系、强化绿色技术创新转移转化综合示范、强化绿色技术知识产权保护、加强绿色技术创新金融支持等方面开展相关工作。

国家发改委联合科技部、工信部、财政部等有关部门于 2017 年共同组织编制了《战略性新兴产业重点产品和服务指导目录》，涉及 40 个重点方向下的 174 个子方向，近 4000 项细分产品和服务，其中节能环保产业下涵盖了高效节能产业、先进环保产业、资源循环利用产业三个重点方向下的 33 个子方向，详细介绍其细分产品和服务。

财政部联合国家税务总局、国家发改委、工信部、环境保护部共同编制了《节能节水专用设备企业所得税优惠目录（2017 年版）》，共涉及 19 类 32 项节能节水设备，详细介绍了性能参数、应用领域、执行标准等内容，同时配套了相应的优惠政策，切实落实节能节水专用设备税收抵免优惠政策。

国家发改委联合工信部、自然资源部等政府有关部门于 2019 年印发了《绿色产业指导目录（2019 年版）》，涉及节能与能效提升、清洁能源与可再生能源、资源循环利用、污染防治、生态保护修复和适应气候变化等领域，之后，中国人民银行等部门以该指导目录为基础，联合国家发改委、证监会等部门发布了《绿色债券支持项目目录（2021 年版）》，发行绿色债券以支持节能减排技术改造、能源清洁高效利用、节能环保产业、低碳产业、低碳试点示范等绿色循环低碳发展项目。

节能技术是实现节能减排的核心动力，节能技术的应用推广是建立健全绿色低碳循环发展经济体系的重要措施，各部委相继出台多个节能技术装备（产品）推广目录及其配套政策，加强了节能技术的推广应用，为优化产业结构、推进绿色发展发挥了重要作用，为壮大节能环保产业、实现碳达峰碳中和目标贡献了力量。

1.3 "十三五"工业节能技术装备推广应用成效

"十三五"期间，工信部节能与综合利用司委托机械工业节能与资源利用中心，依据《节能产品评价导则》，开展了多批国家工业节能技术装备遴选及"能效之星"产品评价工作，通过广泛征集、专家评审，在钢铁、石化、化工、建材、有色金属、机械、轻工、纺织、电子等行业遴选了一批可推广、可复制、推广潜力大、节能效果显著的先进适用节能技术；评选出了一批量大面广、技术水平先进、能效领先的终端用能设备（产品），并发布了 1 批《节能机电设备（产品）推荐目录》、4 批《国家工业节能技术装备推荐目录》和 5 批《"能效之星"产品目录》（以下合并简称《技术装备（产品）目录》）。

"十三五"末期，机械工业节能与资源利用中心按照工信部节能与综合利用司的工作部署，通过联系行业协会、发放调研问卷、实地调研及电话沟通等形式，对入围《技术装备（产品）目录》的企业推广情况进行了摸底调研。调研结果显示，"十三五"期间工业节能技术装备的推广应用收到了良好的经济效益和社会效益。

1.3.1 遴选情况

工业节能技术装备遴选范围广、覆盖面全、针对性强，每年根据行业反馈及调研情况，逐步扩大遴选范围，保障所选技术装备符合当前和今后一个时期内我国节能减排市场的需求。其中工业节能技术主要涵盖了流程工业节能技术、重点用能设备系统节能技术（工业锅炉及窑炉、电机系统、变压器等）、能源信息化管控节能技术、工厂和园区能量系统优化节能技术（能源梯级利用、微电网、储能、保温、密封等）、可再生能源与余能利用节能技术、原燃料替代节能技术、煤炭清洁高效利用节能技术，以及其他以工业节能与绿色发展为特征的先进技术，这些技术大多是处在产业化示范或准备大规模产业化应用阶段的技术，对政府支持推广需求强烈、对政策实施的敏感度高；工业节能装备（产品）涵盖了电动机、压缩机、泵（阀）、风机、塑料机械、制冷设备、电焊机、交流接触器、变压器、工业锅炉、热处理设备、干燥设备、拖拉机等主要耗电、耗煤、耗油气设备领域，这些装备（产品）应用广泛、能耗总量大，且均有可执行的国家能效标准或行业能效标准，便于公平、公正评选；"能效之星"产品涵盖了工业锅炉、变压器、电动机、压缩机、泵（阀）、风机、塑料机械、空气调节器、家用电冰箱、热水器、电动洗衣机、空气净化器、液晶电视、电饭锅、微波炉、吸油烟机等主要工业设备及消费类产品，这些产品均有可执行的国家能效标准，是在达到一级能效指标的基础上优中选优评选出来的。

《节能机电设备（产品）推荐目录》和《国家工业节能技术装备推荐目录》共涉及工业节能技术装备 1350 项，其中工业节能技术 223 项，每项技术均编制了对应的应用指南与案例，详细描述了技术的适用范围、技术原理及工艺、技术特征及功能特性、典型工程应用案例；工业节能装备 13 类 1127 个规格型号，详细介绍了产品的具体型号、主要技术参数、实测能效指标。《"能效之星"产品目录》共涉及工业装备和终端消费类产品 641 个规格型号，工业装备类"能效之星" 8 类 233 个规格型号，终端消费类"能效之星" 9 类 408 个规格型号。该目录介绍了产品的具体型号、实测能效指标及一级能效指标的对应情况，并设计发放了"能效之星"标识，鼓励企业在入围产品的显著位置张贴"能效之星"标识。

1.3.2 推广情况

《技术装备（产品）目录》发布后，工信部节能与综合利用司开展了广泛的宣传与推广工作，先后委托 20 多个行业协会、科研院所等开展了多场"节能服务进企业"系列活动，包括"节能服务进企业暨高效节能电机技术交流会""节能服务进企业暨高效变压器技术交流会""节能服务进企业暨院士行"等。这些活动的开展促进了节能技术装备产业迅速发展，加快了节能技术装备产品在重点行业领域的推广应用，为企业实施节能技术改造提供了指导，有效推动了重点行业领域的节能降碳与绿色发展。

入围《技术装备（产品）目录》的 223 项工业节能技术按照应用领域和技术特征，分成了流程工业节能改造技术 64 项、重点用能系统节能改造技术 60 项、能源信息化管控技术 28 项、余热余压及可再生能源利用技术 24 项、煤炭清洁高效利用及其他工业节能改造技术 47 项。这些技术在发布时推广率小于 5% 的有 144 项，介于 5%~10%（含）的有 51 项，介于 10%~20%（含）的有 22 项，大于 20% 的有 6 项；经过近年来的宣传推广，各项技术的推广率上升较快，截至 2020 年底，推广率小于 5% 的减少到 23 项，介于 5%~10%（含）的有 57 项，介于 10%~20%（含）的有 76 项，大于 20% 的已达到 67 项。部分技术的推广率实现了大幅度提升，其中"新型球磨机直驱永磁同步电动机系统技术"的推广比例由 2019 年初的 6% 提高到 2019 年末的 14%；"硫酸低温热回收技术"推广比例由 2019 年的 30% 已经提高到 2020 年的 50%。

1127 个规格型号的工业装备包括工业锅炉 127 个、电动机 136 个、压缩机 240 个、泵（阀）72 个、变压器 218 个、热处理设备 3 个、风机 56 个、拖拉机 3 个、塑料机械 38 个、制冷设备 219 个、电焊机 12 个、干燥设备 2 个、交流接触器 1 个，详见表 1-3《技术装备（产品）目录》产品分行业明细。调研过程中发现，节能装备的推广难以直接计算，但从近几年的节能监察和节能诊断情况来看，用这些型号产品替代大量高耗能落后机电设备已成为企业在新建、扩建项目固定资产投资的首要选择；从联系企业情况来看，哈尔滨某锅炉厂自 2019 年入围《技术装备（产品）目录》后，8 个型号的节能锅炉的销售量同比增长 34.45%，一方面提升了企业的经济收入，另一方面也大大提升了节能锅炉的市场占有率，可从侧面看出《技术装备（产品）目录》的推广效果显著。

表 1-3 《技术装备（产品）目录》产品分行业明细

产品名称	节能机电设备(产品)推荐目录	国家工业节能技术装备推荐目录（装备类）				
	第七批（2016）	第一批（2017）	第二批（2018）	第三批（2019）	第四批（2020）	合计
工业锅炉	12	20	35	32	28	127
电动机	54	30	16	19	17	136
压缩机	51	31	22	71	65	240
泵（阀）	18	5	20	15	14	72
变压器	42	30	30	38	78	218
热处理设备	3	—	—	—	—	3
风机	10	—	4	11	31	56
拖拉机	—	—	—	—	3	3
塑料机械	8	—	10	7	13	38
制冷设备	219	—	—	—	—	219
电焊机	12	—	—	—	—	12
干燥设备	2	—	—	—	—	2
交流接触器	1	—	—	—	—	1
总计	432	116	137	193	249	1127

641 个规格型号的"能效之星"产品包括工业锅炉 34 项、电动机 29 项、压缩机 44 项、泵（阀）33 项、变压器 58 项、风机 20 项、塑料机械 12 项、电焊机 3 项，详见表 1-4《"能效之星"产品目录》工业装备类产品分行业明细；房间空气调节器 76 项、家用电冰箱 133 项、热水器 102 项、电动洗衣机 37 项、空气净化器 5 项、液晶电视 21 项、电饭锅 7 项、微波炉 3 项、吸油烟机 24 项，详见表 1-5《"能效之星"产品目录》终端消费类产品分行业明细。这些规格型号的

产品超越了一级能效指标，技术水平领先、成本较高、产量不高，推广应用量相对较低，但发布推广这些型号产品的目的在于发挥培育、示范、引领效应，有效地引导和推动行业企业不断进行技术创新。目前在行业内已经形成了由"杭州锅炉""卧龙电机""格力空调""海尔洗衣机""澳柯玛冰箱""海信电视"等品牌引领的一批能效水平领先、核心技术竞争力强，节能经济型、环境友好型和社会认可度高的品牌产品。

表1-4　《"能效之星"产品目录》工业装备类产品分行业明细

产品名称	2016	2017	2018	2019	2020	合计
工业锅炉	5	6	8	7	8	34
电动机	4	6	7	6	6	29
压缩机	6	8	10	10	10	44
泵（阀）	3	—	14	6	10	33
变压器	14	5	9	13	17	58
风机	3	—	3	5	9	20
塑料机械	—	—	3	3	6	12
电焊机	3	—	—	—	—	3
总计	38	25	54	50	66	233

表1-5　《"能效之星"产品目录》终端消费类产品分行业明细

产品名称	2016	2017	2018	2019	2020	合计
房间空气调节器	1	13	14	16	32	76
家用电冰箱	13	26	18	29	47	133
热水器	18	25	27	13	19	102
电动洗衣机	2	7	10	14	4	37
空气净化器	—	—	—	3	2	5
液晶电视	12	4	5	—	—	21
电饭锅	—	—	5	1	1	7
微波炉	—	—	2	1	—	3
吸油烟机	—	—	3	7	14	24
总计	46	75	84	84	119	408

1.3.3　推广成效

1. 促进节能装备产业发展

《技术装备（产品）目录》的发布与推广，推动了工业绿色生产与绿色消费，促进了材料研发、工艺设计、产品制造、工程应用等全产业链的节能降碳。据统计，2015—2019 年机械工业重点装备企业万元产值能耗由 0.0299tce（tce——吨标煤）下降到 0.0196tce，年平均下降率为 8.6%；节能装备产业的主营业务收入实现了 18.9% 的年均增长率。

《技术装备（产品）目录》对于企业技术创新、经济效益增加有着很大的推动作用。一些机械制造企业，在《技术装备（产品）目录》的影响下，积极调整发展方向，增加研发投入，提升技术水平，使其产品的质量得到了大幅度提高，同时提升了产品的节能经济性，获得了市场的大量好评，促进了企业发展。2016—2020 年入围《技术装备（产品）目录》的企业中，先后有多家企业 A 股上市和新三板上市；西安陕鼓动力股份有限公司、珠海格力电器股份有限公司、中材（天津）粉体技术装备有限公司等 15 家企业获得工信部制造业"单项冠军"称号；南通星球石墨设备有限公司获得工信部专精特新"小巨人"称号。

2. 促进产品技术进步、能效水平提升

《技术装备（产品）目录》的发布，有效地激发了生产企业的技术创新积极性，促使生产企业不断地进行节能技术创新、产品研发和生产，推动了工业节能装备能效水平不断提升。例如，入围《技术装备（产品）目录》的电动机一级能效占比从 2016 年的 12.96% 增长到 2020 年的 64.71%，变压器一级能效占比从 2016 年的 34.14% 增加到 2020 年的 64.15%，工业锅炉一级能效占比从 2016 年的 94.33% 增长到 2020 年的 96.42%，压缩机一级能效占比从 2016 年的 93.60% 增加到 2020 年的 100%，如图 1-2 所示。

3. 节能产品市场占有率大幅提升

《技术装备（产品）目录》的发布，促使生产企业不断生产和推广高效节能技术装备，引导用户选择能效与质量双优、环保安全与经济合理的技术装备，大幅提升了节能技术装备的市场占有率。

一方面，《技术装备（产品）目录》为大型企业固定资产投资提供了专业指南，部分高耗能流程工业大型用户企业在节能技术改造的设备采购招标过程中，特别看重设备的节能经济性，对国家评定的节能技术装备（产品）实施政策支持，使得《技术装备（产品）目录》发布的节能技术装备（产品）被优先采购使用，直接促进了节能产品的市场占有率。从各行业协会和部分重点企业的调研

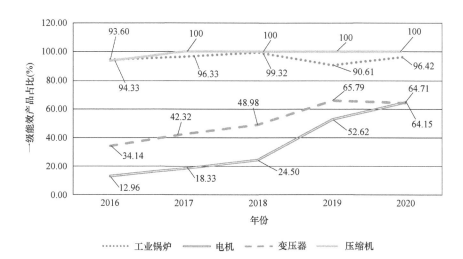

图 1-2 《国家工业节能技术装备推荐目录》产品中一级能效产品占比

情况来看，中国石油化工集团有限公司、中国石油天然气股份有限公司在设备采购的评标中规定对入围《技术装备（产品）目录》中的节能技术装备（产品）给予加分处理，会根据招标情况直接加 0.5~3 分。

另一方面，从调研情况来看，通过宣传推广，入围《技术装备（产品）目录》的产品销售收入提升较快。例如，某电机生产企业 2018 年 1—8 月节能电机销量为 1.65 亿元，2018 年 9 月入围《技术装备（产品）目录》，2019 年同期节能电机销量为 2.14 亿元，同比增长 29.4%；某变压器生产企业 2019 年 1—8 月节能变压器销量为 0.96 亿元，2019 年 9 月入围《技术装备（产品）目录》，2020 年同期节能变压器销量为 1.10 亿元，同比增长 15.3%；某锅炉生产企业 2019 年 1—6 月节能锅炉销量为 2.09 亿元，2019 年入围《技术装备（产品）目录》，2020 年同期节能锅炉销量 2.81 亿元，同比增长 34.45%；某泵生产企业 2019 年 1—8 月节能泵销量为 13.52 亿元，2019 年入围《技术装备（产品）目录》，2020 年同期节能泵销量为 16.10 亿元，同比增长 19%；某压缩机生产企业 2019 年 1—8 月节能压缩机销量为 3.7 亿元，2019 年入围《技术装备（产品）目录》，2020 年同期节能压缩机销量为 4.8 亿元，同比增长 29.7%；某风机生产企业 2019 年 1—8 月磁悬浮鼓风机销量为 1.9 亿元，2019 年入围《技术装备（产品）目录》，2020 年同期销量为 2.5 亿元，同比增长 31.6%。这从侧面证明了《技术装备（产品）目录》的发布有效地提升了节能装备的市场占有率。

4. 推进"十三五"节能减排任务的顺利完成

工业节能技术装备是推进工业节能减排的重要抓手之一，推广量大面广的节能装备及广泛适用的节能改造技术可有效降低工业生产能耗指标，直接实现节能降碳。相关数据显示，电动机能效只要提高一个百分点，可年节约用电 260 亿 kW·h 左右，折合节约标煤 806 万 t/a。从《技术装备（产品）目录》发布技术的节能潜力来看，将可实现节能量 2000 万 tce/a 以上。

调研结果显示，应用在冶金行业节能技术改造的"焦炉上升管荒煤气显热回收利用技术"，2017 年推广比例为 1%，目前推广比例已达到 50%，单个项目综合节能 0.85 万 tce/a，累计可实现节能 211.4 万 tce，减排 CO_2 586.11 万 t；应用在钢铁行业节能技术改造的"煤气透平与电动机同轴驱动的高炉鼓风能量回收技术"，2018 年推广比例为 10%，目前推广比例达到 30%，单个项目综合节能 1.5 万 tce/a，累计可实现节能 150 万 tce，减排 CO_2 415.88 万 t；应用在污水处理领域的"基于磁悬浮高速电机的离心风机综合节能技术"，2017 年推广比例不到 1%，目前推广比例已达到 30%，单个项目综合节能 830tce/a，累计可实现节能 120 万 tce，减排 CO_2 332.7 万 t；在能源信息化管控领域广泛使用的"炼化企业公用工程系统智能优化技术"，2019 年初推广比例为 5%，目前推广比例达到 10%，单个项目综合节能 1249tce/a，累计可实现节能 15 万 tce，减排 CO_2 41.59 万 t；在余能利用领域广泛使用的"基于喷淋换热的燃煤烟气余热深度回收和消白技术"，2019 年初推广比例为 10%，目前推广比例达到 20%，单个项目综合节能 1416tce/a，累计可实现节能 43 万 tce，减排 CO_2 119.22 万 t；在煤炭清洁高效利用领域广泛使用的"水煤浆高效洁净燃烧技术"，2018 年推广比例为 10%，目前推广比例达到 20%，单个项目综合节能 7107tce/a，累计可实现节能 132 万 tce，减排 CO_2 365.97 万 t；在清洁能源领域广泛应用的"基于物联网控制的储能式多能互补高效清洁太阳能光热利用系统技术"，2018 年推广比例为 1%，目前推广比例达到 15%，单个项目综合节能 209.44tce/a，累计可实现节能 90 万 tce，减排 CO_2 249.53 万 t。

5.《技术装备（产品）目录》已成为开展工业节能与低碳发展的工作基础

《技术装备（产品）目录》发布的节能技术装备为开展工业节能监察、工业节能诊断、绿色制造体系建设评价及绿色制造系统解决方案供应商评标提供了政策联动基础。《技术装备（产品）目录》公告的产品型号、主要技术参数及适用范围，为绿色制造体系建设评价及绿色制造系统解决方案供应商评标提供了评价依据；同时也为节能监察、节能诊断工作提供了政策参考，在具体工作的开展过程中，方便参照判断被监察行业及被诊断企业是否使用了节能技术装备，在指导工业企业改造替代高耗能落后机电设备方面，以及为钢铁、建材、石化、化工、有色金属、机械、电气、电子、轻工、纺织等高耗能行业企业实施节能诊断及节能技术改造方面发挥了重要作用。另外，在标准制修订、系统配套设计等方面也发挥着重要的作用，相继推动了电动机、锅炉、电力变压器等终端用能设备能效标准的制修订，如《电动机能效限定值及能效等级》《工业锅炉能效限定值及能效等级》《电力变压器能效限定值及能效等级》等，很多没有能效标准的行业，也在积极地制订产品能效标准，希望能被纳入评审推荐范围，如磁悬浮离心式压缩机。

总体来看，《技术装备（产品）目录》促进了高效节能技术装备的推广与应用，提升了工业装备的能效水平，推动了节能装备产业的发展，为实现碳达峰碳中和愿景提供了技术装备基础。

第2章

重点用能设备节能技术

2.1 典型技术案例解析

2.1.1 燃煤锅炉智能调载趋零积灰趋零结露深度节能技术

1. 技术背景

（1）技术研究背景 据统计，工业锅炉耗煤量占全国年耗煤量的18%左右。《中国制造2025》提出了"加快制造业绿色改造升级，加强绿色产品研发应用，推广低功耗技术工艺，持续提升锅炉、内燃机等终端用能产品能效水平。"因此，积极推广高效节能锅炉，提高高效节能锅炉的应用比例，对2030年实现碳达峰、2060年争取实现碳中和的目标，具有非常重要的意义。

目前，燃煤锅炉在运行过程中由于对流受热面的积灰、结灰、结露沾灰而造成热效率低于测试热效率4%~10%，同时，在控制NO_x排放上也存在诸多问题，尤其在脱硝中因氨逃逸造成低温受热面被硫酸氢铵酸腐和固化灰堵，已成中外燃煤锅炉难以解决的"通病"。为解决上述难题，黑龙江新双锅锅炉有限公司研发的"燃煤锅炉智能调载趋零积灰趋零结露深度节能技术"实现在线自洁清除干松灰、固化灰和趋零结露，调变负荷智能化；提高运行效率：层燃炉4%~6%，室燃炉、循环流化床锅炉2%~3%；在支持和适应NO_x超低排放上，运用智能播砂清扫技术防治硫酸氢铵固化灰堵及结露固化灰堵。

（2）本技术的主要用途 燃煤锅炉智能调载趋零积灰趋零结露深度节能技术适用于工业燃煤锅炉节能技术改造。

（3）本技术解决的痛点难点　燃煤锅炉智能调载趋零积灰趋零结露深度节能技术利用自动调载方式，通过改变烟气流通方向的可控多向流，改变锅炉烟气的流通方向，使布置在锅炉低温受热区的高烟温段省煤器趋零积灰，同时通过增减省煤器受热面的自动控制方式，恒定了不低于结露点的烟温，实现了趋零结露，解决了受热面"积灰黏结"的问题，从而实现了深冷换热，降低排烟温度，提高锅炉的效率。

2. 技术原理及工艺

采用"趋零积灰、趋零结露、变功率智能技术"和"活动列管式空气预热器"，利用积灰机制反积灰，以反冲刷方式自洁清灰，以控制烟气与受热面的交换大小来实现恒定排烟温度和变功率，配合互联网远程监控，可实现智能控制、自洁清灰、恒温抗露、调变负荷、飞灰自燃、炉内除尘功能，提高锅炉在线运行热效率4%以上。其结构原理如图2-1所示。

3. 技术特点与主要技术指标

（1）主要技术指标

1）提高运行效率：层燃炉4%~6%，室燃炉、循环流化床锅炉2%~3%。

2）额定出口温度/进口温度：130℃/70℃。

（2）技术创新点

1）利用烟气流向积灰机制反积灰，烟气流依排烟温度变化随机换向，以反向冲刷方式达到全时在线自洁、自动式抗积灰。

2）自动随机控制烟气与受热面的交换大小来实现恒定排烟温度和变功率功能。

3）设置了飞灰复燃机构使未燃炭重复燃烧，提高燃烧效率，解决了低温控氮运行造成固定炭燃烧不尽等问题。

4）通过富燃料低燃烧温度、烟气分级、燃料分级技术实现低 NO_x 达标排放，也可启动高温喷尿素功能实现超低排放。

4. 行业评价

（1）获得奖项

1）该技术2020年入选工信部《国家工业节能技术装备推荐目录》和《国家工业节能技术应用案例与指南》。

2）智能调载深度节能热水工业锅炉2019年入选工信部《国家工业节能技术装备推荐目录》及《"能效之星"产品目录》。

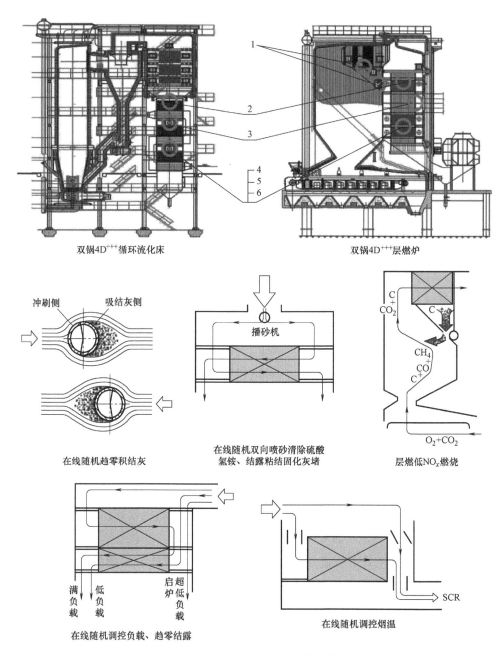

图 2-1 双锅 4D 循环流化床及层燃炉结构原理

1—低 NO_x 燃烧（富燃料燃烧+二次灰+飞灰复燃） 2—抗硫酸氢铵固化灰堵、结露黏结固化灰堵

3—恒定 SCR 窗口烟温（随机调控 SCR 进口烟温） 4—趋零积灰（随机反冲除灰） 5—趋零结露

（随机调控水温、烟温） 6—随机调载（依负载选择省煤器受热面）

3) 智能调载深度节能热水工业锅炉 2019 年获黑龙江省重点领域首台（套）创新产品认定。

（2）科技评估情况

该技术 2019 年 5 月 24 日通过了黑龙江省工信厅主办的新产品鉴定会，会议认为：

1) 将未燃尽的飞灰通过集灰斗，经重力翻板阀返回炉膛重复燃烧，降低了飞灰损失，减轻省煤器积灰，提高换热效率，同时减轻烟气对尾部受热面的磨损，降低了锅炉原始排尘浓度。

2) 智能化变换省煤器区域烟气走向，实现自洁式趋零积灰，提高省煤器管束抗磨寿命。

3) 通过省煤器区域烟气流经换热面积的调节来恒定排烟温度，使受热面无粘灰，长期高效运行，降低尾部受热面酸腐的风险。

4) 采用自动化控制液压传动系统达到智能控制趋零积灰、趋零结露、变负荷运行，实现自动化运行和远程监控服务。

5. 应用案例

案例一：秦皇岛市山海关鑫圣供暖有限责任公司供热工程项目

（1）用户用能情况简单说明　秦皇岛市山海关鑫圣供暖有限责任公司为山海关城北鑫圣小区 160 万 m^2 建筑面积进行供热，委托黑龙江新双锅锅炉有限公司新建供热系统。

（2）实施内容及周期　应用 DHL116-1.6/130/70-AⅡ型零积灰零结露节能热水锅炉为山海关城北鑫圣小区 160 万 m^2 建筑面积供热。项目实施周期 1 年。

（3）节能减碳效果　改造后，该产品经中国特种设备检验研究院进行锅炉能效测试，锅炉热效率为 87.53%，比国家规定的同规格产品限定值高 7.53%。据测算每蒸吨每小时可节约标煤 0.0071tce，可节约电能 0.09kW·h，按照一个采暖季 4 个月，每年工作 2800h 计算（锅炉功率 116MW≈165.7t/h）：

每年可节约标煤：0.0071tce/(t/h·h)×165.7t/h×2800h = 3294.12tce

每年可节约电能：0.09kW·h/(t/h·h)×165.7t/h×2800h = 41756.4kW·h

折合节约标煤：41756.4kW·h×0.325kgce/(kW·h) = 13.57tce

综合年节约标煤：3294.12tce+13.57tce = 3307.69tce

减排 CO_2：3307.69tce/a×2.7725t/tce = 9170.57t/a

综合年节约标煤 3307.69tce，年减少 CO_2 排放量 9170.57t。

（4）投资回收期 该项目综合年效益合计为 85 万元，总投入为 87.5 万元，投资回收期约·个采暖季（4 个月）。

案例二：长春国信新城供热工程有限公司供热工程项目

（1）用户用能情况简单说明 该项目为新建项目。

（2）实施内容及周期 长春国信新城供热工程有限公司 2017 年 5 月 31 日购买两台 DHL116-1.6/130/70-AⅡ型智能调载深度节能热水锅炉，为其承建的新城小区 320 万 m^2 建筑进行供热。项目实施周期 14 个月。

（3）节能减碳效果 改造后，两台 DHL116-1.6/130/70-AⅡ型智能调载深度节能热水锅炉具有升温快、燃烧效果好、排烟温度低等优点，中国特种设备检验研究院对锅炉的能效进行了测试，热效率测试结果为 85.66%，比国家规定的同规格产品限定值高 5.66%。据测算每蒸吨每小时可节约标煤 0.0064tce，可节约电能 0.08kW·h。按照一个采暖季 4 个月，每年工作 2800h 计算（锅炉功率 116MW≈165.7t/h）：

每年可节约标煤：0.0064tce/(t/h·h)×165.7t/h×2800h×2 = 5938.69tce

每年可节约电能：0.08kW·h/(t/h·h)×165.7t/h×2800h×2 = 74233.6kW·h

折合节约标煤：74233.6kW·h×0.325kgce/(kW·h) = 24.13tce

综合年节约标煤：5938.69tce+24.13tce = 5962.82tce

减排 CO_2：5962.82tce/a×2.7725t/tce = 1.65 万 t/a

综合年节约标煤 5962.82tce，年减少 CO_2 排放量 1.65 万 t。

（4）投资回收期 该项目综合年效益合计为 170 万元，总投入为 175 万元，投资回收期为一个采暖季（4 个月）。

6. 技术提供单位

黑龙江新双锅锅炉有限公司，具有国家 A 级锅炉、三类压力容器制造资质。旗下有独立法人资格的黑龙江双锅锅炉股份有限公司、中美合资"BDP"有限公司、黑龙江双锅锅炉安装公司，拥有已授权专利 76 项，其中：发明专利 18 项（国家发明专利 12 项，俄罗斯发明专利 2 项，美国发明专利 2 项，德国发明专利 1 项，加拿大发明专利 1 项），实用新型专利 55 项，外观设计专利 3 项。主要产品有：燃煤锅炉、燃油（气）锅炉、生物质锅炉、中小型电站锅炉、余热锅炉、压力容器及锅炉辅机等 28 个系列、280 余种规格，产品销售覆盖 20 多个省、市、自治区，远销美国、俄罗斯、巴基斯坦和越南。该公司曾两度获全国"五一劳动奖章"，获评国家高新技术企业、全国知识产权优势企业、国家引进国外智力示范企业、省级技术中心、省创新型企业和省技术创新方法优势企业、省专利优势示范企业、省级重点学科"工业锅炉专业"领军人才梯队企业等称号，拥有国家博士后科技工作站。

联系人：马成果，胡相义

联系方式：0469-4211350/13904685696，13351169680

邮箱：bddb. china@ 163. com

地址：黑龙江省双鸭山市尖山区窑地路 261 号

2.1.2　智能磁悬浮透平真空泵综合节能技术

1. 技术背景

（1）技术研究背景　国产透平真空泵主要采用可倾瓦轴承，轴承能耗约为 10%，通过联轴器和齿轮进行传动，电动机效率约为 94%，流量和压力调节幅度较小，整机效率约为 62%；进口透平真空泵主要采用陶瓷轴承，轴承能耗约为 3.5%，通过高速永磁电动机与直连传动技术，电动机效率约为 94%，流量和压力调节幅度较小，整机效率约为 68%。

透平真空泵相比传统水环真空泵已经有了显著的节能效果，并且省去了水环真空泵对水的消耗。但是碍于传统轴承技术，其机械损耗以及润滑系统的维护保养仍然比较烦琐。亿昇（天津）科技有限公司研发的"智能磁悬浮透平真空泵综合节能技术"，采用磁悬浮轴承技术，消除摩擦，无须润滑，高速高效，初步估算相比传统水环真空泵节电 40% ~70%。

（2）本技术的主要用途　智能磁悬浮透平真空泵综合节能技术适用于造纸行业真空干燥设备节能技术改造。

（3）本技术解决的痛点难点　智能磁悬浮透平真空泵综合节能技术，采用磁悬浮轴承，消除摩擦，无须润滑；采用高速电动机直驱，省去了机械传动损失；采用智能管理模式，根据工况进行真空度的调整、防喘振、防过载，降低了操作和维护难度。

2. 技术原理及工艺

（1）技术原理

1）在铁磁性转子四周布置磁场，来替代机械定子，从而使转子悬浮，当转子偏离中心点时，位移传感器会检测到位移信息，然后通过控制算法反馈信号，改变磁场强度，恢复中心位置，消除了摩擦，无须润滑，没有机械损耗，能量损耗仅为 0.45kW。转子结构如图 2-2 所示。

2）高速永磁电动机直联直驱技术，采用磁悬浮高速永磁电动机与叶轮直联技术，电动机转速最高可达 70000r/min，省去增速齿轮结构以及联轴器，没有中间机械损耗，电动机效率高于 97%。高速永磁电动机结构如图 2-3 所示。

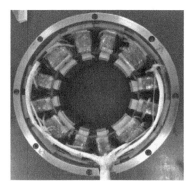 

图 2-2　转子结构　　　　　　　图 2-3　高速永磁电动机结构

3）高多变效率叶轮设计，采用三元流后弯式叶轮，通过五轴加工中心一体切削成形，经过 100% 射线检测以及 115% 超转速试验，多变效率高于 95%。叶轮设计仿真如图 2-4 所示。

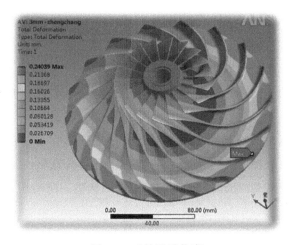

图 2-4　叶轮设计仿真

4）智能调节控制技术，采用最优的变频调速性能，通过无速度传感器矢量控制，实现精确可靠的变频调速，满足智能磁悬浮透平真空泵的调节要求；具备防喘振功能，可以确保设备的正常运转；实现设备的远程监控，实时采集数据。

（2）工艺流程 磁悬浮透平真空泵生产工艺主要包括两大部分：一部分是装配，其中包含冷却装置的装配以及真空泵主机装配；另一部分是布线，主要是电控柜的布线以及整机接线。完成整机装配及接线后进行点检和测试，最终清理打包。透平真空泵生产工艺流程如图2-5所示。

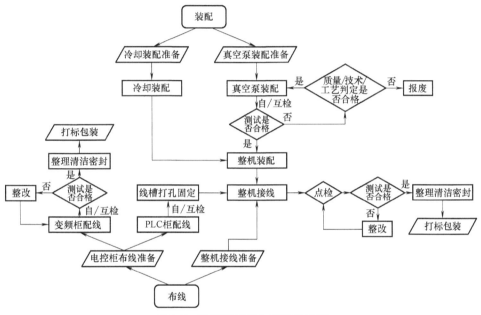

图2-5 透平真空泵生产工艺流程

3. 技术特点与主要技术指标

（1）主要技术指标

1）产品功率：75~700kW。

2）真空度：10~70kPa。

3）风量：80~1120m³/min。

4）节能量：相比传统水环真空泵节能40%以上。

（2）技术创新点

1）传统透平真空泵采用油润滑的滚珠或油膜轴承，属于接触式轴承，高速旋转条件下的机械损耗严重，维护工作量大。磁悬浮透平真空泵将磁悬浮轴承技术应用于透平真空泵领域，免去了轴承损耗和维护工作。

2）传统透平真空泵采用多级或齿轮增速的方式间接满足气动设计要求，而磁悬浮透平真空泵采用叶轮与高速永磁同步电动机直联的方式，简化了真空泵的主机系统，系统的传动效率和气动效率更优。

3）与传统透平真空泵相比，磁悬浮透平真空泵配备更完善的检测元件，所有监测数据经过智能管理模块分析后输出相应的操作指令，降低了操作和维护难度。

4）与传统的汽水分离器相比，磁悬浮透平真空泵采用独特分区结构的汽水分离器，能够分离从真空抽吸点处吸入的水、纤维等杂质，分离效果达到98%以上，分离出的水和杂质通过滤液泵排出，配置的液位检测装置可精确控制滤液泵的起停，减少惰转时间，提高滤液泵的使用寿命，降低运行能耗。

4. 行业评价

（1）获得奖项

1）该技术2020年入选工信部《国家工业节能技术装备推荐目录》和《国家工业节能技术应用案例与指南》。

2）该技术2020年荣获工信部"创客中国"创新创业大赛二等奖。

（2）科技评估情况　该技术2019年9月7日通过了中国轻工业联合会主办的科技成果鉴定，会议认为："高效智能磁悬浮透平真空泵技术总体达到国际领先水平。"

5. 应用案例

案例一：仙鹤股份有限公司PM17真空泵改造项目

（1）用户用能情况简单说明　仙鹤股份有限公司PM17生产特种纸，年产能6万t。真空脱水系统一直采用水环式真空泵，总装机功率645kW，由于水环真空泵性能不良，造成真空系统能耗高且水环式真空泵不能随着工艺变化进行设备的降真空运行，造成高真空浪费严重，故对真空系统进行升级改造。

（2）实施内容及周期　根据原PM17真空系统需求，应用两台EV300亿昇磁悬浮透平真空泵替代现场7台水环式真空泵，满足现场工艺使用需求，同时优化了PM17真空系统，进一步降低生产过程中真空系统能耗。项目实施周期7天。

（3）节能减碳效果　如表2-1所示，按照每年工作8400h计算：

每年节约电能：(645-310) kW×8400h=281.4 万 kW·h

每年节省电费：281.4 万 kW·h×0.6 元/(kW·h)=168.84 万元

折合年节约标煤：281.4 万 kW·h×0.325kgce/(kW·h)=914.55tce

减排 CO_2：914.55tce/a×2.7725t/tce=2535.59t/a

每年节约电能 281.4 万 kW·h，节省电费 168.84 万元，年节约标煤 914.55tce，年减少 CO_2 排放量 2535.59t。

表 2-1　改造前后能耗对比

真空泵	运行总功率/kW	年电耗/kW·h
水环式真空泵	645	5418000
磁悬浮透平真空泵	310	2604000
节能量	2814000kW·h	
节能率	48%	
年节约电费/万元	168.8	
折合标煤/(tce/a)	872.3	

注：年运行时间 8400h，电价按 0.60 元/(kW·h) 计算。

（4）投资回收期　投资回收期约 1.6 年。

案例二：浙江华宇纸业有限公司 PM2 真空泵改造项目

（1）用户用能情况简单说明　浙江华宇有限公司 PM2 生产牛皮箱板纸、瓦楞原纸，年产能 18 万 t，总装机功率 1100kW。真空脱水系统一直采用水环式真空泵，真空系统能耗高且水环式真空泵不能随着工艺变化进行设备的降真空运行，只能采用放空形式降真空，因此造成高真空浪费严重，故对真空系统进行升级改造。

（2）实施内容及周期　根据原 PM2 真空系统需求，应用 2 台 EV600-D 亿昇磁悬浮透平真空泵替代现场 7 台水环式真空泵。满足现场工艺使用需求，同时配合业主进一步优化了 PM2 真空系统现状，进一步降低生产过程中真空系统能耗。项目实施周期 7 天。

（3）节能减碳效果　如表 2-2 所示，按照每年工作 8400h 计算：

每年节约电能：(1100-510) kW×8400h=495.6 万 kW·h

每年节省电费：495.6 万 kW·h×0.6 元/(kW·h)=297.36 万元

折合年节约标煤：495.6 万 kW·h×0.325kgce/(kW·h)=1610.7tce

减排 CO_2：1610.7tce/a×2.7725t/tce=4465.67t/a

每年节约电能 495.6 万 kW·h，节省电费 297.36 万元，年节约标煤 1610.7tce，年减少 CO_2 排放量 4465.67t。

表 2-2　改造前后能耗对比

真空泵	运行总功率/kW	年电耗/kW·h
水环式真空泵	1100	9240000
磁悬浮透平真空泵	510	4284000
节能量	4956000kW·h	
节能率	53.6%	
年节约电费/元	2973600	
折合标煤/(tce/a)	1536.4	

注：年运行时间 8400h，电价按 0.60 元/(kW·h) 计算。

（4）投资回收期　投资回收期约 1.3 年。

6. 技术提供单位

亿昇（天津）科技有限公司（以下简称亿昇科技），成立于 2014 年 12 月 19 日，坐落于天津滨海新区，注册资金 14285 万元，是天津飞旋科技有限公司的全资子公司，是国内首批从事磁悬浮轴承及其产业化产品系统集成服务企业，2019 年入选国家工信部绿色制造系统解决方案供应商、国家发改委先进制造业和现代服务业融合发展试点单位，目前拥有员工 200 人。

亿昇科技自成立之初便致力于磁悬浮轴承及其相关产业化产品的研发、生产、销售及技术服务工作，掌握磁悬浮产业化产品相关全套自主知识产权，打破国际垄断形式，填补国内磁悬浮轴承产业化技术空白，多项技术成果达到国际领先水平，打造国际领先的"中国芯"产品。

联系人：邢磊

联系方式：18920110629

2.1.3　永磁直驱电动滚筒技术

1. 技术背景

（1）技术研究背景　为解决煤炭、冶金等行业带式输送机安装烦琐、运行噪声大、电耗高、后期维护时间长等困难，江苏嘉轩智能工业科技股份有限公司研发的"永磁直驱电动滚筒技术"将滚筒设计成外转子，减少了传统带式输送机的传动机构，大大节省了安装空间及安装场地面积，设计了基于能量双向变换的永磁同步电动滚筒驱动器，不仅实现制动能量回收，且满足电动滚筒频繁起动、制动、过载、轻载的控制要求，智能工业滚筒设计简易，安装在带式输送机的驱动位置，外形尺寸大大减小，减少了带式输送机驱动系统的结构，提高了驱动系统的效率；带式输送机永磁直驱电动滚筒还具有噪声小、重量轻、寿命长、密封良好等特点；电动机本体永磁化，使电动机具有高转矩密度、高功率密度、高效率、高可靠性。

（2）本技术的主要用途　永磁直驱电动滚筒技术适用于煤炭、冶金、矿山等行业中大型带式输送机节能技术改造。

2. 技术原理及工艺

"永磁直驱电动滚筒技术"是一种矿用皮带传输系统驱动技术，包括了外转子电动机技术、多级直驱技术、自动控制技术等，该技术实现了无齿化传动，节省空间、减少噪声、提升带式输送机整体效率。主要技术如下：

1）设计了一套大功率、高效率、低转速、高转矩带式输送机永磁直驱电动滚筒，对电动机转子、定子、定子轴、冷却机构等结构进行了优化设计，降低噪声、减少振动、提升了散热性能。

2）将电动滚筒外壳设计为转子，省去中间传动结构，实现了无齿化传动，大量节省了空间，便于安装和维护；传动系统效率明显提升，节能率达到20%左右，节能环保效果显著。

3）通过变频器的主从控制，实现滚筒电动机的软起动、变频调速，减少起动冲击，具有明显节能效果；同时可以实现多电动机平衡控制，减少传送带应力，提高设备安全性，减少维护成本，提高工作效率，维护量减少75%；滚筒具有对外通信接口，通过专用控制软件，实现远程运行状态查看和控制。永磁直驱电动滚筒结构如图 2-6 所示。

图 2-6　永磁直驱电动滚筒结构

3. 技术特点与主要技术指标

（1）主要技术指标

1）节电率：20%~60%。

2）系统效率：94.9%。

3）最大功率：630kW。

4）转速范围：1.0~5.0m/s。

5）额定输出转矩：163kN·m。

6）系统振动减少量：50%~85%。

7）噪声：≤67.5dB。

8）冷却方式：自然冷、风冷、水冷。

（2）技术创新点

1）将永磁电动滚筒外壳设计为转子，省去中间传动装置，实现无齿化传动，节省空间，便于安装和维护，传动效率明显提升，与传统传送电动机相比，节能量高20%。

2）滚筒电动机可实现软起动、变频调速，可减少起动冲击，节约能源；可实现多电动机平衡控制，减少传送带应力，提高设备安全性，维护量减少75%。

3）研发了高效智能永磁直驱滚筒运行预诊断与自动维护技术，可根据轴承运行的温度和振动情况自动判别滚筒的润滑状态，进行自动补脂，进一步减少后期维护。

4. 行业评价

（1）获得奖项

1）该技术2019年入选工信部《国家工业节能技术装备推荐目录》和《国家工业节能技术应用案例与指南》。

2）该技术2020年获得中国电子节能技术协会颁发的"全国节能环保优秀推荐产品技术"推荐证书。

3）该技术2020年获得中国设备管理协会颁发的"第四届全国设备管理与技术创新成果"一等奖。

4）永磁直驱电动滚筒2020年获得江苏省首台（套）重大装备及关键部件认定。

5）永磁直驱电动滚筒2020年获得常州市人民政府颁发的常州市制造创新产

品证书。

（2）科技评估情况　该技术 2020 年 9 月 16 日通过了中国机械工业联合会主办的科技成果鉴定，鉴定委员会认为："高效智能永磁直驱滚筒技术运行稳定，性能可靠，具有良好的经济效益、社会效益和环境效益，整体水平国际领先。"

5. **应用案例**

案例一：淮沪煤电有限公司丁集煤矿改造项目

（1）用户用能情况简单说明　原传动系统功率为 355kW，带式输送机运量 1600t/h，运行两用两备，电耗高，噪声大，故障率高，占地面积大，需要更换或开启 3 台才可以满足需求，改造前电耗成本占整条带式输送机处理成本的 75%。

（2）实施内容及周期　将两套带式输送机驱动部分采用江苏嘉轩智能工业科技股份有限公司的永磁直驱电动滚筒技术进行节能改造。项目实施周期 1 个月。

（3）节能减碳效果　据电表统计，每年每台设备可节电 30 万 kW·h，年节约总电量约 60 万 kW·h，按企业平均电价 0.7 元/(kW·h) 计算：

每年节省电费：60 万 kW·h×0.7 元/(kW·h)=42 万元

折合年节约标煤：60 万 kW·h×0.340kgce/(kW·h)=204tce

减排 CO_2：204tce/a×2.7725t/tce=565.59t/a

每年节约电能 60 万 kW·h，节省电费 42 万元，年节约标煤 204tce，年减少 CO_2 排放量 565.59t。

（4）投资回收期　投资回收期约 2 年。

案例二：贵州盘江精煤股份有限公司改造项目

（1）用户用能情况简单说明　原传动系统功率为 315kW，带式输送机运量 1000t/h。运行传统输送机驱动装置，电耗高，噪声大，故障率高，占地面积大，设备维护停机时间长，会造成一定经济损失。

（2）实施内容及周期　安装 3 台江苏嘉轩智能工业科技股份有限公司的永磁直驱电动滚筒，在后方单独设计机架安装制动器和逆止器。项目实施周期 26 天。

（3）节能减碳效果　经过测算，年节约总电量约 30.5 万 kW·h，节能率达 23.5%，含变频器节能部分节能率为 30% 以上，按企业平均电价 0.7 元/(kW·h) 计算：

每年节省电费：30.5 万 kW·h×0.7 元/(kW·h) = 21.35 万元

折合年节约标煤：30.5 万 kW·h×0.340kgce/(kW·h) = 103.7tce

减排 CO_2：103.7tce/a×2.7725t/tce = 287.51t/a

每年节约电能 30.5 万 kW·h，节省电费 21.35 万元，年节约标煤 103.7tce，年减少 CO_2 排放量 287.51t。

（4）投资回收期　投资回收期约 2 年。

6. 企业简介

江苏嘉轩智能工业科技股份有限公司，是国内最早从事高永磁同步电动滚筒设计制造的企业之一，配套有 11~630kW 大转矩全功率永磁滚筒专业实验室、超低频高压绝缘结构实验室、超低频高压绝缘材料实验室，拥有完善的生产技术管理体系和生产检测试验设备，主营产品包括工业智能永磁滚筒、工业智能电动机等。目前拥有授权专利 67 项（其中发明专利 13 项），注册商标 4 件；参与修订国家标准 4 项，起草行业标准 6 项，参与修订行业标准 4 项；具有国家矿用产品安标认证证书 289 张。

联系人：刘义凡

联系方式：15295066351

2.1.4　循环水系统高效节能技术

1. 技术背景

（1）技术研究背景　据统计，用电动机拖动的水泵系统，占据了工业、市政领域总电量消耗的 25%~35%。大量案例表明，通过对泵系统进行优化，可减少能耗 20%~50%。上海凯泉泵业（集团）有限公司研发的"循环水系统高效节能技术"，可以让系统中各泵组合理搭配运行，汽蚀余量低、振动小、运行平稳可靠，泵效率最高可达 92%。

（2）本技术的主要用途　循环水系统高效节能技术适用于冶金、化工、水泥、电厂、供热、制冷等工业领域及水厂、污水处理厂等市政领域的水泵系统节能技术改造。

2. 技术原理及工艺

运用三元流体理论，通过流动与结构仿真分析技术，准确模拟水泵内部流态，掌握其压力脉动、空化特性及流场规律，设计出叶轮和泵壳的最佳水力模型，效率高，高效区宽，抗汽蚀性能好。当泵连接到系统后，泵的实际工作点由泵性能曲线和管路系统性能曲线的交点来确定，泵与管路系统在工作点达到了能量的平衡。当泵性能曲线与管路性能曲线不匹配时，二者交点即泵的工作点偏离泵设计点，泵运行效率降低，汽蚀和超功率风险增加。在实际生产中根据用户需求，生产符合用户需求流量和对应扬程的高效节能泵，从而降低运行能耗。实际运行时，可根据不同工况通过变频器与 PLC 构成控制系统，自动调节泵的运行转速及运行台数，完成压力、液位、温度等参数的闭环控制，获得所需流量，并最大幅度降低泵的运行能耗。泵变频原理如图 2-7 所示。

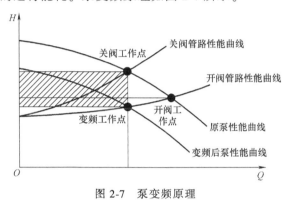

图 2-7　泵变频原理

3. 技术特点与主要技术指标

（1）主要技术指标

1）流量范围：$1.8 \sim 2000 \mathrm{m}^3/\mathrm{h}$。

2）扬程范围：$5 \sim 127 \mathrm{m}$。

3）介质温度范围：$-10 \sim 80 ℃$，特殊情况下可到 $120 ℃$。

（2）技术创新点

1）电动机直联，机泵轴完全同心，振动小，噪声低。

2）泵进出口口径相同，运行稳定可靠。

3）采用特殊配置的 SKF 轴承，运行可靠。

4）强制环流不受转向限制的特种机械密封，改善其运行环境，延长使用寿命，确保无泄漏，节约运行管理费。

5）镀铬特殊处理转轴，永不生锈，保证配合零件拆装简便及机械密封可靠。

4. 行业评价

（1）获得奖项　相关产品 2020 年入选工信部《国家工业节能技术装备推荐

目录》及《"能效之星"产品目录》。

（2）科技评估情况　该技术2020年9月18日通过了上海市节能产品评审委员会主办的科技成果评价（鉴定），会议认为："循环水系统高效节能技术具有高效、节能的特点，整体水平国内领先。"

5. 应用案例

案例一：宁波金田铜业有限公司铜板公司循环水泵改造项目

（1）用户用能情况简单说明　宁波金田铜业有限公司铜板公司专业生产铅黄铜板，包括HPb59-1、HPb60-2等牌号，年产量达2万余吨，长期以来，该用户存在水泵系统匹配不合理、能耗偏高的问题，亟须进行改造。

（2）实施内容及周期　对铜板车间上塔泵、供水泵及其管路附件实施改造，改用上海凯泉高效节能泵，并配套传感器及控制柜系统以对水泵实施智能控制。

改造前，1台供水泵将冷却水从供水池中抽送至上引炉，通过喷头直接喷淋至铜板上进行冷却。使用后的冷却水经过集水槽回流至回水池，然后通过两台上塔泵将冷却水抽送至冷却塔进行冷却，冷却后汇集流入供水池，如此循环。工艺流程（改造前）如图2-8所示。

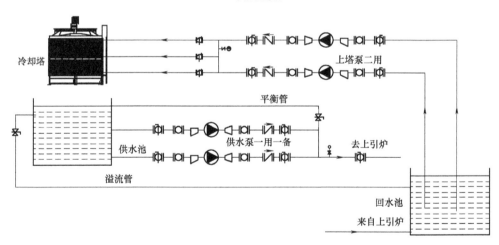

图2-8　工艺流程（改造前）

原泵系统存在如下问题：

1）供水泵选型扬程过大，导致水泵严重偏工况运行，运行效率较低。

2）上塔泵单泵运行流量严重偏离设计工况，水泵运行效率较低。

3）供水泵与上塔泵两者的流量存在一定差值，故存在流量不平衡的情况。

4）供水泵和上塔泵均是工频运行，不能随外界环境温度变化和冷却水需求量的变化而自动调整运行，存在较大的能源浪费。

改造后，供水泵采用恒压变频控制运行，一用一备，上塔泵采用恒液位变频控制运行，一用一备。当单泵流量无法满足使用需求时，自动加泵减频运行，同时对冷却塔风机进行起停控制，实现系统节能运行。工艺流程（改造后）如图 2-9 所示。

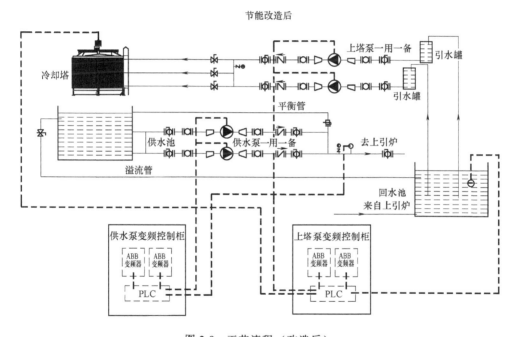

图 2-9　工艺流程（改造后）

通过凯泉智慧云远程监控平台可在手机上实时查看设备运行情况和及时收到设备运行报警和故障信息，以便及时响应处理。项目实施周期 3 个月。

（3）节能减碳效果　本项目供水泵变频控制柜安装调试后，将压力设定为 0.26MPa，满足车间用水需求，电动机频率 43Hz 左右；改造前日耗电 608kW·h，改造后水泵平均日耗电 498.7kW·h，按平均每日节电 109kW·h 计算：

每年节约电能：109kW·h/d×365d＝39785kW·h

折合年节约标煤：39785kW·h×0.325kgce/（kW·h）＝12.93tce

减排 CO_2：12.93tce/a×2.7725t/tce=35.85t/a

每年节约电能 39785kW·h，年节约标煤 12.93tce，年减少 CO_2 排放量 35.85t。

（4）投资回收期　投资回收期约 2 年。

案例二：四川峨铁节能材料有限责任公司二厂 11 号、12 号电炉循环水泵站节能改造项目

（1）用户用能情况简单说明　该企业二厂 11 号、12 号电炉循环水泵站三组供水泵系统匹配不合理，能耗较高，亟须改造。

（2）实施内容及周期　对二厂 11 号、12 号电炉循环水泵站三组供水泵采用循环水系统高效节能技术进行改造，并安装配套传感器及控制柜系统对水泵实施智能控制。项目实施周期 70 天。

（3）节能减碳效果　系统整体节电率达到 28.1%，每年节约电能 60.72 万 kW·h，按企业平均电价 0.6 元/(kW·h) 计算：

每年节省电费：60.72 万 kW·h×0.6 元/(kW·h)=36.43 万元

折合年节约标煤：60.72 万 kW·h×0.325kgce/(kW·h)=197.34tce

减排 CO_2：197.34tce/a×2.7725t/tce=547.13t/a

每年节约电能 60.72 万 kW·h，节省电费 36.43 万元，年节约标煤 197.34tce，年减少 CO_2 排放量 547.13t。

（4）投资回收期　项目总投资约 73 万元，投资回收期约 2 年。

案例三：邵阳自来水有限公司谷洲水厂取水泵节能改造项目

（1）用户用能情况简单说明　用户改造前取水泵一用一备，超功率运行，能耗高且不安全；需人工手动起停水泵，无法做到无人值守，用户要求提高总水量，降低能耗。

（2）实施内容及周期　将原泵换成上海凯泉高效节能智慧变频泵，原普通控制柜改成 PLC 智能控制柜，用于现场水泵运行数据的采集与处理，并配合高位水池远传液位系统实现水泵的自动起停、变频运行及远程监控。项目实施周期两个月。

（3）节能减碳效果　系统整体节电率达到 22.3%，每年节约电能 14.96 万 kW·h，按企业平均电价 0.7 元/(kW·h) 计算：

每年节省电费：14.96 万 kW·h×0.7 元/(kW·h)≈10.47 万元

折合年节约标煤：14.96 万 kW·h×0.325kgce/(kW·h) = 48.62tce

减排 CO_2：48.62tce/a×2.7725t/tce = 134.8t/a

每年节约电能 14.96 万 kW·h，节省电费 10.47 万元，年节约标煤 48.62tce，年减少 CO_2 排放量 134.8t。

（4）投资回收期 该项目总投入约为 15.7 万元，投资回收期约 1.5 年。

6. 技术提供单位

上海凯泉泵业（集团）有限公司，成立于 1995 年，是集设计/生产/销售泵、给水设备及泵用控制设备于一体的大型综合性泵业集团。公司立足于泵产业，不断深化水力研究与泵、水相关系统的技术研发，以绿色技术创新带来的高效率生产模式直接降低水资源利用的成本，带动产业体系的能效升级，全力塑造民族品牌，产品服务于建筑、市政、工矿、核电等 7 大领域，2020 年销售订单突破 53 亿元。

该公司先后获得了"上海市质量金奖""上海市科技百强企业""上海市名牌产品""中国质量信用 AAA 级""全国合同信用等级 AAA 级""5A 级节能技术服务认证""中国最具竞争力的商品商标""五星级服务认证"等荣誉，连续多年入选全国机械 100 强。

联系人：高宏均

联系方式：13916217267

2.2 电动机节能技术案例

2.2.1 新型球磨机直驱永磁同步电动机系统

1. 适用范围

新型球磨机直驱永磁同步电动机系统适用于矿山、水泥、陶瓷等行业低转速大转矩动力设备领域节能技术改造。

2. 基本原理

新型球磨机用永磁直驱同步电动机系统，替代原有的减速机+异步电动机组成的驱动系统，减少系统传动节点，缩短传动链，降低故障率，提高传动效率，保证系统安全可靠运行，从而达到降低生产成本、安装成本和维护成本的目的。

3. 技术功能特性

改变了传统球磨机系统的传动模式；改变了传统装备的制造模式；提高了系统的传动效率；减少了系统的维护量，确保了系统的可靠运行。

4. 节能减碳效果

邯郸金隅太行水泥股份有限责任公司 500kW 煤磨直驱改造项目，技术提供单位为河北新四达电机股份有限公司。采用先进的变频器加永磁直驱电动机代替传统的水阻起动柜+主电动机+对轮+减速机+辅传减速机+辅传电动机。改造完成后，5#煤磨主电动机电耗由 26.25kW·h/t 降为 21.17kW·h/t，减少 5.08kW·h/t，主电动机平均功率由 424.68kW 降为 368.39kW，降低了 56.29kW。系统年节电约 56.29 万 kW·h，折合年节约标煤 191.39tce，减排 CO_2 530.63t/a。投资回收期 2 年。预计未来 5 年，推广应用比例可达到 20%，可节能 6.8 万 tce/a，减排 CO_2 18.85 万 t/a。

2.2.2 国产高性能低压变频技术

1. 适用范围

国产高性能低压变频技术适用于冶金、船舶、港机等行业的低压高端变频调速领域节能技术改造。

2. 基本原理

本技术是对标国际最新的产品技术，控制部分与功率单元分开，控制板使用 X86-CPU 作为核心芯片，功率部分采用 DSP 完成控制，采用实时以太网作为高速通信的路径。通过研究快速通信网络、功率模块、DSP 控制技术、实时多任务控制技术、矢量控制模型、功率单元结构技术、整流器技术、同步电动机矢量控制技术等核心技术，通过高速、稳定、可靠的控制软件，以及有效的通信技术实现电动机低压变频调速。其工艺路线如图 2-10 所示。

3. 技术功能特性

1）采用基于 Intel X86-CPU 的高性能变频控制器，采用实时多任务、多时间尺度，支持多通信协议的协调统一操作系统，实现了控制器的快速实时响应和高精度控制。

2）采用变频器控制器与功率单元分体结构，实现了功率单元模块化应用以及变频器并联扩容。

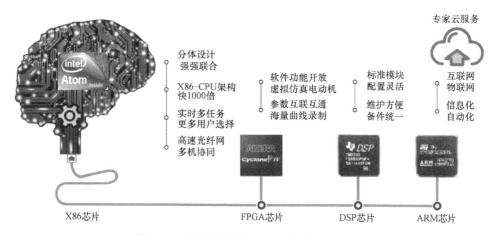

分体设计
强强联合

X86-CPU架构
快1000倍

实时多任务
更多用户选择

高速光纤网
多机协同

软件功能开放
虚拟仿真电动机

参数互联互通
海量曲线录制

标准模块
配置灵活

维护方便
备件统一

专家云服务

互联网
物联网

信息化
自动化

X86芯片　　　FPGA芯片　　　DSP芯片　　　ARM芯片

图 2-10　国产高性能低压变频技术工艺路线

3）开发了基于互联网和 VPN 技术的运行及故障数据记录系统、远程监控技术、故障诊断技术，提高了变频器的可维护性。

4. 节能减碳效果

宝钢湛江钢铁有限公司 4200mm 厚板厂传动改造项目，技术提供单位为中冶京诚工程技术有限公司。宝钢湛江 4200mm 厚板厂共 200 余台低压变频电动机，整条生产线设计供电功率为 200MW，采用国产高性能低压变频技术进行节能改造。改造完成后，生产线年节约总电量约 1100 万 kW・h，折合年节约标煤 3740tce，减排 CO_2 1.04 万 t/a。投资回收期 2 年。预计未来 5 年，推广应用比例可达到 20%，可节能 7.5 万 tce/a，减排 CO_2 20.79 万 t/a。

2.2.3　开关磁阻调速电动机系统节能技术

1. 适用范围

开关磁阻调速电动机系统节能技术适用于建材、机床、油田、矿山等行业电机系统节能技术改造。

2. 基本原理

智能电动机系统是继直流电动机驱动、交流异步电动机变频驱动、永磁同步驱动之后发展起来的新一代无级调速驱动系统，其综合性能指标高于传统驱动系统，由开关磁阻电动机、控制系统组成，是最具性能优势和前景的高端电动机系统。智能电动机基本构成如图 2-11 所示。

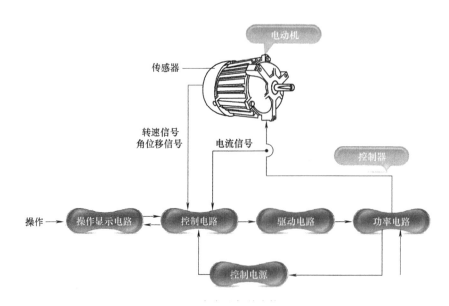

图 2-11　智能电动机基本构成

3. 技术功能特性

1) 起动转矩大，起动电流小（同功率下起动转矩是异步电动机的 1.2 倍，起动电流是异步电动机的 35%）。

2) 调速范围广，高效运行转速范围宽（在 74% 以上的调速范围内，维持了 90% 以上的高效率）。

3) 电动机本体结构简单，整个系统可靠性高。

4) 可控参数多，参数最优组合灵活，先进的电动机控制算法，采用电流环、速度环、转矩环等多环控制模式。

5) 在保证工况所需电动机输出功率下，实现输出转矩/电流比值最大化，系统可自动匹配和工况最适应的状态，在保证工况适应的条件下实现最优输出。

4. 节能减碳效果

首钢股份有限公司改造项目，技术提供单位为深圳市风发科技发展有限公司。利用 9 台采用风发科技公司的智能电动机系统技术的智能电动机对老旧电动机进行替换。改造完成后，每年按工作 8000h 计算，此项目 9 台设备每年可节电 150 万 kW·h，折合年节约标煤 510tce，减排 CO_2 1413.98t/a。投资回收期 13 个月。预计未来 5 年，推广应用比例可达到 35%，可节能 5 万 tce/a，减排 CO_2

13.86 万 t/a。

2.2.4 绕线转子无刷双馈电机及变频控制系统

1. 适用范围

绕线转子无刷双馈电机及变频控制系统适用于电机节能技术改造。

2. 基本原理

无刷双馈电机是一种由两套三相不同极对数定子绕组和一套闭合、无电刷和滑环装置的转子构成的新型交流感应电机。两套定子绕组分别称为功率绕组和控制绕组，转子采用特殊绕线转子结构。基本原理是经过特殊设计的转子使两套定子绕组产生不同极对数的旋转磁场间接相互作用，并能对其相互作用进行控制来实现能量传递；既能作为电动机运行，也能作为发电机运行，兼有异步电动机和同步电动机的特点。改变控制绕组的连接方式及其供电电源电压和电流的幅值、相位以及频率实现无刷双馈电机的多种运行方式。其技术原理如图 2-12 所示。

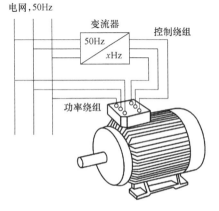

图 2-12 绕线转子无刷双馈电机
及变频控制系统技术原理

3. 技术功能特性

1）低压变频器实现高压电动机变频调速：小容量低压变频系统控制高压大功率电动机运行，实现变频调速节能，谐波量小，变频控制系统的功率仅占总功率的 1/3 ~ 1/2，节电率为 30% ~ 60%。

2）取消了电刷和滑环，提高了系统整体运行的可靠性和安全性。

3）变速恒频发电：用作发电机，可进行变速恒频发电。

4）基本免维护，高效可靠低成本，占地面积小，无须高压系统的运行维护条件，没有复杂的冷却系统。

4. 节能减碳效果

中国石化武汉分公司循环水泵无刷双馈同步电动机节能改造项目，技术提供单位为金路达有限公司。采用 TZYWS450-6 型号无刷双馈电动机及变频调速控制系统替代 16# 循环水泵的 Y450-6 型三相异步电动机及控制系统。改造完成后，根据第三方节能评估表明，年节电量为 109.24 万 kW·h，折合年节约标煤 371.42tce，减排 CO_2 1029.76t/a。投资回收期 6 个月。预计未来 5 年，推广应用比例可达到 20%，可节能 2.23 万 tce/a，减排 CO_2 6.18 万 t/a。

2.2.5 异步电动机永磁化改造技术

1. 适用范围

异步电动机永磁化改造技术适用于异步电动机节能技术改造。

2. 基本原理

将转子进行二次加工，开出一道弧形槽，在弧形槽内放入磁钢，然后用不导磁的不锈钢扁丝螺旋缠绕在磁钢表面，防止磁钢运行时飞出，实现了电动机性能的改进，降低电动机定子绕组中的电流，减少绕组铜耗，减少能量消耗，提升电机能效水平，综合节电效果明显。其工作原理如图 2-13 所示。

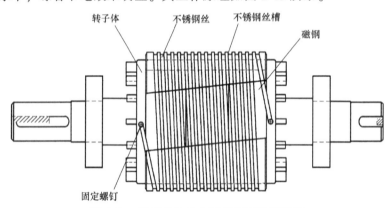

图 2-13 异步电动机永磁化改造工作原理

3. 技术功能特性

1）采用电动机的再制造技术，实现了电动机性能的改进以及电动机效率点的提高。

2）通过采用转子磁钢防止飞出结构设计有效地解决磁钢脱离的问题，同时不会增加转子体积。

4. 节能减碳效果

嘉兴市佳瑞思喷织有限公司节能改造项目，技术提供单位为杭州奇虎节能技术有限公司。嘉兴市佳瑞思喷织有限公司的 512 台 Y 系列三相异步电动机更换为 7.5kW 倍捻机专用 AB 电动机（FTY-132M-1500-7.5kW）。改造完成后，设备平均每天可节电 3168kW·h，每年运行 12 个月，年节电量约为 115.63 万 kW·h，折合年节约标煤 375.8tce，减排 CO_2 1041.9t/a。该项目综合年效益为 81.10 万元，总投入为 92.16 万元，投资回收期为 1.1 年。预计未来 5 年，推广应用比例可达到 10%，可节能 4.3 万 tce/a，减排 CO_2 11.92 万 t/a。

2.2.6　特制电动机技术

1. 适用范围

特制电动机技术适用于电动机系统节能技术改造。

2. 基本原理

定子采用低损耗冷轧硅钢片、VPI 真空压力浸漆技术，转子材料为高纯度铝，优化设计风扇、通风系统、电动机线圈绕组等降低了定子铜耗、转子损耗、铁耗、机械损耗、杂散耗等损耗，综合提升了电动机效率，可满足各种空载、满载以及变频系统需求。其工艺流程如图 2-14 所示。

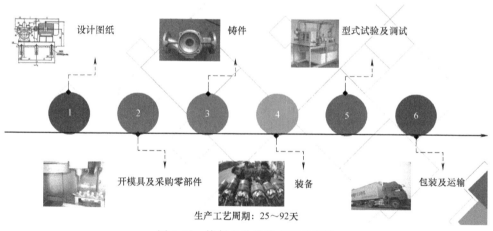

图 2-14　特制电动机技术工艺流程

3. 技术功能特性

优化设计风扇、通风系统、电动机线圈绕组等降低了定子铜耗、转子损耗、铁耗、机械损耗、杂散耗等损耗。

4. 节能减碳效果

蒙牛高科乳制品（北京）有限公司电动机及水泵能效提升项目，技术提供单位为北京皓德创业科技有限公司。项目主要采用特制电动机替换高耗能电动机。改造完成后，年节约总电量约 345 万 kW·h，折合年节约标煤 1121.25tce，减排 CO_2 3108.67t/a。该项目综合年效益合计为 241.5 万元，总投入为 433 万元，投资回收期约 1.8 年。预计未来 5 年，推广应用比例可达到 10%，可节能 4.9 万 tce/a，减排 CO_2 13.59 万 t/a。

2.2.7 城轨永磁牵引系统

1. 适用范围

城轨永磁牵引系统适用于城市轨道交通等行业节能技术改造。

2. 基本原理

城轨永磁牵引系统基于永磁控制技术，设备包括司机控制器、高压电器箱、滤波电抗器、VVVF 逆变器、制动电阻、牵引电动机、齿轮驱动装置及联轴器等。其中，牵引电动机采用永磁同步电动机，体积小，重量轻，具有高功率因数、高效率的特点。主要功能是将外部 DC1500V/DC750V 输入电源逆变成频率、电压均可调的三相交流电，为永磁同步电动机供电，驱动永磁同步电动机并使得列车能够向前、向后进行牵引和制动，永磁牵引系统节能率高达 30%，是下一代牵引系统的发展方向。其技术特点如图 2-15 所示。

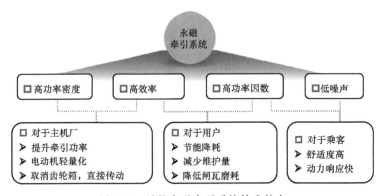

图 2-15 城轨永磁牵引系统技术特点

3. 技术功能特性

1) 通过系统仿真、系统动态测试等手段，建立了永磁同步牵引系统研发与集成设计平台，实现系统最优化设计。

2) 采用无位置传感器控制方法，提高了系统可靠性。

3) 采用了永磁电动机参数自动辨识和在线预警技术，融合在线检测保护策略，保障系统和部件可靠性。

4. 节能减碳效果

长沙地铁 1 号线永磁牵引系统项目，技术提供单位为株洲中车时代电气股份有限公司。项目为长沙市轨道交通集团有限公司提供 DC1500V 供电、4 动 2 拖 6 编组、80km/h 地铁车辆全套永磁牵引系统设备，该列车编入既有异步牵引系统列车中并进行同等条件载客运营。改造完成后，相比于异步牵引系统列车，单套永磁牵引系统每年可节电 39.6 万 kW·h 以上，折合年节约标煤 128.7tce，减排 CO_2 356.82 万 t/a。该项目综合年效益合计为 33.92 万元，总投入为 85 万元，投资回收期约 2.5 年。预计未来 5 年，推广应用比例可达到 30%，可节能 20 万 tce/a，减排 CO_2 55.45 万 t/a。

2.3　电动机驱动系统节能技术案例

2.3.1　大小容积切换家用高效多联机技术

1. 适用范围

大小容积切换家用高效多联机技术适用于空调、采暖等行业的多联机节能技术改造。

2. 基本原理

家用多联机的大小容积切换压缩机技术，具有两种运行模式：双缸运行模式满足中、高负荷需求，单缸运行模式满足低负荷需求。单缸运行模式在减小压缩机工作容积的同时提升压缩机运行频率，使压缩机在最高效率的运行频率下工作，达到减小输出和提升低负荷能效的效果。其工艺流程如图 2-16 所示。

3. 技术功能特性

1）具有大小缸容积切换压缩机，具备双缸运行模式、小缸运行模式，多联机低负荷运行时，压缩机单缸运行，永磁调速器用于离心式风机、泵、压缩机等系统中，可在减小压缩机工作容积的同时提升压缩机运行频率。

2）应用不同口径电磁阀的压力切换系统，保证压缩机在不同工作模式下平稳、可靠切换，解决大小缸切换时压缩机振动难题，实现 20 万次稳定切换。

3）采用压缩机转矩检测和后馈补偿的控制方法，构建一种容积切换压缩

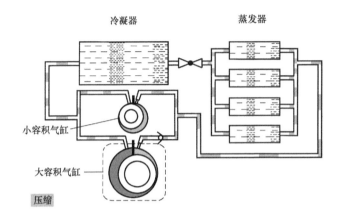

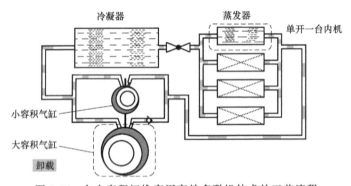

图 2-16　大小容积切换家用高效多联机技术的工艺流程

自适应同步力矩检测和补偿模式，实现压缩机切缸时 40ms 内准确的力矩补偿。

4. 节能减碳效果

安徽新慧暖通科技有限公司多联机空调安装项目，技术提供单位为珠海格力电器股份有限公司。安装基于大小容积切换压缩机的高效家用多联机系列产品并投入使用，共计安装该多联机产品 49 套。改造完成后，每年每台设备可节电 468kW·h，年节约总电量约 22932kW·h，折合年节约标煤 7.80tce，减排 CO_2 21.63t/a。该项目每年可节约电费 20639 元，投资回收期约 3.3 年。预计未来 5 年，推广应用比例可达到 20%，可节能 1.56 万 tce/a，减排 CO_2 4.33 万 t/a。

2.3.2　高效过冷水式制冰机组

1. 适用范围

高效过冷水式制冰机组适用于空调、制冰、预冷等领域节能技术改造。

2. 基本原理

高效过冷水式制冰属于动态制冰，分为直接蒸发式和间接载冷剂式两种类型。制冰时是通过制冷主机产生的低温乙二醇溶液或制冷剂直接蒸发产生的冷量将蓄冰槽里的水经动态制冰机组里的过冷却器换热降温成−2℃过冷水，再通过制冰机组里的超声波促晶装置解除过冷生成冰浆，通过管道输送到蓄冰槽里，冰和水因密度不同形成自然分层，冰浮在蓄冰槽上部不断累积，水通过制冰泵不断抽吸循环，直至蓄冰槽内的冰层加厚至一定程度，水的下渗速度远低于制冰泵的抽吸速度，蓄冰槽内水位不断下降至制冰泵取水口，制冰泵失去水封，流量衰减，制冰过程自动结束。

制冰过程依靠高速对流换热和热传导换热，传热系数大，换热时不制冰，制冰时不换热，换热和制冰分两步完成，制冰速度快，且制冰速度恒定。其工艺路线如图 2-17 所示。

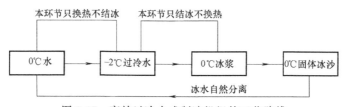

图 2-17　高效过冷水式制冰机组的工艺路线

3. 技术功能特性

1）采用了入口平缓加速、内壁喷涂憎水性材料和夹套预热装置，开发了防冰晶反向传播组件，实现了低品位热能高效防冰晶传播和冷热量优化配置。

2）采用了超声波自动跟随技术，完全解除过冷度，实现了设备的稳定运行。

3）开发了宽流型筛网式 WSMS 冰水分离器和隔板滤网组件，合理延长驻留时间，从主动和被动两个方面杜绝冰晶进入过冷却器，实现系统的无预热运行。

4）开发了独特的过冷却蒸发器，可合理控制板间及角孔流速，实现了板间的小温差传热，并预防提前结晶。

4. 节能减碳效果

烟台君恬果园动态冰浆预冷项目，技术提供单位为冰轮环境技术股份有限公司。本项目方案采用过冷水冰浆预冷一体机，由直接蒸发式过冷水冰浆（水）机组、自动取送冰装置及预冷水箱三部分构成，共同撬装在铲装底座上，工厂预制组装。改造完成后，据电表统计，每天节省电量 1440kW·h，按照每年运行

300天计算,每年该设备可节电43.2万kW·h,折合年节约标煤146.88tce,减排CO_2 407.22t/a。投资回收期3年。预计未来5年,推广应用比例可达到25%,可节能2.94万tce/a,减排CO_2 8.15万t/a。

2.3.3 高加载力中速磨煤机应用于燃煤电站百万机组的技术

1. 适用范围

高加载力中速磨煤机应用于燃煤电站百万机组的技术适用于电力行业磨煤系统节能技术改造。

2. 基本原理

高加载力中速磨煤机是具有三个固定磨辊装配的外加力型辊盘式磨煤机。磨煤机工作时,原煤通过磨煤机中部的落煤管进入磨机中,由磨盘转动所产生的离心力使煤均匀地进入磨盘轨道中。磨盘带动三个均匀分布在磨盘圆周上的磨辊转动,将煤碾压成细粉并在离心力作用下逸出磨盘。由进入磨煤机的一次热风在对原煤干燥的同时将磨碎的煤粉输送至分离器中进行二次分离,合格的煤粉进入炉膛燃烧,粗粉返回磨中重新磨制。煤中的石子煤、铁块等不能被碾磨的杂物通过喷嘴环喷口掉到下架体上被刮板刮入排渣箱中,排出磨外。其工艺流程如图2-18所示。

3. 技术功能特性

1)高加载力。优化了液压系统,提高了加载架的强度设计,满足了高加载压力的设计要求,将磨煤机运行时的最大加载压力等级由500kPa提高到650kPa。

2)采用右旋喷嘴环。根据不同的项目,优化设计右旋喷嘴环,使磨煤机的喷嘴环风速保持在合理的范围内,并降低磨煤机的本体阻力,提高喷嘴环的使用寿命5倍以上。

3)采用整体磨盘。采用一体的磨盘结构,提高磨盘的整体刚度,满足了高加载力的使用要求。

4)采用新结构的下架体。优化下架体结构,增加下架体的整体刚度和防扭变形的强度,提高设备运行稳定性。

4. 节能减碳效果

华能莱芜电厂百万机组"上大压小"扩建工程项目,技术提供单位为中国

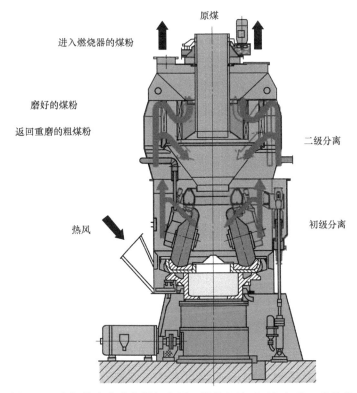

原煤

进入燃烧器的煤粉

磨好的煤粉

返回重磨的粗煤粉

二级分离

初级分离

热风

图 2-18 高加载力中速磨煤机应用于燃煤电站百万机组的工艺流程

电建集团长春发电设备有限公司。将原来的 6 台中速磨煤机替换为 MPS235HP-II 型中速磨煤机，并配套 710kW 的 YMPS 系列专用电动机。改造完成后，磨煤机的出力比国内其他厂家同等磨盘尺寸的中速磨煤机要大 20%~35% 以上；同等出力要求的情况下磨煤机的型号比其他国内厂家要小 1~2 个型号，可降低厂房高度 0.5~1m，所配的电动机功率小 100~200kW，至少每吨煤可节电 1kW·h。经测算，项目每年可节电 365 万 kW·h，折合年节约标煤 1241tce，减排 CO_2 3440.67t/a。投资回收期约 4 个月。预计未来 5 年，推广应用比例可达到 25%，可节能 2.48 万 tce/a，减排 CO_2 6.88 万 t/a。

2.3.4 多模式节能型低露点干燥技术

1. 适用范围

多模式节能型低露点干燥技术适用于流程工业用压缩空气供气系统的节能技术改造。

2. 基本原理

通过压缩空气末级余热利用、常压鼓风深度再生、压缩空气吹冷流程与可视化独立控制体系，突破传统零气耗余热干燥常压露点-30℃局限，可在多变的环境工况下，智能适应常压露点-20℃到压力露点-40℃，实现多压力露点、多模式控制的独特性，压缩空气品质稳定，有效降低了设备运行费用，节能效果明显。其设备如图2-19所示。

3. 技术功能特性

在压缩空气余热充分利用的前提下，实现压缩空气成品气稳定在压力露点-40℃的高标准要求。

4. 节能减碳效果

江苏一鸣生物科技根思乡厂区压

图2-19　多模式节能型低露点干燥设备

缩空气系统智慧高效空压站改造项目，技术提供单位为杭州哲达科技股份有限公司。应用生物发酵专用型 MMDB 干燥机系统，安装空压机智能群控系统，对主机进行高效化技术改造。改造完成后，成品气压力露点稳定控制在-40℃以下，主体流程超滤净化工艺安全运行，干燥系统阻力损失在 0.02MPa，年节电量为 160 万 kW·h，折合年节约标煤 520tce，减排 CO_2 1441.7t/a。该项目综合年效益合计为 112 万元，项目总投入为 205 万元，投资回收期约 22 个月。预计未来 5 年，推广应用比例可达到 20%，可节能 6.6 万 tce/a，减排 CO_2 18.30 万 t/a。

2.3.5 卧式油冷型永磁调速器技术

1. 适用范围

卧式油冷型永磁调速器技术适用于工业传动系统节能技术改造。

2. 基本原理

透过气隙传递转矩，电动机与负载设备转轴之间不需要机械连接，电动机旋转时带动导体主动转子切割磁力线，在导磁盘中通过涡电流产生感应磁场，感应磁场和永磁场之间磁性的相互吸合和排斥拉动从动转载，从而实现了电动机与负载之间的转矩传输，代替传统的电子变频器、液力耦合器，节能效果明显。其系统原理如图 2-20 所示。

3. 技术功能特性

采用永磁调速器技术，可以通过调节气隙实现流量和压力的连续控制，取代原系统中控制流量和/或压力的阀门或风门挡板，在电动机转速不变的情况下，调节风机或水泵的转速。

4. 节能减碳效果

国电镇江大港热电厂改造项目，技术提供单位为安徽沃弗永磁科技有限公司。3#机组引风机共计 1 台，发电机组

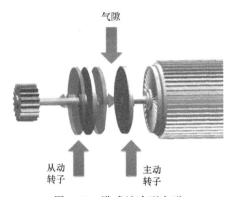

图 2-20　卧式油冷型永磁
调速器技术系统原理

扩容，电动机的功率由改造前的 560kW、990r/min 扩大为 1400kW、990r/min、10kV、99A、0.86，选用卧式油冷型 TW850 永磁调速器，改造后运行稳定。改造完成后，风机按照全年运行 8000h 计算，年节约总电量为 224.58 万 kW·h，折合年节约标煤 729.89tce，减排 CO_2 2023.62t/a。该项目综合年效益合计为 112.28 万元，总投入为 100 万元，投资回收期约 0.9 年。预计未来 5 年，推广应用比例可达到 23%，可节能 34 万 tce/a，减排 CO_2 94.27 万 t/a。

2.3.6　磁悬浮中央空调机房节能改造技术

1. 适用范围

磁悬浮中央空调机房节能改造技术适用于中央空调系统节能技术改造。

2. 基本原理

集成应用高效磁悬浮冷水机技术、水泵变频技术、机房实时能效监测调控技术，根据系统工况及负荷需要，控制冷冻泵、冷却泵和冷却塔转速，降低辅机的用电，通过软件与设备连接，可实时采集用能数据并自动分析，智能化管控机房，实现高效制冷，与传统中央空调机房相比，节能效果明显。其工艺流程如图 2-21 所示。

3. 技术功能特性

机房各设备的数据实时上传至安装在云端的能效管理系统，系统根据逻辑算法，实时对环境参数和负荷进行计算，计算出此时的最佳效率曲线，并控制设备

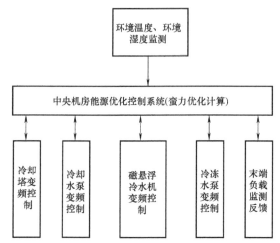

图 2-21 磁悬浮中央空调机房节能改造技术的工艺流程

运行参数,使运行工况向最佳效率曲线靠拢,最终保持一致。

4. 节能减碳效果

广合科技(广州)有限公司中央空调机房改造项目,技术提供单位为广州市铭汉科技股份有限公司。更换原有冷水机组,置换成 1 台 600RT 的磁悬浮离心式冷水机组以及 1 台 800RT 的磁悬浮离心式冷水机组,并安装能效监测智慧平台。改造完成后,据电表统计,一年总节电 466 万 kW·h,折合年节约标煤 1514.5tce,减排 CO_2 4198.95t/a。该项目综合年效益合计为 352.529 万元,总投入为 1186.03 万元,投资回收期约 4 年。预计未来 5 年,推广应用比例可达到 30%,可节能 44 万 tce/a,减排 CO_2 121.99 万 t/a。

2.4 锅炉节能技术案例

2.4.1 复合结晶膜

1. 适用范围

复合结晶膜适用于工业锅炉辐射受热面节能技术改造。

2. 基本原理

复合结晶膜是一项表面工程材料技术,通过定制化配方,由特殊工艺加工制成,主要作用在基质材料表面,提升材料耐腐蚀、耐高温氧化、耐磨损及传热性能，从而达到提高生产率、降低生产成本的效果。应用复合结晶膜前，需要先对对基质材料表面进行预处理，使基质材料表面达到最高的 SA3.0 级，再把复合结晶膜浆料充分润湿基质材料表面。经干燥固化后，再随炉升温进行焙烧，形成致密的复合结晶膜。复合结晶技术的工艺流程如图 2-22 所示。

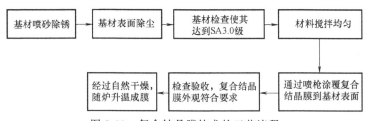

图 2-22　复合结晶膜技术的工艺流程

3. 技术功能特性

复合结晶膜为三层结构膜，内层保证足够强的附着力，中间层提高受热面的吸热能力以及刚度和强度，外层表面能低，抑制积灰结渣。

4. 节能减碳效果

新疆广汇动力车间 600t 3# 锅炉炉膛复合结晶膜项目，技术提供单位为北京希柯节能环保科技有限公司。锅炉水冷壁、后屏过热器等受热面涂覆复合结晶膜。首先预处理（喷砂处理），使基材表面达到最高的 SA3.0 级，然后涂覆复合结晶膜，自然干燥，最后烘炉运行。改造完成后，每吨蒸汽能耗为 105kgce，该用户年蒸汽需求量约在 250 万 t，综合年节约标煤 7500tce，减排 CO_2 2.08t/a。按每吨标煤 600 元估算，每年可节约煤炭费用 450 万元，该项目投资约 270 万元，投资回收期约 8 个月。预计未来 5 年，推广应用比例可达到 10%，可节能 15 万 tce/a，减排 CO_2 41.59 万 t/a。

2.4.2　新型扭曲片管强化传热技术

1. 适用范围

新型扭曲片管强化传热技术适用于乙烯裂解炉、各种炼油管式炉和高压锅炉等传热领域节能技术改造。

2. 基本原理

按照普朗特边界层理论，流体在裂解炉辐射段炉管内流动时，在靠近管壁的位置存在流动边界层和温度边界层。边界层的热阻较大，裂解炉管传热效率显著降低，同时由于边界层的存在，使得炉管结焦速率增大，裂解炉运行周期缩短。裂解炉辐射段炉管安装扭曲片管段后，管内流体的流动形式由活塞流转变为旋转流，对炉管内壁形成强烈冲刷作用，大幅度减薄了边界层厚度，增大了辐射段炉管总传热系数，从而降低了炉管管壁温度，降低了结焦速率，延长了裂解炉运行周期，降低了能耗。新型扭曲片强化传热管的结构如图 2-23 所示。

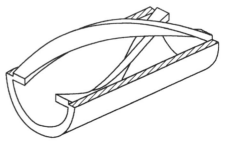

图 2-23 新型扭曲片强化传热管的结构

3. 技术功能特性

1）强化传热，炉管传热效率提高 30%。

2）降低热应力 60% 以上，提高扭曲片管在高温下的稳定性，延长炉管使用寿命。

3）降低结焦速率，同时降低由于焦层脱落导致的炉管堵塞的概率。

4. 节能减碳效果

中沙（天津）石化有限公司 SL-Ⅰ裂解炉改造项目，技术提供单位为中国石油化工股份有限公司北京化工研究院。先后在 BA102/103/104/107/108/109/111 共计 7 台裂解炉上应用了新型扭曲片管强化传热技术，主要为裂解炉炉管加装新型扭曲片强化传热管。改造完成后，项目综合年节约标煤 3500tce，减排 CO_2 9703.75t/a。项目近三年共产生经济效益合计为 3648 万元，总投入为 860 万元，投资回收期 8 个月。预计未来 5 年，推广应用比例可达到 50% 左右，可节能 10.5 万 tce/a，减排 CO_2 29.11 万 t/a。

2.4.3 燃气烟气自驱动深度全热回收技术

1. 适用范围

燃气烟气自驱动深度全热回收技术适用于烟气余热回收利用领域节能技术改造。

2. 基本原理

基于最新的焖流驱换热理论进行系统结构的优化设计，综合了热泵技术、高效相变换热技术、热质交换强化技术。采用三段式烟气全热回收器分段回收烟气中的热量，利用自身排出高温烟气的高品位热能做热泵的驱动能源，同时创造尾段烟气除湿的低温环境，深度回收热湿废气中的余热。燃气烟气自驱动深度全热回收技术系统结构如图 2-24 所示。

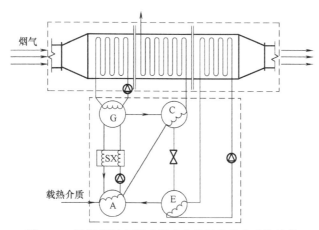

图 2-24　燃气烟气自驱动深度全热回收技术系统结构

3. 技术功能特性

1）自驱动全热回收。该系统结构能够使湿热烟气中的余热被充分回收，全部用于加热载热介质。在不引进外部驱动热源的情况下将高温烟气温度从 250~300℃降至 30~40℃，并回收所释放的全部热量。

2）能量输出品位高。全热回收的热量经过转换，可用于给低温水加热到 70℃以上，适用于大多数工况供暖供热需求，实现节能减排。

3）能量回收率高。可提高燃气锅炉整体效率 8%~12%，或者保证燃气发电系统综合热效率达到 85%以上，节省大量的燃气，节能效果显著，经济效益明显。

4. 节能减碳效果

瓦斯发电烟气回收用于"矿井新风加热"项目，技术提供单位为哈尔滨瀚清节能环保科技有限公司。建设 4 台套 500kW 和 2 台套 1000kW 瓦斯发电机全热回收装置及配套设施，用于给矿井送风（7000m³/min）。改造完成后，按热值 7000kcal/kgce（1cal=4.187J），小型燃煤锅炉热供暖综合效率 70%计算，折合年节约标煤 3592tce，减排 CO_2 9958.82t/a。投资回收期 18 个月。预计未来 5 年，推广应用比例可达到 10%，可节能 3.59 万 tce/a，减排 CO_2 9.95 万 t/a。

2.4.4　低温露点烟气余热回收技术

1. 适用范围

低温露点烟气余热回收技术适用于余热回收及烟气污染治理领域节能技术

改造。

2．基本原理

采用 REGLASS 玻璃板式换热器作为空气预热器的低温段，对烟气进行深度余热回收，同时依靠玻璃本身的耐腐蚀性，解决预热器低温酸露点腐蚀问题。其设备结构如图 2-25 所示。

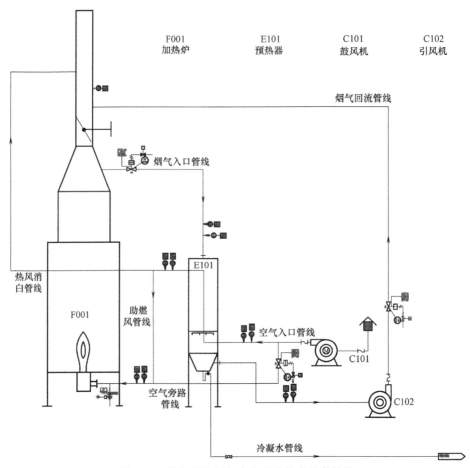

图 2-25　低温露点烟气余热回收技术设备结构

3．技术功能特性

1）防腐蚀抗积灰。将特种耐热玻璃组成的 REGLASS 玻璃板式换热器作为空气预热器的低温段，可以有效抵抗烟气酸露点腐蚀问题。同时作为换热板的特种耐热玻璃表面粗糙度为 $Ra0.005 \sim Ra0.01\mu m$，超高的光洁度可以有效抵抗烟气中粉尘颗粒物对换热器的堵塞作用。

2）冷凝排烟降低烟气中污染物的排放。通过预热器降温后，烟气温度降低至酸露点温度以下，会析出一部分的冷凝水。在冷凝水析出的过程中会自发"团聚"在烟气中固体颗粒物的周围形成液滴，冷凝水的形成和排放过程可以有效降低烟气中固体颗粒物及水溶性污染物的排放量。

4. 节能减碳效果

山东滨化滨阳燃化有限公司 40 万 t/a 石脑油改质装置优化升级余热回收系统项目，技术提供单位为洛阳瑞昌环境工程有限公司。新增 REGLASS 组合板式空气预热器系统；新增鼓风机及引风机各一台；新增预热器、引风机及鼓风机地基各一套；新增冷凝水排放地沟一条。改造完成后，加热炉天然气消耗量由 2600m³/h（标态）降低至 2400m³/h（标态）；设备全年运行时间为 8760h，每年节约天然气量 175.2 万 m³（标态），折合年节约标煤 2330.16tce，减排 CO_2 6460.37t/a。投资回收期 7 个月。预计未来 5 年，推广应用比例可达到 20%，可节能 1.26 万 tce/a，减排 CO_2 3.49 万 t/a。

2.4.5　炼油加热炉深度节能技术

1. 适用范围

炼油加热炉深度节能技术适用于加热炉低温烟气余热利用领域节能技术改造。

2. 基本原理

用耐酸露点腐蚀的石墨作为主要材料，开发出具有卓越的耐腐蚀性能的新型石墨空气预热器，从根本上解决烟气露点腐蚀问题，深度回收烟气余热。换热芯体采用承压能力强、使用温度高交错开孔的蜂窝间壁式结构，从结构上解决石墨材料存在的脆性问题。石墨材料具备自润滑功能，空气预热器换热芯体表面光滑，能够有效减少烟气侧的积灰积垢，可使压降同比降低 1/3 以上，并且石墨材料热导率高，空气预热器具有良好的传热性能，换热系数是普通碳钢管式空气预热器的 1.5 倍。传热芯体与外壳采用密封垫片预紧力密封，使空气预热器具有良好的耐温性能和密封性能。石墨换热芯体结构如图 2-26 所示。

3. 技术功能特性

1）采用耐腐蚀性能强的石墨材料，从根本上解决烟气低温露点腐蚀问题，深度回收烟气低温余热，使排烟温度降低至 90℃。

2）石墨材料具备自润滑功能，换热芯体表面光滑，能够有效减少烟气侧的积灰积垢，可使压降同比降低1/3以上。

3）石墨材料热导率约为100 W/(m·K)，高于碳钢材料，其作为传热芯体的空气预热器传热系数高，是碳钢管式空气预热器的1.5倍。

4）采用蜂窝间壁式结构和预紧力密封，有效克服石墨材料的脆性及其与框架的密封问题，有效保证了设备的可靠性能，使用寿命5年以上。

图2-26　石墨换热芯体结构

4. 节能减碳效果

中石化荆门公司重整装置加热炉余热回收系统改造项目，技术提供单位为中石化炼化工程（集团）股份有限公司洛阳技术研发中心。安装新型石墨空气预热器。改造完成后，设备回收热量为41.796万kcal/h，每年运行8400h，因此年回收热量为351086.4万kcal，折合年节约标煤501.55tce，减排CO_2 1390.55t/a。投资回收期7个月。预计未来5年，推广应用比例可达到20%，可节能4.25万tce/a，减排CO_2 11.78万t/a。

2.4.6　工业煤粉锅炉高效低氮煤粉燃烧技术

1. 适用范围

工业煤粉锅炉高效低氮煤粉燃烧技术适用于工业煤粉锅炉节能技术改造。

2. 基本原理

工业煤粉锅炉高效低氮煤粉燃烧技术综合了中心浓相着火、预燃室内低过量空气系数燃烧、径向空气分级燃烧、烟气再循环等技术手段。通过一次风粉通道的中心高浓度煤粉气流在回流烟气的加热下可迅速着火；助燃空气在燃烧器上由二次风通道径向分级给入，在燃烧过程初期（预燃室内）使煤粉处于低氧富燃料气氛，使其在低氧强还原性气氛下燃烧，大大降低燃烧初期的NO_x的生成量；在三次风通道中通入适量的再循环烟气，通过降低中后期跟烟气混合的气体中的氧气浓度，减缓燃烧的强度，降低燃烧温度，降低了热力型NO_x的生成；一半以上的助燃空气在预燃室外侧通过三次风喷口在远端给入，提供煤粉燃尽所需的空气，保证煤粉后期能够充分燃尽，使锅炉内煤粉能高效燃尽。其技术原理如图 2-27 所示。

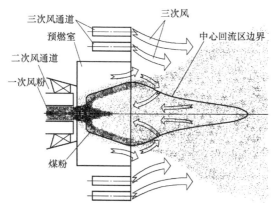

图 2-27　工业煤粉锅炉高效低氮煤粉燃烧技术原理

3. 技术功能特性

1）解决了工业煤粉锅炉技术燃烧器结渣、不能长期稳定运行的问题。

2）锅炉热效率 90% 以上，炉膛出口 NO_x 排放浓度为 200mg/m³（标态）以下，锅炉最低停气投粉稳定燃烧的负荷为 10%。

4. 节能减碳效果

沈阳焦煤集团林盛煤矿公司改造项目，技术提供单位为哈尔滨工业大学。拆除原有的链条锅炉，新建两台工业煤粉锅炉。改造后煤粉锅炉的每月用煤量和用电量比之前的链条锅炉都大幅下降，折合年节约标煤 3.30 万 tce，减排 CO_2 9.15 万 t/a。投资回收期约 2.2 年。预计未来 5 年，推广应用比例可达到 50% 左右，可节能 56 万 tce/a，减排 CO_2 155.26 万 t/a。

2.4.7　气化炉湿煤灰掺烧系统设备

1. 适用范围

气化炉湿煤灰掺烧系统设备适用于煤化工行业循环流化床锅炉节能技术改造。

2. 基本原理

以熔渣形式排出气化炉内的煤灰，经水冷却、固化后通过锁斗泄压排放，并经捞渣机送出界区。将过滤处理的湿煤灰通过湿灰输送泵送至锅炉内燃烧，滤液送回气化装置循环使用。由气化装置灰水槽送来的灰水，经真空过滤机将含水量降至50%~60%的范围内，滤液经管道收集至滤液澄清池经滤液泵送回气化回用。滤饼通过带式输送机送至中储仓内不断被搅拌以防发生水和灰分层现象，滤饼经布置在中储仓下部的给料设备进入滤饼输送泵入口，由动力包提供高压油驱动滤饼输送泵往复运行，滤饼被加压后经锅炉给料器送入CFB锅炉密相区燃烧。粉煤加压气化工艺流程如图2-28所示。

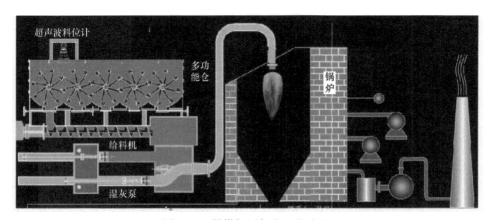

图2-28　粉煤加压气化工艺流程

3. 技术功能特性

1）湿灰输送采用长距离输送至锅炉，节约了湿灰处置费；湿灰封闭管道输送运输，杜绝了飞灰扬尘现象，提高了安全和文明生产水平。

2）采用全封闭设计处理粉煤灰的输送、干燥及掺烧过程，全程封闭，使煤灰不泄露、不扩散，飞灰收集系统出来的烟气回锅炉烟气脱硫系统，经脱硫后满足《火电厂大气污染物排放标准》（GB 13223—2011）。

3）采用集散控制系统（DCS）改善了湿灰输送过程的环境污染问题，提高了湿灰输送的可靠性，相对于同类设备，提高了设备的运行稳定性，延长了设备的使用寿命。

4. 节能减碳效果

安徽昊源化工集团有限公司3套150t/h循环流化床锅炉气化炉湿煤灰掺烧系统工程改造项目，技术提供单位为安徽恒宇环保设备制造股份有限公司。本项目为气化炉湿煤灰输送系统采用1仓3泵的设计原则，即1台输送系统对应1台锅炉，每台锅炉 1 个给料点，共 3 套输送系统。系统中湿煤灰输送泵采用炉顶给料方式为锅炉输送湿煤灰。改造完，每天用煤量约 1226tce，按每年生产 300 天计，折合年节约标煤 13.62 万 tce，减排 CO_2 37.76 万 t/a。投资回收期约 4 个月。预计未来 5 年，推广应用比例可达到 25%，可节能 84.3 万 tce/a，减排 CO_2 233.72 万 t/a。

2.4.8　高效超净工业炉技术

1. 适用范围

高效超净工业炉技术适用于石化行业加热炉节能技术改造。

2. 基本原理

本技术为加热炉节能环保系统化技术：通过加热炉燃烧系统的多介质并流对烟气进行余热回收，实现加热炉烟气的超低温排放；通过换热系统的多段布置解决低温烟气对引风机的腐蚀问题；通过复合阻蚀剂系统解决烟气的低温硫酸露点腐蚀问题，解决燃料型 NO_x 的生成问题；通过低过剩空气系数下分级燃烧及烟气回流技术实现 NO_x 超低排放；通过冷凝水洗涤技术实现烟气颗粒物的超低排放；通过傅里叶可燃组分在线监测系统和防弱酸腐蚀材料及其防腐表面处理技术进一步增加系统的安全性和稳定性；通过互联网技术和智能管理平台提高系统操作的智能化管理水平。其技术原理如图 2-29 所示。

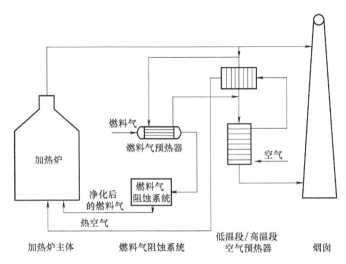

图 2-29　高效超净工业炉技术原理

3. 技术功能特性

1）通过对烟气进行余热回收，大幅提高加热炉的热效率。

2）通过复合阻蚀剂系统、分级燃烧及烟气回流技术、冷凝水洗涤技术等，大幅降低污染物排放。

4. 节能减碳效果

湖北金澳科技 500 万 t 工业炉项目，技术提供单位为上海浩用工业炉有限公司。采用"95+高效超净工业炉技术"对金澳科技 500 万 t/a 原料预处理装置的余热回收部分进行节能环保优化设计。改造完成后，加热炉热效率从 91% 提高至 95%，实际运行污染物排放浓度大幅降低，NO_x 排放浓度小于 $60mg/m^3$，SO_2 排放浓度小于 $5mg/m^3$（标态），颗粒物排放浓度小于 $5mg/m^3$（标态），都远低于国家标准要求的限定值。经过测算，优化后加热炉满负荷时每年节约标煤 3345tce，减排 CO_2 9274.01t/a。投资回收期为 1.4 年。预计未来 5 年，推广应用比例可达到 20%，可节能 3.35 万 tce/a，减排 CO_2 9.29 万 t/a。

2.4.9 快速互换天然气/煤粉双燃料燃烧技术

1. 适用范围

快速互换天然气/煤粉双燃料燃烧技术适用于工业供热领域节能技术改造。

2. 基本原理

本技术为一种快速互换天然气/煤粉双燃料燃烧技术，其核心是解决在同一个燃烧器内实现多种燃料的着火及燃烧组织问题，重点是实现不同种燃料的独立自主燃烧。技术从难燃燃料入手，首先通过强化燃烧手段保证难燃燃料顺利着火及自主燃烧，其次通过对喷嘴、喷射角度、结构尺寸、流场分布等方面的设计，实现对易燃燃料的燃烧过程可控。由此实现多种燃料燃烧的集成化与一体化，并快速切换。其工艺原理如图 2-30 所示。

3. 技术功能特性

1）通过双锥强化燃烧室、中心逆喷的燃料喷管，可以实现难燃烧燃料的快速着火和稳定燃烧组织，并在燃烧室中可以完成 50% 以上的燃烧进程，提高了燃烧效率，同时拓宽燃料的适用范围。

2）由于燃烧的独立性设计，为低氮燃烧提供了良好的基础，实现低 NO_x 初始排放。

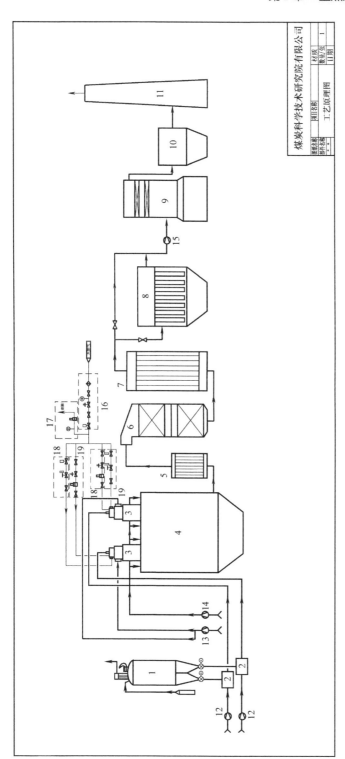

图 2-30 快速互换天然气/煤粉双燃料燃烧技术的工艺原理

1—煤粉罐 2—煤粉供料器 3—双燃料燃烧器 4—锅炉本体 5—高温换热器 6—SCR 脱硝反应器 7—低温换热器 8—布袋除尘器 9—湿式脱硫反应器 10—湿式静电除尘器 11—烟囱 12—一次风机 13—二次风机 14—三次风机 15—引风机 16—天然气母管阀组 17—事故放散阀组 18—主管路阀组 19—点火管路阀组

4. 节能减碳效果

济南热力有限公司浆水泉热源厂70MW改造项目，技术提供单位为煤科院节能技术有限公司。改建高温热水链条锅炉为一台QXS70-1.6/130/70-AⅢ型高效煤粉热水锅炉；改造除尘系统、脱硫系统，新增脱硝和湿式电除尘深度净化装置；拆除煤场、煤棚，新建全密闭式煤粉仓。改造完成后单台锅炉每个采暖季用煤粉1.70万t，折合年节约标煤1.78万tce，减排CO_2 4.94万t/a。投资回收期5.3年。预计未来5年，推广应用比例可达到10%，可节能35.6万tce/a，减排CO_2 98.70万t/a。

2.4.10 600MW等级超临界锅炉升参数改造技术

1. 适用范围
600MW等级超临界锅炉升参数改造技术适用于电力行业锅炉节能技术改造。

2. 基本原理
通过重新分配锅炉各级受热面吸热比例，增加锅炉过热器系统受热面面积，提高锅炉过热蒸汽温度。同时相应调整其他受热面面积，保证锅炉排烟温度与改造前处于相当的水平或略优于改造前，并对相应过热器受热面材料进行升级，满足蒸汽温度升高的要求。本技术可将过热蒸汽出口温度由543℃提高至571℃。其改造技术方案如图2-31所示。

3. 技术功能特性
本技术以提高过热蒸汽出口温度为前提，根据热力学朗肯循环定律，提高以水蒸气为介质的热力循环系统的整体循环效率。根据汽轮机厂家的最终计算结果，本技术可使汽轮机热耗降低58kJ/(kW·h)，折合发电煤耗降低2.1g/(kW·h)，机组效率提高约0.7%。

4. 节能减碳效果
华润电力（常熟）有限公司3×650MW超临界锅炉升级改造项目，技术提供单位为哈尔滨锅炉厂有限责任公司。华润电力（常熟）有限公司3×650MW超临界锅炉采用600MW等级超临界锅炉升参数改造技术进行节能改造，锅炉主要改造工作包括：增加一组水平低温过热器，更换屏式过热器的形式及规格，更换并升级末级过热器材质及规格，更换高温再热器部分管段材质，增加部分省煤器受热面，更换主蒸汽管道等。改造完成后，由于锅炉参数和机组效率的提高，相同

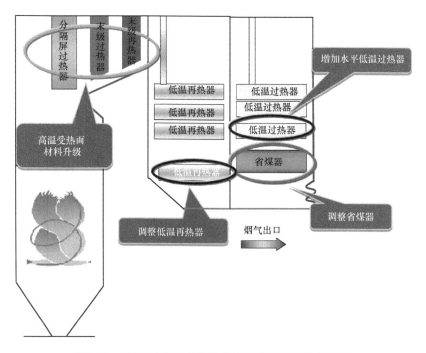

图 2-31　600MW 等级超临界锅炉升参数改造技术方案

负荷下燃煤量减少，SO_2、NO_x 和烟尘的排放量相应降低，折合年节约标煤约 7500tce，减排 CO_2 2.08 万 t/a。投资回收期约 8.5 年。预计未来 5 年，推广应用比例可达到 4%，可节能 11.25 万 tce/a，减排 CO_2 31.19 万 t/a。

2.4.11　电极锅炉设计技术开发及制造

1. 适用范围

电极锅炉设计技术开发及制造适用于核电、火电行业的锅炉节能技术改造。

2. 基本原理

采用电极加热技术，用添加一定数量电解质的纯水作为导体，当高压电（一般 6~25kV）三相电极放电时，电流通过水做功，从而产生可以利用的热水和蒸汽，直接将电能转换为热能，配合智能控制系统，实现了电极锅炉系统及蓄热系统的全自动化控制，锅炉的热效率可达 99%。电极锅炉设计技术开发及制造结构原理如图 2-32 所示。

3. 技术功能特性

1）电极锅炉实现了以水为介质的电极加热，直接将电能转换成热能，使锅炉的热效率达到了99%以上。

2）电极热水锅炉采用全封闭式设计，提出了锅炉本体与接地绝缘、高压电部件与锅炉本体绝缘、锅炉进出口水与外部绝缘等保护方案。

3）确定了适用于电极热水锅炉运行水质的参数，保证了锅炉的使用寿命。

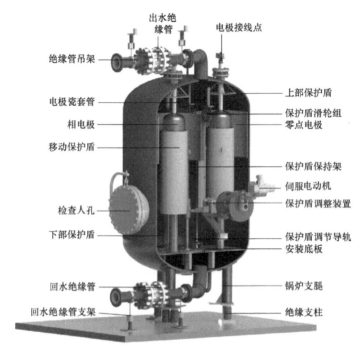

图 2-32　电极锅炉设计技术开发及制造结构原理

4. 节能减碳效果

中广核吉林大安来福风电清洁供暖项目，技术提供单位为大连船舶重工集团装备制造有限公司。按照项目要求设计、安装和调试电极锅炉系统。改造完成后，本项目按夜间低谷电运行7h计算，3台锅炉2用1备，供暖期150天，共使用谷电量为16800万kW·h，按节电量2%（电极锅炉热效率大于99%，普通电加管锅炉热效率97%左右）计算共节能336万kW·h，折合年节约标煤1092tce，减排 CO_2 3027.57t/a。该项目综合年效益合计为410万元，总投入为3450万元，投资回收期约8.4年。预计未来5年，推广应用比例可达到35%，可节能36万tce/a，减排 CO_2 99.81万 t/a。

2.5　其他通用设备节能技术案例

2.5.1　纳米远红外节能电热技术

1. 适用范围

纳米远红外节能电热技术适用于橡塑行业料筒加热、其他行业管道加热等领域节能技术改造。

2. 基本原理

利用纳米级合金电热丝产生热能，通过石英管转化远红外线，远红外线绝大部分被料筒吸收，少部分被反射的红外线经过反射层镜面多次往复反射，绝大部分能量都被料筒吸收，转化为热能，实现单向辐射。反射层经过纳米级隔热层保温，阻隔热量散失，把能量最大程度集中在内部加热区，加热器外表温度下降80%，并在加热器外表喷涂低热辐射涂层，进一步阻隔热量散失。其技术原理如图 2-33 所示。

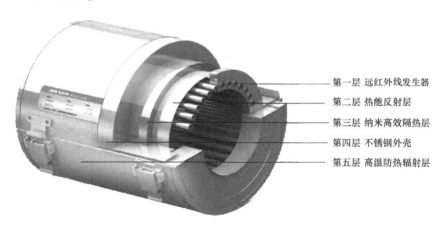

第一层 远红外线发生器
第二层 热能反射层
第三层 纳米高效隔热层
第四层 不锈钢外壳
第五层 高温防热辐射层

图 2-33　纳米远红外节能电热技术原理

3. 技术功能特性

1）本技术实现了单向辐射，将加热能量绝大部分导向加热料筒，节能35%～68%。

2）应用本技术生产的加热器外表温度可以降低至 40～50℃，对比原 200～300℃的外温下降超过 80%。

3）本技术对于 PVC 等热敏性材料均适用，适用面较广。

4）本技术改善电阻丝工况，加热器稳定工作可达 50000h 以上。

4. 节能减碳效果

长城汽车股份公司伺服塑料注射成型机改造项目，技术提供单位为艾克森（江苏）节能电热科技有限公司。注塑机车间共计 217 台注塑机，拆除原有陶瓷加热圈和机筒防护罩，安装艾克森 NG5 型纳米远红外节能加热器。改造完成后，工作环境温度明显改善，有效减少购电量，据电表统计，每年全部设备总节约电能约 376.5 万 kW·h，折合年节约标煤 1280tce，减排 CO_2 3548.8t/a。电费以 0.85 元/(kW·h) 计算，每年可节约电费约 320 万元，投资回收期约 1.1 年。预计未来 5 年，推广应用比例可达到 20%，可节能 2.56 万 tce/a，减排 CO_2 7.10 万 t/a。

2.5.2 石英高导双效节能加热器

1. 适用范围

石英高导双效节能加热器适用于塑料、橡胶加工设备（如注塑机、挤出机）的机筒加热等领域节能技术改造。

2. 基本原理

采用独创的结构设计和高导热金属材料，同时利用热传导和热辐射原理，提高了热能利用率；特殊的高导热金属超导材料增加了镜面反射装置，提高了热能一致性；可复制的结构单元对不同产品需求具有延展适应性；外层配置高效纳米隔热层，与镜面反射装置实现双重隔热，进一步提高了保温、节能效果。其技术原理如图 2-34 所示。

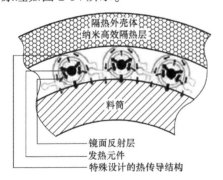

图 2-34 石英高导双效节能加热器的技术原理

3．技术功能特性

1）塑料加工设备的金属机筒与发热元件、石英管、特殊结构的高导热金属面接触，最大效率地传导热量，升温降温迅速，温度梯度小。

2）采用高导热金属，热传导系数是传统陶瓷材料、云母材料的数十倍。

3）机筒的工艺温度通常在 200~400℃，发热元件外罩透明石英管，本体温度低，热效应效果最大。

4）特殊结构的高导热金属为镜面结构，辐射热量被反射回机筒，热量单向性好。

5）高强度的金属外壳包覆纳米保温层，杜绝了热能的散失，整体厚度比一般性保温材料更薄，产品厚度小于 25mm。

4．节能减碳效果

海天塑机集团有限公司改造项目，技术提供单位为苏州锦珂塑胶科技有限公司。2012 年 1 月开始施工，至 2018 年 12 月，新机出厂配置，旧机做节能改造，节能注塑机 5727 台，装机功率 90565kW，平均负载率 20%，工作时间每年 300 天，每天 23h，以保守的 40% 节能率估算，年节电量 12498 万 $kW \cdot h$，折合年节约标煤 4.25 万 tce，减排 CO_2 11.78t/a。投资回收期 7 个月。预计未来 5 年，推广应用比例可达到 30%，可节能 42.5 万 tce/a，减排 CO_2 117.83 万 t/a。

2.5.3　钎杆调质悬挂线蓄热式热处理技术

1．适用范围

钎杆调质悬挂线蓄热式热处理技术适用于轴类钎杆零件热处理工艺节能技术改造。

2．基本原理

采用两侧整面式燃气蓄热墙作为加热载体，采用多点温度监控技术，通过布置在系统中的温度检测点，实时检测蓄热体温度、排烟温度、工件淬火前温度、淬火液温度等，系统自动调整加热炉温度、淬火液温度、进出料节拍，保证工件质量的一致性，综合能耗由以前的 500kW $\cdot$ h/t 降低至 350kW $\cdot$ h/t。其工艺流程如图 2-35 所示。

3．技术功能特性

1）将预热、加热、淬火、回火、风冷等多个单独的热处理功能集合起来实现

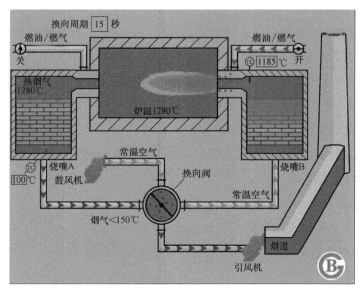

图 2-35　钎杆调质悬挂线蓄热式热处理技术工艺流程

多工序连续生产，实现了对各部位温度、压力等数据的在线智能动态处理和控制。

2）设计了柔性悬挂系统结构，轴类零件长度和各工序设备可以柔性集成全过程热处理。

3）通过采取降低火焰燃烧温度和烟气回流等技术措施，综合能耗能由以前的 500kW·h/t 降低至 350kW·h/t，NO_x 含量低于 150mg/m³。

4. 节能减碳效果

重庆欣天利智能重工有限公司年产 5 万支钎杆生产线项目，技术提供单位为河南天利热工装备股份有限公司。设备购置，主要包括淬火炉、一次回火炉、二次回火炉、淬火机构、冷却室等部分，结合温度控制系统、燃烧系统、悬挂系统、运动系统、保温系统，实现轴类零件的高品质、连续性热处理。改造完成后，该生产线年节约总电能约 337.5 万 kW·h，折合年节约标煤 1147.5tce，减排 CO_2 3181.44t/a。投资回收期为 1.65 年。预计未来 5 年，推广应用比例可达到 20%，可节能 2.3 万 tce/a，减排 CO_2 6.38 万 t/a。

2.5.4　全模式染色机高效节能染整装备技术

1. 适用范围

全模式染色机高效节能染整装备技术适用于纺织印染行业的针织、梭织印染领域节能技术改造。

2. 基本原理

通过多模式喷嘴系统和超低浴比染液动力及循环系统，采用喷嘴与提布系统内置于主缸的超低张力织物运行技术，使主泵在气流雾化染色模式时高扬程低流量，在气液分流及溢流染色模式时低扬程高流量，保持高效率运行，并提升主泵汽蚀余量，从而有效降低了染色机的浴比，实现了超低浴比及多模式染色，达到降低耗水量、耗电量和耗蒸汽量的目的。其技术原理如图 2-36 所示。

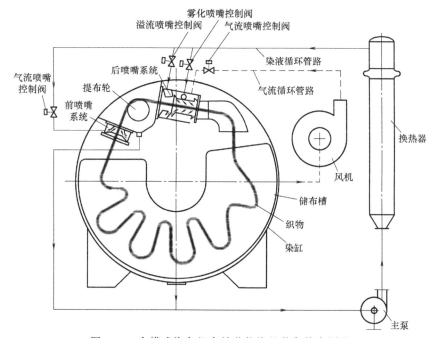

图 2-36　全模式染色机高效节能染整装备技术原理

3. 技术功能特性

1）利用独立控制的高速气流及高压染液流分别作用在受染织物上；将气流及染液喷嘴系统及提布系统内置到染缸中，缩短织物行程，具有节能效果；整个染色过程具有远程在线检测控制系统及能耗在线检测控制系统。

2）具有四个可独立控制的喷嘴，实现全模式染色技术覆盖高弹性高密度等高难度布种。

3）降低染色的浴比和能耗，浴比低至 1∶3，解决了传统染色机高能耗高水耗等问题。

4）采用了循环染液的自增压技术和自动碎毛过滤及除毛系统，提高了设备自动化水平。

4. 节能减碳效果

绍兴锦森印染有限公司 12 台高端智能全模式染色机节能改造项目，技术提供单位为高勖绿色智能装备（广州）有限公司。购买 12 台智能全模式染色机，用于替换 20 台传统下走式染色机和汽流染色机。改造完成后，每染一吨布可节电 241.5kW·h，12 台智能全模式染色机年染布量 1.03 万 t，年节约总电量约 248.7 万 kW·h。每处染一吨布可节水 85.3t，12 台智能全模式染色机年染布量 1.03 万 t，年总节约水量约 88 万 t。每处染一吨布可节约蒸汽 3.25t，12 台智能全模式染色机年染布量 1.03 万 t，年节约蒸汽约 3.3 万 t。项目综合折合年节约标煤 4082tce，减排 CO_2 1.13 万 t/a。投资回收期 1 年。预计未来 5 年，推广应用比例可达到 20%，可节能 8.2 万 tce/a，减排 CO_2 22.73 万 t/a。

2.5.5 SAF 气流溢流两用染色机

1. 适用范围

SAF 气流溢流两用染色机适用于纺织印染设备节能技术改造。

2. 基本原理

该设备用于各类布匹的绳状练漂、染色、清洗等。气流染色机的原理是通过风喷嘴吹出的风力带动布料运行进行染色，使得在绳状染色领域只有气流染色机能使布面的折叠形状不断发生变化展开，很大程度上解决了绳状染色存在的折痕缺陷，尤其是梭织面料绳状染色在气流染色机上得到了良好的染色效果。染色浴比只有传统溢流染色机的一半，最低可达到 1∶2.5，在拓展使用范围的同时大幅度减少了排污量。其结构原理如图 2-37 所示。

3. 技术功能特性

1）针对气流染色机的风机效率研究，以两管机为例，功率降低至 11kW，电耗降低了 3.3~4 倍。

2）风机转速降低至 3000r/min，大幅度降低了风机的噪声、振动，噪声降低到 75dB 以下，风机寿命达到了 10 年。

3）实现了一机两用，该技术大幅度提高了染色品种的适用范围，大幅度提高了染色品质，同时在使用纯溢流不开风机的情况下节省了风机的耗电。

4. 节能减碳效果

浙江中纺控股集团有限公司节能改造项目，技术提供单位为德意佳机械江苏有限公司。将原有的 22 台溢流染色机拆除，更换为德意佳机械江苏有限公司的 SAF 气流溢流两用染色机。改造完成后，据电表统计，每年每台设备可节电 16.5 万 kW·h，年节约总电量约 363 万 kW·h，每台设备每年节省蒸汽 2773t，22 台共计节省 6.1 万 t 蒸汽，折合年节约标煤 6901.1tce，减排 CO_2 1.91 万 t/a。投资回收期 14 个月。预计未来 5 年，推广应用比例可达到 20%，可节能 14.3 万 tce/a，减排 CO_2 39.65 万 t/a。

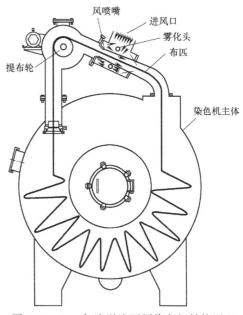

图 2-37　SAF 气流溢流两用染色机结构原理

2.5.6　工业加热炉炉内强化热辐射节能技术

1. 适用范围

工业加热炉炉内强化热辐射节能技术适用于工业加热炉节能技术改造。

2. 基本原理

根据传热学原理，采用高新材料制作成集增加炉膛有效辐射面积、提高炉膛表面发射率和定向辐射传热功能于一体的加热炉辐射传热增效装置。通过辐射体的高发射率提高炉膛整体发射率，增大炉壁辐射能力，强化传热效果。通过在炉膛内布置该类装置，提高加热速度，改善炉温均匀性，提高加热质量，达到降低燃料消耗，减少碳排放的目的。

3. 技术功能特性

1）安装实施具有"短平快"的特点，不需对原炉膛结构进行任何改动，在加热炉计划内停炉检修期间即可实施，不影响生产。

2）节能原理不同于现有的加热炉节能技术，提供了加热炉节能技术的新途径，在使用了热送热装、无头轧制、蓄热燃烧技术等基础之上，仍能够再度节能

10%以上。

4. 节能减碳效果

邯钢集团热轧卷板 2250 线 4 座加热炉节能改造项目，技术提供单位为北京恩吉赛威节能科技有限公司。将一定数量高辐射系数（0.95 以上）的黑体元件，安装在轧钢加热炉内炉顶和侧墙，增加辐射面积和有效辐射，提高加热质量，改善炉温均匀性，减少燃料消耗。全部强化热辐射节能改造完成后，平均吨钢混合煤气消耗量降低 10.7%，该生产线年产量约 500 万 t，通过节能改造每年节省燃料折合年节约标煤 2.45 万 tce，减排 CO_2 6.79 万 t/a，投资回收期 1 年。预计未来 5 年，推广应用比例可达到 40%，可节能 43 万 tce/a，减排 CO_2 119.22 万 t/a。

2.5.7 低导热多层复合莫来石砖

1. 适用范围

低导热多层复合莫来石砖适用于水泥行业的回转窑过渡带节能技术改造。

2. 基本原理

采用多层复合技术，产品由工作层、保温层、隔热层复合而成。技术通过对各层的化学组分、结构和产品的制作工艺进行优化，使产品使用性能优于传统制品，热导率明显降低；产品应用于大型水泥窑过渡带，不仅能够满足水泥窑的使用要求，且保温隔热效果远优于硅莫砖、硅莫红砖以及镁铝尖晶石砖，简体外表温度明显降低，节能效果显著。其工艺路线如图 2-38 所示。

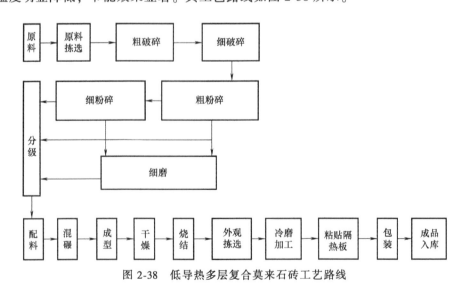

图 2-38　低导热多层复合莫来石砖工艺路线

3. 技术功能特性

1）对工作层及保温层进行优化设计，解决了工作层及保温层热导率大、热震稳定性差等难题。

2）通过对结合处结合强度的研究，实现同步成型、同步烧成，解决了开裂、变形的问题。

4. 节能减碳效果

南阳中联水泥有限公司改造项目，技术提供单位为郑州瑞泰耐火科技有限公司。两条水泥窑生产线的过渡带使用低导热多层复合莫来石砖，砌筑长度 40m。改造完成后，比原使用的常规耐火材料重量减轻约 42t，主电动机和 5 台 6kW 的风机年节电 41.56 万 kW·h，折合 135tce；水泥窑筒体温度下降 78℃，吨熟料能耗下降 1.13kg，年节约 2373tce，综合年节约标煤 2508tce，减排 CO_2 6953.43t/a。该项目综合年效益合计为 145.5 万元，总投入为 383 万元，投资回收期约 2.6 年。预计未来 5 年，推广应用比例可达到 40%，可节能 68.3 万 tce/a，减排 CO_2 189.36 万 t/a。

2.5.8　超大型 4 段蓄热式高速燃烧技术

1. 适用范围

超大型 4 段蓄热式高速燃烧技术适用于热处理行业加热炉的节能技术改造。

2. 基本原理

设计优化了排烟及空气换向系统，注入的燃料在贫氧状态下燃烧，采用低温有焰大火、低温有焰小火、高温无焰大火、高温无焰小火 4 段燃烧技术，有效提升热效率，降低污染物排放，可实现 NO_x 排放不高于 $120mg/m^3$，排烟温度不高于 130℃，节能效果明显。其工作原理如图 2-39 所示。

3. 技术功能特性

1）排烟温度显著降低，平均节能 30% 以上。

2）与常规工业炉相比，产量可以提高 20% 以上。

3）烟气中的 NO_x 含量减少。

4. 节能减碳效果

河南神州精工制造股份有限公司"年热处理 25000t 封头生产线"项目，技术提供单位为河南天利热工装备股份有限公司。新建一条规模为年热处理 25000t

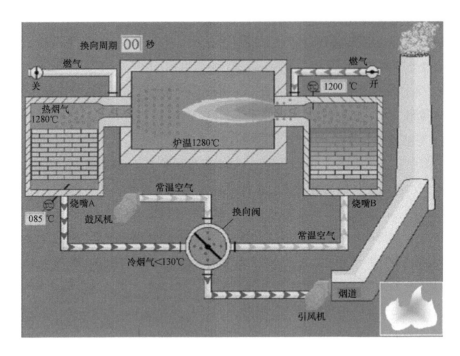

图 2-39　超大型 4 段蓄热式高速燃烧技术的工作原理

封头生产线，主要通过购置"超大型 4 段蓄热式高速燃烧技术"转化的单台蓄热式燃气加热炉，替换原有炉龄较长的传统老炉。改造完成后，通过实际运行，每台蓄热式燃气加热炉每年可热处理 25000t 封头零部件，天然气耗气量由 $90m^3/t$ 降至 $48m^3/t$，天然气折标系数按 $1.3300kgce/m^3$ 计算，折合年节约标煤 1396.5tce，减排 CO_2 3871.80t/a。该项目综合年效益合计为 315 万元，总投入为 175 万元，投资回收期为 7 个月。预计未来 5 年，推广应用比例可达到 15%，可节能 8.4 万 tce/a，减排 CO_2 23.29 万 t/a。

2.5.9　汽轮机变工况运行改造节能技术

1. 适用范围

汽轮机变工况运行改造节能技术适用于汽轮机节能技术改造。

2. 基本原理

通过热力计算，重新设计汽轮机组运行参数，调整原机组压力级数，改变叶片型线，优化汽封结构，将整个通流面积进行调整，改造后机组运行参数满足实际工况需求。不更换新机，投资小，改造工期短，机组运行效率不低于出厂新机组设计值。其结构如图 2-40 所示。

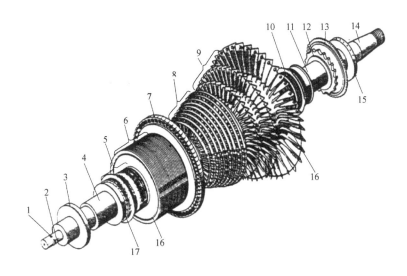

图 2-40　汽轮机结构

1—危急遮断器孔　2—轴位移凸肩　3—推力盘　4—前径向轴承　5—前汽封　6—内汽封

7—调节级　8—转鼓段　9—低压段　10—后汽封　11—后径向轴承挡　12—盘车棘轮　13—盘车油轮

14—联轴器挡　15—后端平衡面　16—主平衡面　17—前端平衡面

3. 技术功能特性

1）无须更换新机，在原机组基础上，根据实际生产工况，通过热力计算，重新设计机组运行参数，调整机组通流面积，改造后满足实际运行参数需求。

2）保留原汽轮机组地面基础、调节和辅机系统不变，同时充分利用原机组原有基础设施，进行通流结构改造，停机改造周期 40 天以内。

3）改造后，在同等运行工况下，机组汽耗值下降 8%～12%，产电量提升 8%～12%。

4）机组在改造过程中，可一并解决机组日常运行中出现的故障，使用寿命长达 25 年。

4. 节能减碳效果

辽宁北方戴纳索合成橡胶有限公司 0.9MW 汽轮机组变工况运行改造 EMC 项目，技术提供单位为安徽誉特双节能技术有限公司。改造原汽轮机组使其在当前蒸汽品质下正常运行。将通流结构转子总成与气缸进行改造,通过热力计算,设计叶片型线,更换叶片,使其满足现有不稳定的蒸汽工况,同时更换特有汽封,减少漏汽,提高机组内效率。改造完成后,每小时可节约电能 900kW·h,按年运行 8000h 计算,折合年节约标煤 2340tce,减排 CO_2 6487.65t/a。该项目综合年效益合计为 540 万元,总投入为 175 万元,投资回收期约 4 个月。预计未来 5 年,推广应用比例可达到 40%,可节能 40 万 tce/a,减排 CO_2 110.9 万 t/a。

第3章

流程工业节能技术

3.1 典型技术案例解析

3.1.1 宽粒级磁铁矿湿式弱磁预选分级磨矿节能技术

1. 技术背景

（1）技术研究背景　我国铁矿资源主要是贫磁铁矿石，预选抛尾是铁矿山降低选矿成本的有效手段。目前，磁铁矿预选工艺有干式预选工艺和湿式预选工艺。干式预选工艺粒度范围一般较宽，上限粒度一般可达到250mm，且生产过程中无须配水，可直接实现尾矿干堆，运行维护成本较湿式预选工艺更低，但干式预选工艺存在抛废不充分、粉尘污染大等缺点；湿式预选工艺引入水作为良好的分散剂，可有效缓解微细粒对于大颗粒的黏附及细泥间的团聚絮凝，尤其适于粒度分布宽、细粒含量多的分选场合，分选指标要好于干式抛尾，但湿式预选工艺粒度较窄，通常不超过10mm。

选矿厂传统三段一闭路破碎产品上限粒度有限，由于没有好的技术和设备进行宽粒级磁选预选抛尾作业，使大量已单体解离的脉石矿物进入磨矿作业，导致选矿厂电耗、球耗以及水耗过高，生产成本高、效率低。安徽马钢矿业资源集团有限公司研发的"宽粒级磁铁矿湿式弱磁预选分级磨矿节能技术"解决了磁铁矿预选过程中，磁铁矿石粒级范围较宽不能直接湿式预选的困难，充分节约能源，提高了能源的利用效率。

（2）本技术的主要用途　宽粒级磁铁矿湿式弱磁预选分级磨矿节能技术适

用于冶金行业铁矿石选矿节能技术改造。

2. 技术原理及工艺

该技术把新型磁选设备与传统磁铁矿选矿工艺相结合开发了"宽粒级磁铁矿 ZCLA 湿式弱磁预选—分级磨矿节能技术",解决了磁铁矿石粒级范围较宽不能直接湿式预选的问题。通过 ZCLA 选矿机预选抛出磁铁矿中的尾矿,减少入磨矿量,再利用脱水分级筛对 ZCLA 选矿机精矿和尾矿进行筛分,粗粒精矿进入球磨机,细粒精矿进入旋流器分级,粗粒尾矿作为建材综合利用,细粒尾矿用于改善总尾矿粒级分布,从源头上提高了充填强度和尾矿库的安全性。入磨矿量的减少,提高了选矿厂的生产效率,降低了选矿厂的能耗。其工艺流程如图 3-1 所示。

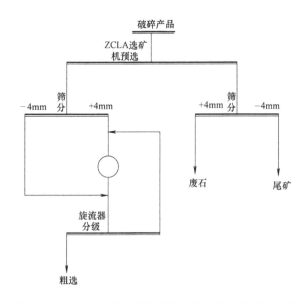

图 3-1　宽粒级磁铁矿 ZCLA 湿式弱磁预选—分级磨矿节能技术的工艺流程

造浆后的待选物料从给矿槽 1 给入分选筒 2,分选筒在由磁系及固定装置 4 产生的非均匀磁场内(分选空间)旋转,磁性矿物颗粒受到磁力和重力的联合作用,吸附在分选筒的内壁上,并随分选筒的旋转提升至分选筒顶部的无磁区,这些磁性物料在自重和卸矿水的冲刷下落入磁性矿物收集溜槽 3,然后自流至磁性矿物接矿斗 5;非磁性矿物颗粒则在重力分力和矿浆流的作用下沿分选筒内壁自流至非磁性矿物接矿斗 6,从而实现磁性物料和非磁性物料的分离。ZCLA 选矿机结构如图 3-2 所示。

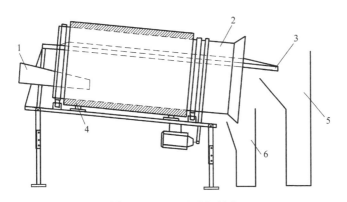

图 3-2　ZCLA 选矿机结构

1—给矿槽　2—分选筒　3—磁性矿物收集溜槽　4—固定装置

5—磁性矿物接矿斗　6—非磁性矿物接矿斗

3. 技术特点与主要技术指标

（1）主要技术指标

1）选粒宽度：20~0mm。

2）可抛出 20% 以上尾矿。

3）尾矿 TFe 品位：<10.0%。

（2）技术特点

1）解决了宽粒级入磨（20~0mm）磁铁矿无法直接抛尾的难题，实现了磨前宽粒级抛尾。

2）实现宽粒级磁铁矿湿式弱磁预选分级作业，安全、高效运行，降低磨矿电量。

3）通过应用宽粒级磁铁矿湿式弱磁预选分级节能技术，选厂新增加建材产品 10 万 t/a 以上。

4. 行业评价

（1）获得奖项

1）该技术 2020 年入选工信部《国家工业节能技术装备推荐目录》和《国家工业节能技术应用案例与指南》。

2）该技术 2020 年获得中国钢铁工业协会、中国金属学会"冶金科学技术奖"二等奖。

（2）科技评估情况　该技术 2019 年 12 月 30 日通过了安徽省金属协会主办

的科技成果评价（鉴定），会议认为："宽粒级磁铁矿湿式弱磁预选分级技术研究创新性强，技术指标高，节能环保，效益突出，为国内首创，整体达到国际先进水平，建议尽快推广。"

5. 应用案例

案例一：安徽马钢矿业资源集团有限公司和睦山 ZCLA 分级磨矿联合作业新工艺技术改造项目

（1）用户用能情况简单说明　安徽马钢矿业资源集团有限公司和睦山铁矿是宁芜型铁矿床的细粒嵌布磁铁矿代表之一，现有工艺为：三段一闭路破碎、大块干抛-高压辊磨开路、三段阶磨阶选、细筛分级、磁选柱选别工艺。该工艺磨前产品因为粒级范围宽且矿石潮湿、含泥等问题无法进行预选抛尾，造成选矿效率低，能耗高，亟须改造。

（2）实施内容及周期　安装 ZCLA 选矿机和脱水分级筛等设备，对生产工艺进行优化。项目实施周期 3 个月。

（3）节能减碳效果　改造后，由于提前抛尾，三段磨矿改为二段磨矿，运行总功率由 2210.6kW 降低到 1952.9kW，按照每年运行 8000h、企业平均电价 0.7 元/(kW·h) 计算：

每年节约电能：(2210.6-1952.9)kW×8000h = 206.16 万 kW·h

每年节省电费：206.16 万 kW·h×0.7 元/(kW·h) = 144.31 万元

折合年节约标煤：206.16 万 kW·h×0.325kgce/(kW·h) = 670.02tce

减排 CO_2：670.02tce/a×2.7725t/tce = 1857.63t/a

每年节约电能约 206.16 万 kW·h，节省电费 144.31 万元，年节约标煤 670.02tce，年减少 CO_2 排放量 1857.63t。

（4）投资回收期　投资回收期约 9 个月。

6. 技术提供单位

安徽马钢矿业资源集团有限公司，作为马钢集团委托宝钢资源管理的一级子公司，注册资本 35 亿元，下辖南山矿、姑山矿、桃冲矿、罗河矿、张庄矿、建材科技公司、材料科技公司、设备工程科技分公司，参股江南化工、皖宝矿业等五家企业，托管马钢嘉华商品混凝土公司。拥有铁矿资源储量近 12 亿 t，主要产品为含铁产品、冶金辅料、资源综合利用产品三大类 18 个品种，矿产品规模达 3000 万 t/a。该公司通过国家级高新技术企业、省级企业技术中心、省生态智慧矿山工程研究中心认定；获得全国文明单位、国家级绿色矿山、全国冶金矿山"十佳厂矿"等称号。

联系人：陆虎

联系电话：13295556207

3.1.2　水泥熟料节能降氮烧成技术

1. 技术背景

（1）技术研究背景　2021年10月国家发改委等部门下发的《关于严格能效约束推动重点领域节能降碳的若干意见》（发改产业〔2021〕1464号）中对水泥行业提出节能降碳主要目标，到2025年，通过实施节能降碳行动，行业达到标杆水平的产能比例超过30%，水泥行业标杆水平在该文件所附的"冶金、建材重点行业严格能效约束推动节能降碳行动方案（2021—2025年）"中明确，熟料单位（t）产品综合能耗标杆水平为100kgce/a；基准水平为117kgce/a。

为提高水泥行业能效水平，降低吨熟料能耗，淄博科邦热工科技有限公司研发的"水泥熟料节能降氮烧成技术"，包含"分解炉再循环""分级燃烧分解炉""带拢烟罩的低氮燃烧器""纵向控制流固定床"四大工艺结构特征，和"精准平衡"一项操作技术，降低水泥行业吨熟料10~20kgce的能源消耗量，熟料能耗可以达到95kgce/tcl（tcl——吨熟料）。

（2）本技术的主要用途　水泥熟料节能降氮烧成技术适用于水泥行业节能技术改造。

2. 技术原理及工艺

设计了新结构的分解炉，提高了分级燃烧分解炉的还原效率，同时实现了分解炉系统高效率还原NO_x、降低分解炉热耗、降低分解炉出口阻力、提高分解炉能力等效果；通过在分解炉鹅颈管上增加外循环的结构，解决了外循环技术中下料不稳和经常堵塞的问题；优化了喷煤管的参数，研制了"非金属材质的拢焰罩"，在提高拢焰罩寿命的同时，提高了喷煤管的性能；优化了固定床和算板的结构，并设计了"纵向控制流固定床"结构、"交叉气流冷却算床"和多种高效的冷却算板，充分发挥了固定床的作用。其技术原理及工艺流程如图3-3所示。

3. 技术特点与主要技术指标

（1）主要技术指标

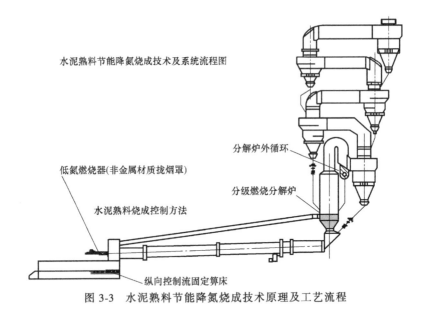

水泥熟料节能降氮烧成技术及系统流程图

分解炉外循环

低氮燃烧器(非金属材质拢烟罩)

分级燃烧分解炉

水泥熟料烧成控制方法

纵向控制流固定箅床

图 3-3　水泥熟料节能降氮烧成技术原理及工艺流程

1) 降低熟料热耗：10%～20%。

2) 吨熟料能耗：95kgce。

3) 降低 NO_x 生成量：45%～50%。

4) 提高产量：10%～20%。

5) 降低系统阻力：500～1600Pa。

（2）技术创新点

1) 在分解炉鹅颈管上增加外循环的结构，解决了外循环技术中下料不稳和经常堵塞的问题。

2) 设计了新结构的分解炉，提高了分级燃烧分解炉的还原效率。

3) 研制了"非金属材质的拢焰罩"，优化了喷煤管的参数，在提高拢焰罩寿命的同时，提高了喷煤管的性能。

4) 研究了"水泥熟料烧成系统控制方法"，使整个系统处于更加稳定、节能、低氮、高产的运行状态。

4. 行业评价

1) 该技术 2019 年入选工信部《国家工业节能技术装备推荐目录》和《国家工业节能技术应用案例与指南》。

2) 甘谷祁连山项目采用本技术进行节能改造，2019 年获得中国建材集团烧成系统改造项目一等奖。

3）夏河祁连山安多水泥项目采用本技术进行节能改造，2018 年获得中国建材集团烧成系统改造项目一等奖。

5. 应用案例

案例一：甘谷祁连山水泥有限公司熟料烧成系统节能降耗优化升级改造项目

（1）用户用能情况简单说明　甘谷祁连山水泥有限公司现有 2500t/d 水泥生产线一条，原生产线的生产能力为 2780t/d。据统计，系统的能耗为 122.14kgce/tcl，NO_x 排放指标控制在 230mg/m³ 时，氨水的用量为 8t/d。

（2）实施内容及周期　对整个工艺流程进行优化，包括对 8 套锁风阀、2 件分解炉撒料箱、1 处分解炉下椎体、4 台分解炉喷煤管等设备的优化。项目实施周期 70 天。改造内容详见表 3-1。

表 3-1　改造内容

序号	改造内容		数量	备注
1	预热器分解炉部分	C1-C5 锁风阀	8 台套	C1　4 台
		分解炉撒料箱	2 件	
		分解炉下椎体	1 处	
		分解炉喷煤管	4 台	
		分料阀	3 台	
		喷煤管净风机	2	
		窑尾烟室局部	1 处	
		分解炉外循环装置	1 套	
		外循环锁风阀	1	
		空气炮	2	
2	窑头喷煤管		1	
3	三次风管局部改造		1	
4	窑口改造		1	
5	箅冷机部分	固定箅床一	1 套	
		固定箅床二	1 套	
		部分箅床壁板		
		风室密封装置	14	
		非标件		
6	其他非标件			
7	部分电器部分			

（3）节能减碳效果　吨熟料能耗降低 10kgce，按照该厂提产后年产熟料 87.6 万 tcl 计算：

折合年节约标煤：10kgce/tcl×87.6 万 tcl＝8760tce

减排 CO_2：8760tce/a×2.7725t/tce＝2.43 万 t/a

年节约标煤 8760tce，年减少 CO_2 排放量 2.43 万 t。

（4）投资回收期　投资回收期约 9 个月。

案例二：中材甘肃水泥有限公司熟料烧成系统节能降耗优化升级改造项目

（1）用户用能情况简单说明　甘肃中材水泥有限公司现有 4500t/d 新型干法水泥生产线一条，烧成系统装备有 φ4.8m×78m 回转窑，窑头采用大推力燃烧器，熟料冷却采用第三代箅冷机，窑尾采用第三代预热预分解系统。本生产线目前运行基本平稳，产量约 5400t/d，熟料的 28 天强度偏低，系统的能耗为 120kgce/tcl。

（2）实施内容及周期　对整个工艺流程进行优化，包括对急冷固定床、双层锁风阀、窑头煤管燃烧器等设备的改造。项目实施周期 60 天。改造内容详见表 3-2。

表 3-2　改造内容

序号	改造内容		零件数量	备注
1	箅冷机系统	急冷固定床	3	
		双层锁风阀	16	带 PLC 控制系统
2	窑头煤管燃烧器		1	改造现有喷煤归案
3	窑尾分解炉	煤粉燃烧器	4	带净风机
		煤粉分配器	3	
		外循环系统	3	
4	窑尾预热器	C1 旋风筒下料管锁风阀	4	
		C4 旋风筒下料管锁风阀	2	
		C5 旋风筒下料管锁风阀	2	

（3）节能减碳效果　吨熟料能耗降低 15kgce，按照该厂年产熟料 170.5 万 tcl 计算：

折合年节约标煤：15kgce/tcl×170.5 万 tcl＝2.56 万 tce

减排 CO_2：2.56 万 tce/a×2.7725t/tce＝7.10 万 t/a

年节约标煤 2.56 万 tce，年减少 CO_2 排放量 7.10 万 t。

（4）投资回收期 投资回收期约3个月。

案例三：夏河祁连山安多水泥有限公司熟料烧成系统节能降耗优化升级改造项目

（1）用户用能情况简单说明 该公司有2300t/d水泥生产线一条，原生产线的实际产能2400t/d，系统的能耗为121.14kgce/tcl。

（2）实施内容及周期 对整个工艺流程进行优化，包括对预热器分解炉部分、窑头喷煤管系统、箅冷机部分和其他非标部件进行改造。项目实施周期70天。改造内容详见表3-3。

表3-3 改造内容

序号	改造内容		数量	备注
1	预热器分解炉部分	一级旋风筒锁风扇	4台	
		各级旋风筒下料管锁风扇	4台	
		各级连接风管撒料箱改造	4台	
		改造5级出风管内部	1	重砌砖、外部保温
		改造4级出风管内部	1	重砌砖、外部保温
		改造3级出风管内部	1	重砌砖、外部保温
		改造2级出风管内部	1	重砌砖、外部保温
		改造5级旋风筒进风口	1	移动内边扩大面积
		改造4级旋风筒进风口	1	移动内边扩大面积
		分解炉下部柱体		
		分解炉撒料箱		
		分解炉喷煤箱		
		分煤阀	3	可调节
		分解炉喷煤管净风机	2	
		分解炉外循环装置	1	
		外循环锁风阀	1	
		外循环撒料箱	1	
		空气炮	2	
		改造四级下料管为一根	3	
		煤粉输送管道改造	6	分煤阀至分解炉煤管
2	窑头喷煤管系统		1	低氮型
3	窑口改造		1	
4	改造窑头罩		1	

(续)

序号	改造内容		数量	备注
5	改造三次风管系统		1	扩大直径
6	箅冷机部分	箅冷机固定箅床床	2套	
		箅冷机风机调整	8台	更换或加变频器
		箅冷机一段箅板更换		
		箅冷机二段箅板更换		
		风室密封	20	
		风室锁风阀	8	
		风机改造	6	加变频器等
		非标件		
7	其他非标件和需要改动的部位			

（3）节能减碳效果 吨熟料能耗降低8kgce，按照该厂提产后年产熟料96万tcl计算：

折合年节约标煤：8kgce/tcl×96万tcl＝7680tce

减排CO_2：7680tce/a×2.7725t/tce＝2.13万t/a

年节约标煤7680tce，年减少CO_2排放量2.13万t。

（4）投资回收期 投资回收期约1.5年。

6. 技术提供单位

淄博科邦热工科技有限公司，专业从事新型干法水泥旋窑烧成系统改造工作，曾获得山东省经信委等9个部门授予的"低碳山东贡献单位"称号。该公司经过20多年的研发积累，将悬浮预热、窑外分解的理论与我国国情和工厂实际相结合，完成了对国内不同窑型的技术优化、升级、改造，使各种采用不同类型分解炉的预热器窑经济技术指标不断创新，节能降耗的业绩屡创新高。近年来在积累了大量实践经验的基础上，创新理念和创新技术，研究出了"水泥熟料节能降氮烧成系统技术"，开发了用于预热器的"微动型锁风阀"系列产品，以及鳞片式组合密封、可调节烟室缩口、不漏风检修门等关键零部件，研发了围绕箅冷机优化改造的"纵向控制流固定床""交叉气流冷却箅床""组合式急冷箅板"等产品。

联系人：郭红军

联系电话：18853312888

3.1.3　介孔绝热材料节能技术

1. 技术背景

（1）技术研究背景　绝热材料在火电、石化、水泥、钢铁、窑炉、建筑等领域的节能降耗中发挥着巨大作用，采用节能效果更加优异的绝热材料对管道、设备等进行隔热保温，可以有效降低能源的消耗。

目前，绝热材料主要分为传统绝热材料和纳米孔绝热材料。传统的绝热材料按材质分类，可分为无机绝热材料和有机绝热材料，有机类绝热材料热导率较低，但是易燃，且强度较低，易老化，使用寿命较短，需经常更换；无机类绝热材料热导率相对较高，需要增加厚度来提升绝热效果，占据空间大，吸水率较高；其中纳米孔绝热材料又分为无序的纳米孔绝热材料和有序的介孔绝热材料，无序纳米孔绝热材料热导率低，节约能源，工况下的热导率（200～500℃）不到传统材料的二分之一，且不易燃，但是价格昂贵。介孔材料作为无序纳米孔绝热材料的升级产品，具有有序的纳米孔结构，拥有更低的热导率的同时，耐高温性能大大提高，具有更优异的保温性能，最高长期使用温度分别为 650℃ 和 1200℃，具有节约能源、节省空间、节约辅材、经济安全、应用场景广泛、维护成本低等优点。

常州优纳新材料科技有限公司研发的"介孔绝热材料节能技术"，采用新型的生产工艺，采用绿色的水性工艺制备，无有机废水产生；具有新型的独特孔道结构，热稳定性强，突破了无序纳米孔材料耐温极限 550℃；解决了现有无序纳米孔绝热材料制备成本过高、耐高温性能不足、污染大等痛点。

（2）本技术的主要用途　介孔绝热材料节能技术适用于绝热材料节能技术改造。

2. 技术原理及工艺

（1）技术原理　介孔复合绝热材料，利用其独特的介孔结构来对热量进行阻隔，从阻止传导、抑制对流、阻断辐射三方面实现良好的绝热效果。本技术采用独特的纳米尺寸的模板，以及分子自组装机理进行合成，可以对纳米尺寸的孔结构进行设计，优选了适合的纤维材质、尺寸以及编织方式，优化了介孔复合绝热材料的热导率，增强了力学性能，延长了使用寿命。液晶模板的技术原理如图 3-4 所示。

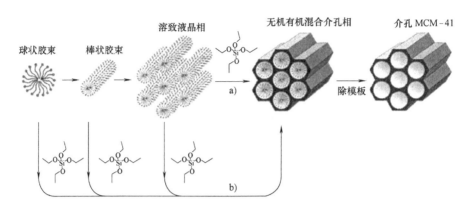

图 3-4 液晶模板的技术原理

（2）工艺流程 具有双亲基团表面活性剂胶束在水溶液中预先生成正六边形有序排列的液晶相结构，溶解在溶剂中的无机物通过静电作用填充在胶束外表面，即胶束液晶相的缝隙中，再进一步聚合固化构成孔壁。工艺流程如图 3-5 所示。

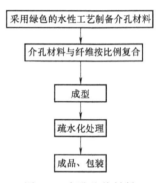

图 3-5 介孔绝热材料
节能技术工艺流程

3. 技术特点与主要技术指标

（1）主要技术指标

1）500℃ 热面热导率：≤0.047W/（m·K）。

2）燃烧等级：A1 级不燃。

3）憎水率：≥98%，体积吸水率：≤0.6%。

4）最高使用温度：1200℃。

5）加热永久线变化：−0.3%。

（2）技术创新点

1）同工况下的热导率为传统材料的 1/2。

2）节省现场空间。

3）工作温度高，使用寿命长。

4. 行业评价

（1）获得奖项

1）该技术 2020 年入选工信部《国家工业节能技术装备推荐目录》和《国家工业节能技术应用案例与指南》。

2）该技术 2019 年获得江苏省能源科技进步奖一等奖。

（2）科技评估情况 该技术 2020 年 6 月 16 日经由江苏省能源研究会组织，中国科学院院士及行业专家等为代表的鉴定委员会鉴定，会议认为：介孔绝热材料技术创新性强，研发成果整体达到国际领先水平，认定以下三个方面的创新点：

1）该技术基于纳米孔材料的绝热理论，将功能介孔材料（一种无机纳米孔材料）应用于复合绝热材料的制备，研发了一种以功能介孔材料为核心、辅以各种无机长纤维以及添加剂的复合绝热介孔材料。该材料绝热性能优异 [300℃热面热导率≤0.033W/（m·K）、500℃热面热导率≤0.047W/（m·K）]，憎水率≥98%、体积吸水率≤0.6%，A1 级不燃。

2）该技术自主研发了常压下的水性生产工艺，实现了功能介孔材料的合成以及复合绝热材料的制备，产品工艺简单、快速、无污染、低成本，使用寿命长。

3）经第三方检测，产品各项性能指标符合技术要求，节能率>30%。

5. 应用案例

案例一：宁波中金石化有限公司供 PTA 蒸汽管线绝热项目

（1）用户用能情况简单说明 宁波中金石化 PTA 生产线蒸汽管道，共有 5306m 管径 DN400～DN500 不等的蒸汽管道，管道外绝热采用 250mm 硅酸铝材料进行绝热，管道表面温度高，能耗损失大，亟须改造。

（2）实施内容及周期 拆除旧绝热材料，使用介孔绝热毡对蒸汽管道进行绝热改造，采用 20～40mm 不等的介孔绝热毡与 100～150mm 不等的硅酸铝复合使用进行绝热。项目实施周期 20 天。

（3）节能减碳效果 改造前每小时散热损失为 9.93GJ，改造后每小时散热损失为 6.59GJ，减少热量损失 3.34GJ/h，按照标煤热值 7000kcal/kgce，每年运行 8000h 计算：

每小时节约热量：$(3.34×10^9)$J/h×0.2389cal/J=$7.98×10^5$kcal/h

折合年节约标煤：$(7.98×10^5$kcal/h×8000h)/7000kcal/kgce=912tce

减排 CO_2：912tce/a×2.7725t/tce=2528.52t/a；

年节约标煤 912tce，年减少 CO_2 排放量 2528.52t。

（4）投资回收期 投资回收期为 7 个月。

案例二：华电莱城发电厂低温再热管道绝热项目

（1）用户用能情况简单说明 华电莱城发电厂 2# 低温再热管道绝热项目，管径 610mm，介质温度 345℃，长度 248m，使用传统硅酸铝保温材料 150mm，表面温度达到 55℃，且逐年上升，能耗损失大，亟须改造。

（2）实施内容及周期 使用厚度分别为 20mm、100mm 的三介孔绝热材料与硅酸铝材料。项目实施周期 10 天。

（3）节能减碳效果 每年可节约蒸汽 453t，蒸汽折标煤系数按照 0.0929tce/t 计算：

折合年节约标煤：453t×0.0929tce/t = 42.08tce

减排 CO_2：42.08tce/a×2.7725t/tce = 116.67t/a

年节约标煤 42.08tce，年减少 CO_2 排放量 116.67t。

（4）投资回收期 投资回收期为 3 个月。

6. 技术提供单位

常州优纳新材料科技有限公司，在介孔材料领域深耕近 20 年，具备较好的研发和产业化条件，具有介孔绝热材料的工业级生产线，单线年产能约 5000m³，主营业务为介孔绝热材料系列产品，覆盖了卷材、板材、粉末、浆料等形态的绝热材料，具有完全自主知识产权，已申请 20 多项专利，2020 年经科技成果鉴定为国际领先，并将介孔复合绝热材料产业化，用于工业及建筑等领域。自主研发生产的高性能介孔绝热材料，以独创的绿色合成连续化生产工艺，解决了纳米孔材料成本高的问题，产品具有非常优良的经济性、安全性、热稳定性，获得第十三届中国国际高新技术成果交易会"优秀产品奖"、首届"中国军民两用技术创新应用大赛"优胜奖，获上海市节能产品称号，被认定为上海市高新技术成果转化项目，入选科技部火炬中心《全国科技活动周——众创空间展精选案例》。

该公司是中国化工节能技术协会理事单位，中国绝热节能材料协会会员，上海市绝热工程及绿色建材应用委员会副主任单位，中国城镇供热协会团体成员，荣获 2021 年江苏省专精特新"小巨人"、第六届中国创新创业大赛优秀企业、上海最具投资潜力 50 佳创业企业、闵行区科技创业新锐企业等称号。

联系人：栾玉成

联系方式：0519-88185618/18015881666

3.1.4 多能互补直流微电网及抽油机节能群控系统节能技术

1. 技术背景

（1）技术研究背景 为了提高抽油机的工作效率和油井采收率，目前在国内外各油田中，主要使用抽油机专用的变频调速控制装置实现采油的节能降耗。然而这类单井独立变频电控装置在实际应用中仍普遍存在电流谐波污染严重和功率因数较低、抽油机倒发电馈能处理方式不合理导致对电网造成冲击、油井变压器冗余容量过大使得设备功率配比效率低、缺乏针对抽油机的专用节能控制算法等问题影响实际节能效果。

为解决上述难题，中石大蓝天（青岛）石油技术有限公司研发的"多能互补直流微电网及抽油机节能群控系统节能技术"根据油井电控装置的应用现状和油井分布特点，将同一采油区块的各油井电控终端通过直流母线统一供电，通过物联网集散群控系统，充分发挥直流供电的优点，集多能直流群控和信息化资源共享为一体的集群优势，统一解决了油田采油现场的一系列技术难题，减少了能源消耗。目前新能源多能互补型直流微电网及抽油机节能群控系统已经在多个油田加快推进应用，可使节能减碳效益比以往传统的工频供电抽油机节能15%~25%。

（2）技术的主要用途 多能互补直流微电网及抽油机节能群控系统节能技术适用于油田电力系统节能技术改造。

2. 技术原理及工艺

通过风、光、储、网电等多能互补控制构成直流微电网，为多个抽油机电控终端供电，充分发挥直流供电的优点和多抽油机的群体优势。各抽油机冲次根据采油工况优化调节，通过无线通信实现集群井间协调和监控管理，使各抽油机的倒发电馈能通过直流母线互馈共享、循环利用，既提高能效，又降低谐波。直流母线可以由电网经过特定的整流滤波装置集中供电，实现高功率因数和低谐波污染，又可以由风力、光伏等可再生新能源构成直流微电网供电，实现风、光、储、网电等多能互补，优化利用，而且降低供电变压器容量、台数和成本造价，降低抽油机的耗电量，达到节能增效。其技术原理如图3-6所示。

3. 技术特点与主要技术指标

（1）主要技术指标

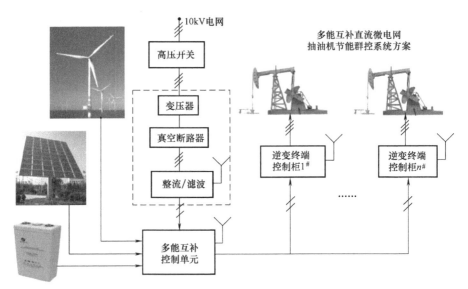

图 3-6 多能互补直流微电网及抽油机节能群控系统节能技术原理

1）工作温度：-40~80℃。

2）相对湿度：5%~95%（无凝露）。

3）防护等级：IP54。

4）整流器交流输入电压：380V±15%，660V±15%，1140V±15%。

5）整流器直流输出额定电压：DC540V，DC920V，DC1600V。

6）吨液生产节电率：15%~25%。

7）网侧功率因数：≥0.95%。

（2）技术创新点

1）对风力发电机组和光伏发电机组有着高适应性。

2）环境适应能力强，可适配380V、660V等各种现场电机设备。

3）综合节电率可达25%。

4）实现可视化监控，手机APP实时自动监控。

4．行业评价

（1）获得奖项

1）该技术2019年入选工信部《国家工业节能技术装备推荐目录》和《国家工业节能技术应用案例与指南》。

2）该技术2020年入选国家发改委《绿色技术推广目录》。

3）该技术 2014 年获得中国石油和化学工业科技进步三等奖。

4）该技术 2017 年收录于山东省科技发展计划项目。

5）该技术 2016 年列为中石化重点推广的节能及监控产品，并被推选为中石化"能效倍增计划"十大推广项目之一。

（2）科技评估情况

1）"直流互馈型抽油机节能群控系统"项目 2013 年 10 月 7 日通过了山东省科技厅主办的科技成果鉴定，会议认为："该成果技术先进，创新点突出。该项目技术整体达到国际先进水平。"

2）"基于直流母线供电的煤层气井排采群控系统研发"2016 年 7 月通过了山东省科技厅主办的科技成果验收，验收意见为："该项目所取得成果技术先进，创新点突出。该技术整体达到国际先进水平。"

5. 应用案例

案例一：中国石化胜利油田东辛采油厂改造项目

（1）用户用能情况简单说明　东辛采油厂营 26 断块井场含油面积 $2.4km^2$，目前该断块共有油井 48 口（其中电泵井 2 口），日产液量 1828t，日产油量 112t。井场油井配电系统原采用常规"一井一变"配电模式，存在变压器负载率及功率因数低、配电线路损耗高、配电电气设施多、维护工作量大等问题。

（2）实施内容及周期　对营 26 断块内位置相对集中的 30 口油井进行直流母线集中控制改造。共设置 3 个集控单元，新建集控单元整流柜 3 台，油井专用逆变柜 30 台，油井直流配电箱 8 台。项目实施周期 15 天。

（3）节能减碳效果　改造后经实地测量，有功电量日均下降 814kW·h，无功电量日均下降 2144.36kVar·h，同时减少变压器容量 510kVA。根据实际运行数据测量，该工程实施后可实现年节约电能 39.4 万 kW·h，按企业平均电价 0.7 元/(kW·h) 计算：

每年节省电费：39.4 万 kW·h×0.7 元/(kW·h) = 27.58 万元

折合年节约标煤：39.4 万 kW·h×0.340kgce/(kW·h) = 133.96tce

减排 CO_2：133.96tce/a×2.7725t/tce = 371.40t/a

每年节约电能约 39.4 万 kW·h，节省电费 27.58 万元，年节约标煤 133.96tce，年减少 CO_2 排放量 371.40t。

（4）投资回收期　投资回收期约 2.7 年。

案例二：中国石化胜利油田孤东采油厂改造项目

（1）用户用能情况简单说明　采油管理七区 KD 斜 641 区块油井总数 47 口、开井数 42 口，日产液量 1033t、日产油量 61t，孤东采油厂油井配电系统原采用常规"一井一变"配电模式，存在变压器负载率及功率因数低、配电线路损耗高、配电电气设施多、维护工作量大等问题。

（2）实施内容及周期　本项目以井场分布式光伏发电系统、地面小型风力发电机组系统和抽油机直流群控系统相结合的方式进行建设。每个发电单元光伏组件和风力发电机组所发电能通过直流变换器并入直流母线电路，通过直流互馈型直流母线，以集散式供电模式到达各井口，经逆变终端实现对抽油机电动机的变频驱动，平滑调节冲次。项目实施周期 18 天。

（3）节能减碳效果　改造后经实地测量，有功电量日均下降 694.5kW·h，无功电量日均下降 1966.36kVar·h，同时减少变压器容量 950kVA。根据实际运行数据测量，该工程实施后可实现年节约电能 38.5 万 kW·h，按企业平均电价 0.7 元/(kW·h) 计算：

每年节省电费：38.5 万 kW·h×0.7 元/(kW·h)＝26.95 万元

折合年节约标煤：38.5 万 kW·h×0.340kgce/(kW·h)＝130.90tce

减排 CO_2：130.90tce/a×2.7725t/tce＝362.92t/a

每年节约电能约 38.5 万 kW·h，节省电费 26.95 万元，年节约标煤 130.90tce，年减少 CO_2 排放量 362.92t。

（4）投资回收期　投资回收期约 2 年。

6. 技术提供单位

中石大蓝天（青岛）石油技术有限公司，是中国石油大学（华东）参股企业，依托中国石油大学（华东）、清华大学、浙江大学等高校在油气勘探、开发、加工、节能减排、新能源等领域合作进行技术成果转化和油田技术服务，成为集研发、生产、销售、工程实施、合同能源管理服务于一体的高科技企业，共获国际专利 4 项，国家发明专利 5 项，实用新型专利 98 项，软件著作权 15 项，各种资质证书 131 项，集聚教授、博士等高层次人才 71 人，设有青岛市"直流微电网群控"专家工作站。目前拥有多种自主知识产权节能低碳设备，主要包括：微电网群控系统、油田防砂堵漏技术、油气回收装置（套管气）、太阳能跟踪式光伏电站、风/光/储多能互补电源、能流循环互馈自控变流系统综合实验装置、热电实验机组等。

该公司先后获评青岛市"高新技术企业"、青岛市蓝海股权挂牌企业、青岛市"专精特新"企业、青岛市"明日之星"企业、中石化 A-级易派客供应商企业、中国知识产权管理企业、绿色供应链及绿色包装企业、AAA 级信用企业等，获得"两化"融合管理证书。

联系人：韦伟中

联系方式：18562107281

3.2　钢铁冶金行业节能技术案例

3.2.1　煤矸石固废制备超细煅烧高岭土技术与装备

1. 适用范围

煤矸石固废制备超细煅烧高岭土技术与装备适用于非金属矿超细深加工制备微米级超细粉体功能材料领域节能技术改造。

2. 基本原理

煤矸石加工超细煅烧高岭土通常的生产工艺过程主要包括原矿破碎、粉碎、粉磨、配浆、超细研磨、干燥、解聚、煅烧、再解聚、成品包装，核心技术是原矿粉碎粉磨技术与装备、超细加工技术与装备、煅烧技术与装备等。煤矸石固废制备超细煅烧高岭土技术与装备工艺流程如图 3-7 所示。

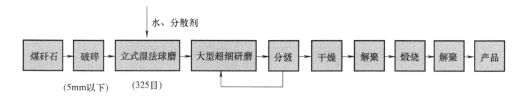

图 3-7　煤矸石固废制备超细煅烧高岭土技术与装备工艺流程

3. 技术功能特性

1）核心装备大型化，立式湿法球磨机取代传统干法粉磨设备，减少粉尘污染，采用超细研磨机，节能率约 30%。

2）采用高浓浆料分级机，相比分级设备工艺简化、效率提升。

3）采用多炉膛立窑、内热式回转窑煅烧，高效节能。

4. 节能减碳效果

内蒙古超牌建材科技有限公司超细煅烧高岭土项目，技术提供单位为内蒙古超牌建材科技有限公司。该项目新建超细煅烧高岭土生产线，安装、调试湿法球磨机、超细研磨机、高浓度浆料分级机和煅烧回转窑等设备。建成后，吨产品磨矿可节电 80kW·h 以上，煅烧、干燥等工序吨产品节约标煤 160kg。实施周期 6 个月。年节约总电量约 800 万 kW·h，折合年节约标煤 2600tce，减排 CO_2 7208.5t/a。该项目投资约 3795 万元，投资回收期约 3.4 年。预计未来 5 年，推广应用比例可达到 15%，可节能 28 万 tce/a，减排 CO_2 75.6 万 t/a。

3.2.2 大螺旋角无缝内螺纹铜管节能技术

1. 适用范围

大螺旋角无缝内螺纹铜管节能技术适用于有色金属加工领域节能技术改造。

2. 基本原理

采用有限元模拟软件，分别建立了三辊行星轧制再结晶过程、高速圆盘拉伸状态模型以及内螺纹滚珠旋压成形过程中减径拉拔道次、旋压螺纹起槽道次和定径道次及旋压变形有限元模型，研发了一套基于大螺旋角高效内螺纹铜管生产技术，实现了 45°螺旋角以内任意规格的内螺纹铜管工艺与模具的智能化设计。工艺路线如图 3-8 所示。

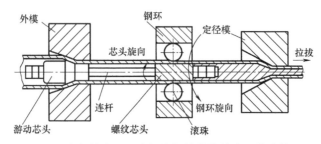

图 3-8 大螺旋角无缝内螺纹铜管节能技术工艺路线图

3. 技术功能特性

1）工艺成熟稳定，产品综合成品率在 82% 以上。

2）单位长度克重小，降低了换热器中铜管的使用量。

3）内螺纹管内接触面大、热导率高，换热效率高。

4. 节能减碳效果

美的集团适配大螺旋角内螺纹铜管换热器项目，技术提供单位为江西江铜龙昌精密铜管有限公司。将大螺旋角内螺纹铜管 $\phi7\times0.24\times0.15\times30\times54$ 应用于空调换热器，替换原有产品，在对原有设备、工艺进行改造，大幅提高制冷剂的换热系数。实施周期18个月。从2015年1月至2019年中，总产量为4.3万t，平均年产1.23万t，项目综合年节电量9600万 $kW \cdot h$，折合年节约标煤约3.26万tce，减排 CO_2 9.04万 t/a。按0.49元/（$kW \cdot h$）计算，节约电费4704万元。由于本项目的节能收益最终享有者是消费者，故没有标准测算节能投资回收期。预计未来5年，推广应用比例可达到40%，可节能15万tce/a，减排 CO_2 41.59万 t/a。

3.2.3　工业循环水系统集成与优化技术

1. 适用范围

工业循环水系统集成与优化技术适用于工业循环水节能技术改造。

2. 基本原理

通过使用精密压力表和流量计测量出用户实际需要的循环水压力和流量，采用流体分析方法对采集数据进行分析，优化水泵的叶轮和流道，提升水泵效率，优化管网、尾水余能回收等方式，达到整个循环水系统的效率最高化。

3. 技术功能特性

1）针对有问题单元分析，设计节能技改路线。

2）可根据工况设计，使水泵到达较高效率运行。

3）冷却塔无电化升级。

4. 节能减碳效果

河南舞阳钢铁循环水系统节能改造项目，技术提供单位为江西三川节能股份有限公司。该项目一期循环水系统，总装机11019kW，改造水泵设备共计41台；二期循环水系统，总装机15036kW，改造水泵设备共计76台。实施周期6个月。改造后，循环水系统年总耗电9931万 $kW \cdot h$，综合节电率达到26.25%，年节约电能为2606.89万 $kW \cdot h$，折合年节约标煤8863.32tce，减排 CO_2 24573.55 t/a。按电价0.58元/（$kW \cdot h$）算，年节约电费1512万元。项目总投入为3500万元，投资回收期28个月。预计未来5年，推广应用比例可达到30%，可节能15万tce/a，减排 CO_2 41.59万 t/a。

3.2.4 高纯铝连续旋转偏析法提纯节能技术

1. 适用范围

高纯铝连续旋转偏析法提纯节能技术适用于有色金属行业高纯铝提纯领域节能技术改造。

2. 基本原理

在偏析法定向凝固提纯技术的基础上，在提纯装置中实施侧部强制冷却定向凝固提纯新工艺，合理控制固液界面流动速度，精确调整结晶温度和结晶速度；提纯完成后用倾动装置将尾铝液体排出体外，再将提纯铝固体和坩埚快速放入加热装置中，将高温凝固的提纯铝固体短时间内再次熔化，熔化后铝液在提纯装置中再次进行提纯。重复操作，直到获得符合纯度要求的高纯铝。其生产工艺流程如图 3-9 所示。

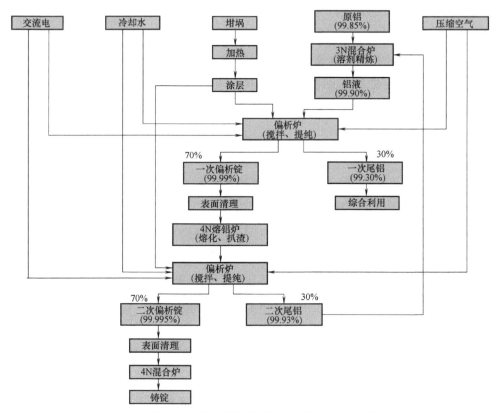

图 3-9 高纯铝连续旋转偏析法提纯节能技术生产工艺流程

3. 技术功能特性

可提纯 99.85% 的电解原铝至更高纯度，产品纯度可在 99.95%、99.98%、99.99%、99.995% 之间调整。

4. 节能减碳效果

河南中孚技术中心有限公司电子用高纯铝偏析法提纯关键技术研发及产业化项目，技术提供单位为河南中孚实业股份有限公司。该项目建设偏析法生产线，将铸造车间 5# 和 6# 铝锭铸造生产线拆除后新建二次偏析炉 6 台和加热炉 2 台；同时对供电、冷却系统进行技术改造，将铸造车间 1# 和 2# 铝锭铸造生产线改造成高等级铝熔炼生产线和 99.993% 高纯铝铸造生产线，具备自动浇注 20kg 高纯铝锭的能力；新建一台 5t 熔炼保温炉进行 3N 高等级铝熔化、精炼和保温，实现 5000t/a 的生产规模。实施周期 8 个月。改造后每吨高纯铝节电 12000kW·h，按年均提纯 1300t 算，节电 1560 万 kW·h，折合年节约标煤 5304tce，减排 CO_2 14705.34t/a。按电价 0.65 元/(kW·h) 算，节约电费 1014 万元。该项目总投资 1000 万元，投资回收期 1 年。预计未来 5 年，推广应用比例可达到 40%，可节能 20 万 tce/a，减排 CO_2 55.45 万 t/a。

3.2.5 新型固体物料输送节能环保技术

1. 适用范围

新型固体物料输送节能环保技术适用于钢铁、矿山、火电、石化等行业的散装物料输送领域节能技术改造。

2. 基本原理

将物料从卸料、转运到受料的整个过程控制在密封空间进行；根据物料自身的物化特性，采用计算模拟仿真数据，设计输送设备结构模型，通过减少破碎实现减少粉尘产生、降低除尘风量；最终通过本产品将除尘系统风量和风压大幅度降低，实现高效减尘、抑尘、除尘。其装置结构如图 3-10 所示。

3. 技术功能特性

1）通过固体物料模型模拟物料实际运行状态，选择最佳的物料流速和输送流量，为后续输送装置配置和设备设计形式提供理论基础，实现提高输送物料成品率。

2）使用高效环保转运系统、新型环保卸料车、单体高效除尘器等系列设备

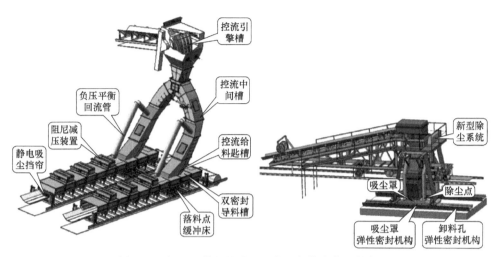

图 3-10   新型固体物料输送节能环保技术装置结构

实现密闭传送，减少粉尘产生。

4. 节能减碳效果

邢台德龙钢铁有限公司 2# 高炉矿槽系统改造项目，技术提供单位为中冶京诚工程技术有限公司。该项目拆除原有矿槽输送系统普通导料槽，重新设计配置新型节能环保物料转运除尘系统，并新建一套低排放除尘设施。项目实施周期 4 个月。原系统风机装机容量 1400kW，改造后风机装机容量 630kW。每年设备可节电 457 万 kW·h，折合年节约标煤 1553.8tce，减排 CO_2 4307.91t/a。投资回收期 2.7 年。预计未来 5 年，推广应用比例可达到 15%，可节能 2.3 万 tce/a，减排 CO_2 6.38 万 t/a。

3.2.6   焦炉正压烘炉技术

1. 适用范围

焦炉正压烘炉技术适用于冶金行业焦炉烘炉节能技术改造。

2. 基本原理

焦炉正压烘炉方法是利用专门的空气供给系统和燃气供给系统，通过向炭化室内不断鼓入热气，使全炉在整个烘炉过程中保持正压，推动热气流经炭化室、燃烧室、蓄热室、烟道等部位后从烟囱排出，使焦炉升温至正常加热（或装煤）温度，整个烘炉过程实现自动控制。其技术原理如图 3-11 所示。

3. 技术功能特性

1）升温均匀。首先使热气充满炭化室，之后热气流均匀地从干燥孔进入燃烧室等部位，使全炉形成正压，保证了冷空气无法进入炉体，全炉升温均匀。

2）节约能源。正压烘炉方法仅需在单侧布置烘炉管道，不需在炭化室内砌筑火床，智能优化控制软件实现烘炉过程中实际升温曲线以及执行温度均匀性调节的自动控制，节约燃气。

3）系统运行安全可靠。配备灭火检测、故障警报、自动紧急停车、自动点火设施，极大地提高了烘炉的安全性和稳定性。

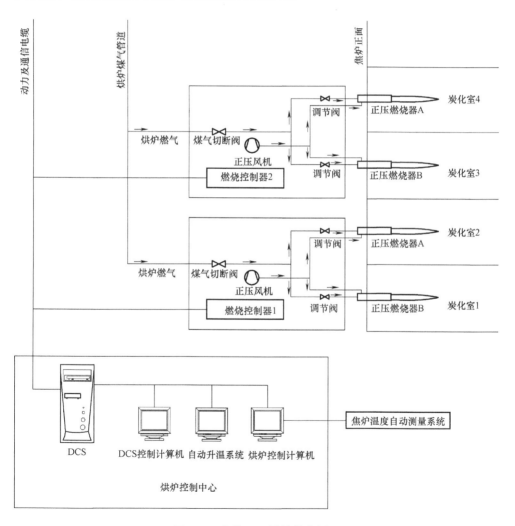

图 3-11　焦炉正压烘炉技术原理

4. 节能减碳效果

新泰正大焦化有限公司 6.78m 捣固焦炉正压烘炉项目，技术提供单位为中冶焦耐（大连）工程技术有限公司。该项目主要实施内容包括：烘炉管道、相关配套设备。实施周期 4 个月。改造后，全炉漏气率降低 1.1% ~ 1.5%，每年减少荒煤气自炭化室向燃烧室串漏 850 万 m^3，节约煤气 850 万 m^3/a，煤气热值按 4280kcal/m^3，折合年节约标煤 5197.14tce，减排 CO_2 14409.1t/a。2 座焦炉与传统负压烘炉相比投资增加 360 万元，按照改造后正压烘炉工期提前、焦炭产量增加、材料及人工费节约计算，焦炉投产后即可回收投资。预计未来 5 年，推广应用比例可达到 70%，可节能 97.6 万 tce/a，减排 CO_2 270.6 万 t/a。

3.2.7 一种应用于工业窑炉纳米材料的隔热技术

1. 适用范围

一种应用于工业窑炉纳米材料的隔热技术适用于工业窑炉节能技术改造。

2. 基本原理

将一种低导热的纳米混合芯材通过预压成型技术形成一种高孔隙率复合板材。复合料在混合机里面进行混合、分散之后下放到预压设备，预压设备预压之后送入压合机，压合机在常温、高压下将粉料成型，然后通过切割设备切割成需要的规格尺寸，然后送入到烘干设备。其工艺流程如图 3-12 所示。

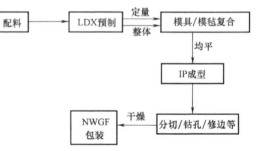

图 3-12　一种应用于工业窑炉纳米材料的隔热技术工艺流程

3. 技术功能特性

1）安全稳定。纳米材料的隔热技术产品具有三维网络结构，避免其在长期高温或受到振动产生烧结变形、颗粒堆积而导致保温性能急剧下降的现象，且不添加任何化学物质，确保了其无机材料的使用稳定性。

2）无有害物质排放。纳米材料的隔热技术不含对人体、环境有害物质，无可溶出氯离子等，对设备、管道等基层无腐蚀，同时其生产也做到了"三零"排放标准。

3) 高效节能。纳米材料的高温保温性能是传统保温材料的 4~10 倍。

4. 节能减碳效果

国丰第一炼钢厂节能改造项目，技术提供单位为中亨新型材料科技有限公司。该项目在重新砌筑钢包时，采用纳米材料的隔热技术替代原有保温层。实施周期 10 个月。采用纳米材料的隔热技术进行改造后降低了 LF 炉工序的电耗，经测算，年节约标煤 8353.8tce，减排 CO_2 23160.91t/a。投资回收期 3 个月。预计未来 5 年，推广应用比例可达到 30%，可节能 16.71 万 tce/a，减排 CO_2 46.33 万 t/a。

3.2.8 井下磁分离矿井水处理技术

1. 适用范围

井下磁分离矿井水处理技术适用于矿井水处理领域节能技术改造。

2. 基本原理

通过在混凝装置中加入混凝剂、助凝剂和磁种，使悬浮物在较短时间内形成以磁种为"核"的微絮凝体，在流经磁分离机磁盘组时，水中所含的磁性悬浮絮团受到磁场力的作用，吸附在磁盘盘面上，随着磁盘的转动，迅速从水体中分离出来，从而实现固液分离。分离出的污泥经刮渣和输送装置进入磁分离磁鼓，将这些絮团打散后通过磁鼓的分选，使磁种和非磁性物质分离出来，回收的磁种通过磁种投加泵打入混凝装置前端，循环利用。其工艺流程如图 3-13 所示。

3. 技术功能特性

1) 核心设备采用钕铁硼稀土永磁钢，磁场强度稳定。

2) 采用稀土磁钢，表面产生磁力是重力的 640 倍以上，能快速捕捉到微小的磁性絮团，泥水分离过程仅需 3~5s，系统内水力停留时间 3~5min。

3) 单位时间的处理效率高，处理量大，设备占地面积小。

4) 药剂使用量仅为常规水处理加药量的 1/3~1/2，装机功率<200kW，运行维护简单，节省人工。

5) 整套系统可实现自动控制及远程控制，与智慧矿山建设相匹配。

4. 节能减碳效果

协庄煤矿项目，技术提供单位为山东环能环保科技有限公司。该项目在协庄煤矿-300m 水仓前通道内建设 500m³/h 磁分离水处理系统，包括巷道改造、设

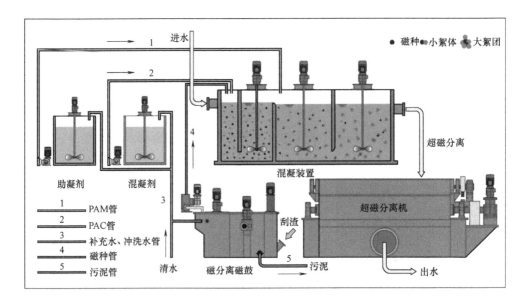

图 3-13　井下磁分离矿井水处理技术工艺流程

备安装、主材安装、单机调试、调试运行。实施周期 4 个月。改造完成后，矿井水的处理效果较好，平均进水悬浮物为 350mg/L，出水在 5~6mg/L，总磷、COD、铁锰的去除率在 95% 以上。清水入仓，减少水仓清淤的安全风险及费用，减少矿井水提升系统的损坏，实现煤泥资源的最大化回收。经测算，年节约标煤 922.24tce，减排 CO_2 2556.91t/a。投资回收期约 1.1 年。预计未来 5 年，推广应用比例可达到 15%，可节能 1.84 万 tce/a，减排 CO_2 5.10 万 t/a。

3.2.9　高效工业富余煤气发电技术

1. 适用范围

高效工业富余煤气发电技术适用于冶金行业的富余煤气发电领域节能技术改造。

2. 基本原理

本技术以冶金行业中富余煤气为燃料，利用锅炉设备将水变为高温超高压蒸汽，蒸汽进入汽轮机高压缸做功后再通过锅炉加热到初始温度，加热后的低压蒸汽进入汽轮机低压缸做功，汽轮机带动发电机发电。做完功后的蒸汽变为凝结水再次进入锅炉进行加热变为蒸汽，从而完成一次再热循环的热力过程。其一次再热循环的原理如图 3-14 所示。

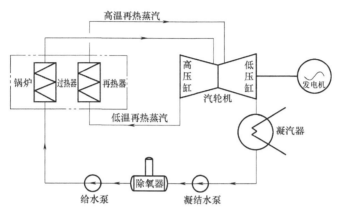

图 3-14 高效工业富余煤气发电技术一次再热循环的原理

3. 技术功能特性

1）采用一次中间再热技术，相对于朗肯循环发电技术，机组热效率提高 5%~9%。

2）为蒸汽系统配备高低压旁路装置，防止锅炉在点火起炉初期锅炉再热器干烧。

3）通过煤气加热器利用锅炉烟气余热来加热煤气，锅炉热效率提高 2%~3%。

4. 节能减碳效果

张家港联峰钢铁公司超高温超高压发电改造项目，技术提供单位为中冶京诚工程技术有限公司。该项目采用高效工业富余煤气发电技术进行节能改造，主要包括：安装新建锅炉及发电机组，改造原有发电机组电气及仪控系统。实施周期 1 年。改造完成后，在总煤气消耗量不变情况下，机组年发电量增加 1.2 亿 kW·h，折合年节约标煤 4.08 万 tce，减排 CO_2 11.31 万 t/a。投资回收期约 8 个月。预计未来 5 年，推广应用比例可达到 25%，可节能 61.2 万 tce/a，减排 CO_2 169.68 万 t/a。

3.2.10 水处理系统污料原位再生技术

1. 适用范围

水处理系统污料原位再生技术适用于工业水处理领域节能技术改造。

2. 技术原理

在污料（即因污染失去过滤功能的滤料）的原有位置，通过高压水、超声波、专用再生介质等方式的，使污染物脱落并排出，回到系统前端进入第二轮处理，使滤层的清洁度恢复到新料的 95% 以上。其技术原理如图 3-15 所示。

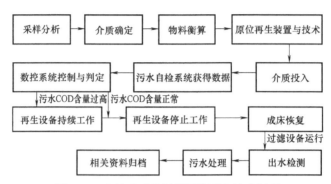

图 3-15　水处理系统污料原位再生技术原理

3. 技术功能特性

1）可改变水系统的污料更换工序，大幅度减少运行耗电。

2）原位再生可 100% 切断一个污染源，更换污料则是 100% 外排。

4. 节能减碳效果

湖南华菱涟钢 2250 热轧板厂（水处理浊环系统）项目，技术提供单位为湖南娄底泰阳科技有限公司。该项目针对华菱涟钢 2250 热轧板厂公辅车间浊环水系统，利用污料原位再生技术解决该系统严重供水不足等问题。实施周期 1 个月。改造后，年节约标煤 1012.79tce，减排 CO_2 2807.96 万 t/a。投资回收期约 5 个月。预计未来 5 年，推广比例可达到 10%，可节能 2.03 万 tce/a，减排 CO_2 5.63 万 t/a。

3.2.11　焦炉加热优化控制及管理技术

1. 适用范围

焦炉加热优化控制及管理技术适用于冶金行业焦炉节能技术改造。

2. 基本原理

采用炉顶立火道自动测温技术，对焦炉温度进行精细检测，采用自主研发的控制算法，对焦炉加热煤气流量及分烟道吸力进行精确调节，每两个交换周期调节 1 次，调节周期短，有助于减少炉温波动，改善了焦炉温度的稳定性，可节省焦炉加热煤气量 2% 以上。其工艺流程如图 3-16 所示。

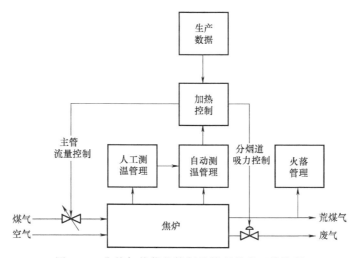

图 3-16 焦炉加热优化控制及管理技术工艺流程

3. 技术功能特性

1）自动测量火道温度，减少人工测温误差，还可以连续监视焦炉温度波动状态。

2）全自动控制焦炉加热主管煤气流量和分烟道吸力，每两个交换周期调节 1 次，调节周期短，有助于减少炉温波动。

4. 节能减碳效果

唐山中润煤化工有限公司焦炉烟气脱硫脱硝工程 EPC 改造项目，技术提供单位为中冶焦耐（大连）工程技术有限公司。该项目配套建设 2 套焦炉加热控制及管理系统，系统包括立火道自动测温设备、控制系统设备和系统应用软件。实施周期 14 个月。按 1 个炉组节省 2%焦炉煤气计算，全年大约节省焦炉煤气量 336 万 m^3，焦炉煤气热值按 4280kcal/m^3 计算，标准煤热值按 7000kcal/kg 计算，则 1 个炉组折合年节约标煤 2054.4tce，减排 CO_2 5695.82t/a。该项目综合年效益合计为 672 万元，总投入为 806 万元，投资回收期约 1.2 年。预计未来 5 年，推广应用比例可达到 20%，可节能 21 万 tce/a，减排 CO_2 58.22 万 t/a。

3.2.12 钢渣立磨终粉磨技术

1. 适用范围

钢渣立磨终粉磨技术适用于钢铁、建材等行业的钢渣微粉制备工艺节能技术改造。

2. 基本原理

采用料层粉磨、高效选粉技术，集破碎、粉磨、烘干、选粉为一体，集成了粉磨单元与选粉单元；通过磨内除铁排铁、外循环除铁、高压力少磨辊研磨等技术，使得钢渣中的金属铁有效去除，钢渣立磨粉磨系统能耗降低至 40kW·h/t 以下。钢渣立磨粉磨技术系统结构如图 3-17 所示。

3. 技术功能特性

1）为了克服磨机运行稳定性问题，在钢渣原料入原料仓、钢渣原料入磨前布置 2 道筛分装置，除去物料中大颗粒，并增加优化粉磨单元结构，增加研磨面积，保证磨机运行稳定性。

图 3-17　钢渣立磨粉磨技术系统结构

2）开发了磨内除铁排铁、外循环除铁、高压力少磨辊研磨等技术，使得钢渣中的金属铁有效去除。

3）磨机磨耗低、电耗低。

4. 节能减碳效果

南通融达新材料有限公司钢渣微粉生产线项目，技术提供单位为中材（天津）粉体技术装备有限公司。该项目新建钢渣微粉生产线。实施周期 6 个月。相对于辊压机联合粉磨系统，钢渣微粉系统可节电 15kW·h/t，该生产线每年可节电 370 万 kW·h，折合年节约标煤 1202.5tce，减排 CO_2 3333.93t/a。该项目综合年效益合计为 280 万元，总投入为 500 万元，投资回收期约 1.8 年。预计未来 5 年，推广应用比例可达到 30%，可节能 8.9 万 tce/a，减排 CO_2 24.68 万 t/a。

3.2.13　铜冶炼领域汽电双驱同轴压缩机组（MCRT）技术

1. 适用范围

铜冶炼领域汽电双驱同轴压缩机组（MCRT）技术适用于铜冶炼领域节能技术改造。

2. 基本原理

将两个压缩机（空压机、增压机）集成在一个多轴齿轮箱上，采用三个入口导叶调节压缩机各段负荷，形成一个全新的空、增压一体式压缩机。将汽轮机通过变速离合器，与空、增压一体机及电动机串联在一根轴系上，机组起动前，离合器处于断开状态；主电动机驱动压缩机旋转，产生的压缩空气送往空分装置进行空气分离，分离后的氧气送往冶炼装置，待反应炉产生高温尾气后，通过余热锅炉回收尾气中的热量，产生副产蒸汽，蒸汽带动汽轮机旋转，汽轮机转速达到啮合转速时变速离合器啮合，取消了汽轮发电环节，减少能量转换过程的损失，压缩机多变效率最高可达88%，提高能量回收效率，提升了运行经济性。其机组结构如图3-18所示。

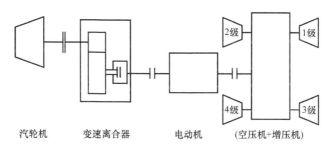

汽轮机　　　　变速离合器　　　　电动机　　　　（空压机+增压机）

图3-18　铜冶炼领域汽电双驱同轴压缩机组（MCRT）技术机组结构

3. 技术功能特性

1）压缩机多变效率最高可达88%。

2）在一个齿轮箱上同时集成了空压机、增压机的两种功能，减小了压缩机的占地面积，提高了运行经济性。

3）独特的应用离合器在线啮合与脱开功能，增强了机组的安全裕度。

4. 节能减碳效果

广西南国铜业有限责任公司15万t铜冶炼4.2万空分装置项目，技术提供单位为西安陕鼓动力股份有限公司。该项目采用独特的三机、串联、同轴技术，将原3套独立的电驱空压机、电驱增压机、余热蒸汽发电机组合并为1套双驱动同轴机组。实施周期6个月。副产蒸汽用于汽轮发电机组，发电机效率97%；电动机用于驱动，满载效率97%，总能量转化损失6%，本项目减少了能量转化环节，每年可节约电能800万kW·h，折合年节约标煤2600tce，减排CO_2 7208.5t/a。该项目综合年效益合计为3000万元，总投入为3400万元，投资回收期约1.1年。预计未来5年，推广应用比例可达到40%，可节能10万tce/a，减排CO_2

27.73 万 t/a。

3.2.14 汽轮驱动高炉鼓风机与电动/发电机同轴机组技术

1. 适用范围

汽轮驱动高炉鼓风机与电动/发电机同轴机组技术适用于冶金领域高炉节能技术改造。

2. 技术原理

采用高炉鼓风与发电同轴技术，设计汽轮机和电动机同轴驱动高炉鼓风机组（BCSM），实现了汽电双驱提高能源转换效率 8% 的功能，缩短汽拖机组 80% 起动时间，保证复杂机组的轴系稳定性。设计高炉鼓风机与汽轮发电机同轴机组（BCSG），既实现了高炉备用鼓风机功能，又在备用鼓风机闲置期用于汽轮发电机组，同时解决了汽轮机驱动鼓风机起动时间长的问题，提高了高炉系统的能源利用效率。汽轮驱动高炉鼓风机与电动/发电机同轴机组结构如图 3-19 所示。

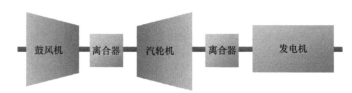

图 3-19　汽轮驱动高炉鼓风机与电动/发电机同轴机组结构

3. 技术功能特性

1）BCSG 机组可实现高炉鼓风机运行和发电运行两种功能，用户可以根据需要任意切换。

2）BCSM 机组三种运行模式，用户可以根据需要选择，保证机组运行效率最高。

4. 节能减碳效果

山西襄汾星源钢铁集团有限公司 AV40 BCSM 机组改造项目，技术提供单位为西安陕鼓动力股份有限公司。该项目 450m³ 高炉鼓风机组 AV40 电拖鼓风机组增加汽轮机拖动改造，采用同步离合器连接，增加润滑调节油系统及控制系统。实施周期 17 个月。改造后，蒸汽条件满足设计工况时，最大发电功率可达3500kW，按一年运行 8000h 计算，合计节约用电 2800 万 kW·h，折合年节约标煤 9100tce，减排 CO_2 2.52 万 t/a。该项目综合年效益合计为 3000 万元，总投入为 4000 万元，投资回收期约 16 个月。预计未来 5 年，推广应用比例可达到 60%，可节能 40 万 tce/a，减排 CO_2 110.9 万 t/a。

3.3 石化行业节能技术案例

3.3.1 低压法双粗双精八塔蒸馏制取优级酒精技术

1. 适用范围

低压法双粗双精八塔蒸馏制取优级酒精技术适用于化工行业优级酒精生产节能技术改造。

2. 基本原理

采用多效热耦合蒸馏工艺，两塔进汽，八塔工作，后一效的再沸器作为前一效的冷凝器，热量多次循环利用，最大限度地降低蒸馏过程中蒸汽和循环水消耗，各塔之间加热的再沸器采用降膜蒸发器原理，降低塔与塔之间的加热温差，加热蒸汽压力低、能耗低。其工艺流程如图 3-20 所示。

3. 技术功能特性

1）节能节水，热量多次循环利用，综合节能 25%。

2）降低外接蒸汽压力，有效降低了操作温度和压力。

3）采用回收塔工艺，提高了酒精质量。

4. 节能减碳效果

临沂金沂蒙生物科技公司酒精生产线项目，技术提供单位为肥城金塔酒精化工设备有限公司。该项目新建 360t/d 优级酒精生产线，建设八塔：常压醪塔、负压醪塔、稀释塔、脱甲醇塔、排醛塔、正压精塔、负压精塔、回收塔，最大限度地降低塔与塔之间的加热温差，降低操作温度和压力，可以使用低品位蒸汽进行加热，较五塔差压工艺技术综合节能 25% 以上。项目新建完成后，吨优级酒精消耗蒸汽 ≤1.8t，一次水消耗 2.3t。实施周期 5 个月。按正常运行时间为 300 天计，年产酒精 108000t，每吨优级酒精节约蒸汽 0.6t，年节约总蒸汽量为 64800t；蒸汽以 180 元/t 计算，每年可节约蒸汽费用 1166.4 万元；每吨酒精节约 0.7t 一次水，年节约一次水 75600t，水以 5 元/t 计，每年可节约水费 37.8 万元；蒸汽折标准煤系数为 0.0929tce/t，节约的蒸汽折合标煤 6019.9tce，减排 CO_2 1.67 万 t/a。

国家工业节能技术应用指南

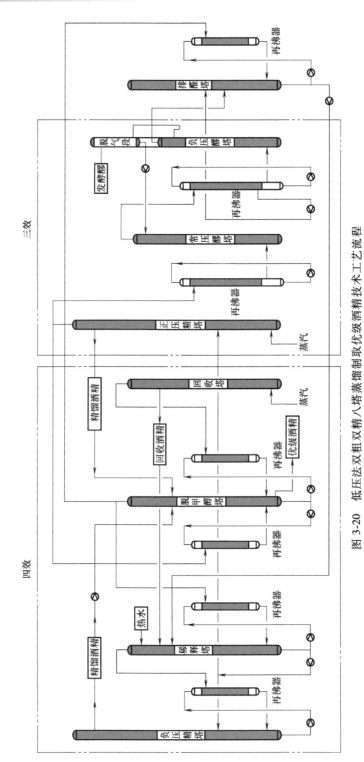

图 3-20 低压法双粗双精八塔蒸馏制取优级酒精技术工艺流程

该项目综合年节能效益 1204.2 万元，总投入 1960 万元，投资回收期约 20 个月。预计未来 5 年，推广应用比例可达到 40%，可节能 29 万 tce/a，减排 CO_2 80.40 万 t/a。

3.3.2 高效低能耗合成尿素工艺技术

1. 适用范围

高效低能耗合成尿素工艺技术适用于合成氨、尿素行业节能技术改造。

2. 基本原理

尿素合成的原料为液氨和 CO_2 气体，液氨和 CO_2 在高压下反应先生成氨基甲酸铵（简称甲铵），甲铵再经过脱水生产尿素。生成甲铵和甲铵脱水生成尿素的反应均为可逆反应，转化率受反应条件影响，一般不超过 75%，因此需要对未反应物进行分离回收，通过设置中、低压系统实现。要生产颗粒尿素，需要将尿液浓缩到 96% 以上才能造粒，同时为了控制副产物缩二脲的生成，尿液浓缩需要在真空条件下进行操作，同时对工艺冷凝液进行处理，处理后的净化工艺冷凝液作为锅炉给水回收利用。其工艺流程如图 3-21 所示。

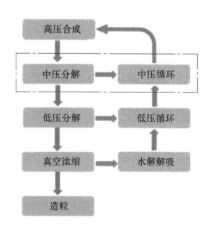

图 3-21 高效低能耗合成尿素
工艺技术工艺流程

3. 技术功能特性

1）全冷凝反应器提高副产蒸汽的品位，分级利用蒸汽及蒸汽冷凝液，降低蒸汽消耗，降低了循环冷却水消耗。

2）装置投资最低，与引进的同规模装置相比，至少低 20%。

3）高压设备可以全部国产，后期维护费用低。

4. 节能减碳效果

山东华鲁恒升化工股份有限公司肥料功能化项目，技术提供单位为中国五环工程有限公司。该项目置换 2 套传统水溶液全循环装置，改建 CO_2 压缩机系统、外管廊、尿素主装置、造粒塔、栈桥、包装楼、变电所、机柜间、循环水站、汽车站台和火车站台等。实施周期 25 个月。改造后，吨尿素节约 2.4MPa(g) 饱和蒸汽消耗 250kg，电耗提高 2kW·h，循环水耗降低 5t。每年按满负荷生产（100万 t）计算，年节省蒸汽 25 万 t，增加电耗 200 万 kW·h，节约循环水 500 万 t，节约的中压蒸汽减去增加的电耗折合标煤 3.15 万 tce。按中压蒸汽价格为 130元/t，电价按 0.5 元/（kW·h）计算，循环水按 0.2 元/t 计算，年水电汽节约费用为 3250 万元。该项目综合年节能效益合计为 3250 万元，节能改造部分总投入为 6000 万元，投资回收期约 22 个月。预计未来 5 年，在机床行业推广应用可达到 16%，可节能 84 万 tce/a，减排 CO_2 232.89 万 t/a。

3.3.3　钛白联产节能及资源再利用技术

1. 适用范围

钛白联产节能及资源再利用技术适用于化工行业钛白粉生产领域节能技术改造。

2. 基本原理

采用钛白粉生产工艺对蒸汽的需求与硫酸低温余热回收生产蒸汽并发电的工艺技术紧密结合进行联合生产，同时将钛白粉与钛矿、钛渣混用技术以及连续酸解的工艺技术、钛白粉生产 20% 的稀硫酸的浓缩技术与硫酸铵及聚合硫酸铁的工艺技术、钛白粉生产系统 20% 稀硫酸的钪金属技术、钛白粉生产水洗过程低浓度酸水与建材产品钛石膏的工艺技术等有机地联系起来，形成一个联合生产系统，从而实现资源最大利用。

3. 技术功能特性

1）可将酸解效率提高到 98% 以上，提高钛收率到 90% 以上。

2）膜洗涤及水循环利用可将生产用水量降低至 3.6t/t 钛白粉。

3）降低固废"黄石膏"排放量 70% 以上。

4. 节能减碳效果

山东东佳集团股份有限公司改造项目钛白联产，技术提供单位为山东东佳集团股份有限公司。该项目硫酸生产工序增加硫酸低温余热回收装置 1 套，发电机组 1 套；酸解反应工序改造连续酸解反应器 8 套，使用磁选机装置 1 套；水洗工序安装膜洗涤系统 4 套；浓缩、闪蒸工序安装微热管高效换热系统 4 套；建设废酸提钪系统一套；建设酸性废水回收系统一套，高含盐废水回收系统一套，中水回用系统一套。实施周期 2 年。改造完成后，综合年节约标煤 15761tce，减排

CO_2 43697.37t/a。该项目综合年节能效益 11925.8 万元，总投入为 48971.2 万元，投资回收期 4 年。预计未来 5 年，推广应用比例可达到 50%，可节能 238 万 tce/a，减排 CO_2 659.86 万 t/a。

3.3.4 高温高盐高硬稠油采出水资源化技术

1. 适用范围

高温高盐高硬稠油采出水资源化技术适用于石化行业水处理领域节能技术改造。

2. 基本原理

本技术可实现稠油热采污水资源化处理，通过 MBF 微气泡气浮、核桃壳除油除悬浮物，高密度悬浮澄清器除硅，MVC 蒸发脱盐，树脂软化，最后得到高品质产品水应用于注汽锅炉。其工艺流程如图 3-22 所示。

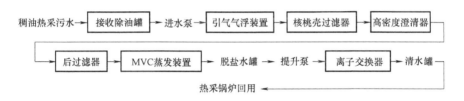

图 3-22 高温高盐高硬稠油采出水资源化技术工艺流程

3. 技术功能特性

1）密闭微压控制，提高了分离效率。

2）可以根据水质调整药剂配方，降低多种离子的成垢性。

3）蒸发段吨水能耗低于 10kW·h。

4. 节能减碳效果

中石化新疆新春石油开发有限责任公司春风油田项目，技术提供单位为新疆宝莫环境工程有限公司。该项目建设一座规模 5000m³/d 的稠油热采污水资源化处理站，以采出含油污水为原水，深度处理达到注汽锅炉用水标准，产品水全部回用油田开发注汽。建设工艺生产设施、辅助生产设施、配套工程设施等，主要有 1 组 MVC 处理设施、2 个罐区、轻钢结构厂房、预处理厂房、离子交换厂房和空压机房、以及加药系统、污泥处理系统等。实施周期 2 年。注汽锅炉采用温度相对较高的产品水后减少注汽锅炉的耗煤量，年节约标煤 13099.85tce，锅炉新增用电 2177.10 万 kW·h，折合标煤 7402.14tce，综合年节约标煤 5697.71tce，节约费用 398.79 万元。处理后的稠油采出污水（即产品水）替代地下淡水用作注汽锅炉用水，年运行时间按 350 天计，产品水规模为 5000m³/d，每年减少水源井水水量 194.5 万 t，按 3.15 元/t 算，节约水费 612.7 万元。该项目可年节约标煤 5697.71tce，减排 CO_2 1.58 万 t/a。综合节能经济效益 1011.49 万元，节能技术改造部分投入约 3500 万元，投资回收期 3.5 年。预计未来 5 年，推广应用比例可达到 20%，可节能 13 万 tce/a，减排 CO_2 36.04 万 t/a。

3.3.5　特大型空分关键节能技术

1. 适用范围

特大型空分关键节能技术适用于煤化工、石油化工、冶金等行业的空分设备领域节能技术改造。

2. 基本原理

利用低温精馏原理，采用系统能量耦合为核心的工艺包、高效的精馏塔和换热器系统、高效的分子筛脱除和加热系统、高效动设备等，实现空分设备的低能耗、安全稳定运行。其工艺流程如图 3-23 所示。

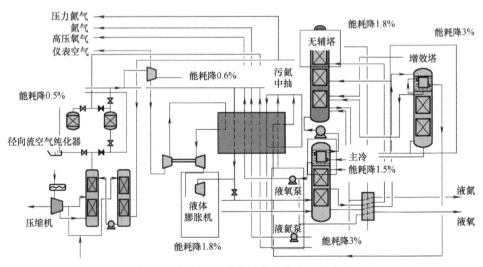

图 3-23　特大型空分关键节能技术工艺流程

3. 技术功能特性

1）空分流程安全可靠、能耗低。

2）采用大型环境自适应高效节能吸附技术，实现了空气纯化系统高效吸附、低能耗运行和环境的自适应。

3）采用高效翅片、通道热匹配强的大截面高压铝制板翅式热交换器设计、制造技术及钎焊工艺，板翅式换热器的设计压力 12.8MPa。

4）采用受限尺寸大、长径比的高效规整填料空分精馏塔，在满足精馏塔可靠性、安全性、方便运输的前提下，实现经济成本、能耗最低化。

4. 节能减碳效果

神华宁煤集团 400 万 t/年煤炭间接液化项目配套 6 套十万（氧）空气分离设备，技术提供单位为杭州杭氧股份有限公司。该项目新建 6 套十万（氧）空气分离设备，设计年操作时间不少于 8300h，氧气产品产量 100500m³/h，纯度 ≥ 99.6%。实施周期 36 个月。每套空分节约蒸汽 55t/h，每吨蒸汽能驱动约 300kW，按原煤转化成蒸汽的能效比按 70% 算，每套空分可以节省 2.896tce/h，则 1 套十万空分装置每年（年运行 8300h）可节约标煤 2.4 万 tce，减排 CO_2 6.65 万 t/a。投资回收期 3.6 年。预计未来 5 年，推广应用比例可达到 50%，可节能 24 万 tce/a，减排 CO_2 66.54 万 t/a。

3.3.6 带压尾气膨胀制冷回收发电技术

1. 适用范围

带压尾气膨胀制冷回收发电技术适用于过氧化氢、苯酚丙酮、苯甲酸、丁二烯等行业的尾气制冷回收发电领域节能技术改造。

2. 基本原理

尾气在经过涡轮膨胀机后，由于叶轮高速旋转产生的离心力作用，使气体分子间距增加，从而使气体膨胀，温度降低，尾气中的有机物冷凝液化被分离回收，同时尾气压力能转化为机械能，传递给同轴的发电机进行发电，最后并网输出。其工作原理如图 3-24 所示。

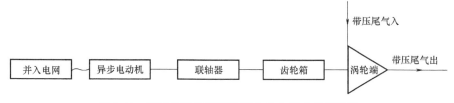

图 3-24 带压尾气膨胀制冷回收发电技术工作原理

3. 技术功能特性

1）该技术利用尾气膨胀做功内能降低的原理制冷尾气，替代原工艺中的冷媒制冷，大大降低制冷功耗，设备整体功耗为 3~5kW，相比原工艺节能 95% 以上。

2）利用尾气膨胀做功，将压力能转化为机械能并带动发电机发电并网输出，以过氧化氢尾气应用为例，每万标方小时尾气可实现发电功率 130kW，实现了尾气压力能回收再利用，减少了尾气能量浪费。

4. 节能减碳效果

湖南怀化双阳林化有限公司改造项目，技术提供单位为襄阳航力机电技术发展有限公司。该项目采用带压尾气膨胀制冷回收发电技术进行了节能改造。实施周期 10 个月。年节省水 73.60 万 m^3，年节省蒸汽 5.48 万 tce，年节省电能 53.59 万 $kW \cdot h$，折合年节约标煤 7326tce，减排 CO_2 20311.34t/a。投资回收期 10 个月。预计未来 5 年，推广应用比例可达到 35%，可节能 18.1 万 tce/a，减排 CO_2 50.18 万 t/a。

3.3.7 水煤浆气化节能技术

1. 适用范围

水煤浆气化节能技术适用于电力行业煤气化领域节能技术改造。

2. 基本原理

水煤浆雾化后与氧气在高温高压环境下发生反应，生成以 CO 和 H_2 为主要成分的粗合成气。燃烧室衬里采用垂直悬挂自然循环膜式水冷壁，利用凝渣保护原理，气化温度可以提高至 1700℃。在燃烧室下部设置辐射废锅，通过独特的高效传热辐射式受热面结构回收粗合成气显热，有效避免结渣积灰问题，使气化炉在生产合成气的同时联产高品质蒸汽，提高了能源利用效率。其技术原理如图 3-25 所示。

3. 技术功能特性

1）煤种适应性好。可气化高灰分、高熔点和高硫煤种和低灰熔点煤、半焦、焦炭、褐煤、高碱性渣煤等。

2）能量利用率高，流程设计更优化，点火投料安全可靠，系统起动快，运行安全、稳定。

3）烧嘴寿命长、可用率高，运行成本低。

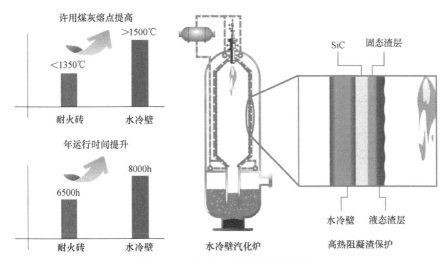

图 3-25　水煤浆气化节能技术原理

4. 节能减碳效果

山西阳煤丰喜肥业（集团）临猗分公司气化升级改造项目，技术提供单位为北京清创晋华科技有限公司。该项目将一台原水煤浆耐火砖激冷流程气化炉改造为一台水煤浆水冷壁废锅流程气化炉，改造内容包括：拆除原耐火砖气化炉，安装新水冷壁气化炉，增加废锅水汽系统，拆除激冷水过滤器等设备，更换小流量激冷水泵，预热烧嘴+工艺烧嘴改为单个组合烧嘴。实施周期为 8 个月。改造后，气化炉连续运行周期加长、产能提高，且无须配备备用炉，开车燃料气消耗降低，开车阶段不消耗抽引蒸汽，CO_2 排放量大幅降低，综合年节约标煤 2 万 tce，减排 CO_2 5.55 万 t/a。投资回收期为 1.78 年。预计未来 5 年，推广应用比例可达到 45%，可节能 23 万 tce/a，减排 CO_2 63.77 万 t/a。

3.3.8　机械磨损陶瓷合金自动修复技术

1. 适用范围

机械磨损陶瓷合金自动修复技术适用于使用润滑油（脂）的机械设备的节能技术改造。

2. 基本原理

将陶瓷合金粉末加入润滑油（脂），在摩擦润滑的过程中利用机械运动产生的能量使陶瓷合金粉末与铁基表面金属发生反应，生成具有高硬度、高光洁度、低摩擦因数、耐磨、耐腐蚀等特点的陶瓷合金层，实现设备的机械磨损修复与高效运转，减少摩擦阻力，提高机械设备的承载能力，提高输出功率，提升设备的整体性能，节能 5% 以上。其工艺流程如图 3-26 所示。

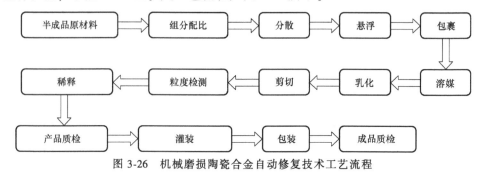

图 3-26　机械磨损陶瓷合金自动修复技术工艺流程

3. 技术功能特性

1）节省机械设备运行能耗（发动机燃油、燃气和设备运行电能）5%~25%。

2）减少发动机尾气排放 50% 以上。

3）降低机械工作温度、噪声和振动。

4. 节能减碳效果

北京顺丰速递有限公司城市物流车应用项目，技术提供单位为大连乾承科技开发有限公司。该项目中 155 台柴油车、45 台汽油车在正常运行下，进行机械磨损陶瓷合金修复。实施周期 2 个月。根据数据对比可知，加注后的车辆油耗低于未加注车辆油耗 10.57%，按产品周期 5 万 km 计算：柴油车平均每百千米减少油耗 1.285L，5 万 km 产品周期内，155 台柴油车共减少油耗量约为 99587L（85.7t），柴油折算标煤系数为 1.46tce/t，折合标煤 125.12tce；汽油车平均每百千米减少油耗 1.238L，5 万 km 产品周期内，45 台汽油车共减少油耗量为 27855L（20.2t），汽油折算标煤系数为 1.47tce/t，折合标煤 29.69tce。项目综合年节约标煤 154.81tce，减排 CO_2 429.21t/a。该项目综合年效益合计为 148.86 万元，总投入为 25 万元，投资回收期约 2 个月。预计未来 5 年，推广应用比例可达到 15%，可节能 95 万 tce/a，减排 CO_2 263.39 万 t/a。

3.3.9　升膜多效蒸发技术

1. 适用范围

升膜多效蒸发技术适用于化工、制药等行业的节能技术改造。

2. 基本原理

采用一体式升膜多效蒸发器和多效蒸发流程，将多个具备蒸馏和汽液分离功能的装置组合到一起，实现蒸汽热量的梯级利用，在正压或负压条件下完成蒸发，解决了蒸发过程中加热和蒸发不同步的难题，蒸汽使用量小，换热效率高，蒸发效率高。其技术原理如图 3-27 所示。

3. 技术功能特性

1）升膜式蒸发原料水从蒸发器的下部进入，二次蒸汽自然向上运动，内压损失小，工业蒸汽的运行压力低。

2）蒸发效率高，原料水蒸发充分，废水排放率低。

3）蒸发过程内压损失小，原料水下进下出，原料水泵的扬程低。

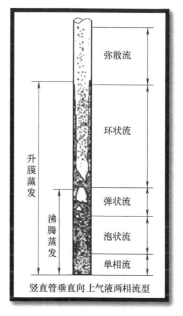

图 3-27　升膜多效蒸发技术原理

4. 节能减碳效果

山东齐都制药有限公司升膜式多效蒸馏水机项目，技术提供单位为河北中然制药设备有限公司。该项目用升膜式多效蒸馏水机替换原有两台 5000L/h 的降膜式多效蒸馏水机。实施周期 4 个月。据测算，每年可节约蒸汽 1.2 万 t，折合标煤 1114.8tce；用电功率同比降低 2.5kW，每年可节约电能 1.7 万 kW·h，折合标煤 5.53tce。综合年节约标煤 1120.33tce，减排 CO_2 3106.11t/a。该项目综合年效益合计为 333 万元，总投入为 290 万元，投资回收期约 11 个月。预计未来 5 年，推广应用比例可达到 15%，可节能 13 万 tce/a，减排 CO_2 36.04 万 t/a。

3.3.10　大型清洁高效水煤浆气化技术

1. 适用范围

大型清洁高效水煤浆气化技术适用于煤炭高效清洁利用领域节能技术改造。

2. 基本原理

将一定浓度的水煤浆通过给料泵加压与高压氧气喷入气化室，经雾化、传热、蒸发、脱挥发分、燃烧、气化等过程，煤浆颗粒在气化炉内最终形成以 CO、

H_2 为主的合成煤气及灰渣，气体经分级净化达到后续工段的要求，灰渣采用换热式渣水系统处理，可实现日处理煤量 3000t，综合能耗低、炭转化率高、废水排放量少，降低了合成气的生产成本。其工艺流程如图 3-28 所示。

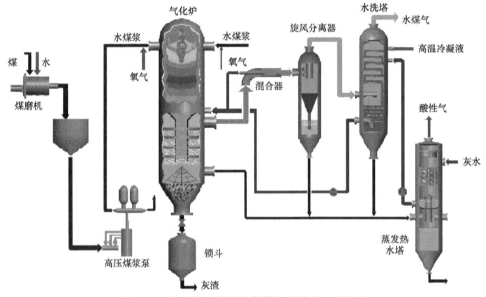

图 3-28　大型清洁高效水煤浆气化技术工艺流程

3. 技术功能特性

1）炭转化率由 99.2% 提高到 99.6%，冷煤气效率由 74.5% 提高到 75.2%。

2）在高负荷操作条件下，气化工艺指标先进，气化装置安全可靠、自动化程度高、操作控制灵活。

3）多喷嘴对置式水煤浆气化炉内直筒段和锥底段耐火砖的预测寿命与 2000t 级水煤浆气化装置相当，不存在因气化炉单位容积效率增大而导致耐火砖使用寿命降低的现象。

4）随着气化炉规模等级的升高，生产 $1000m^3$（标态）（$CO+H_2$）的综合能耗逐渐降低。

4. 节能减碳效果

内蒙古荣信化工有限公司改造项目，技术提供单位为兖州煤业股份有限公司。该项目建设 3 台日处理煤 3000t 级多喷嘴对置式水煤浆气化炉（该气化装置由磨煤制浆、多喷嘴对置式气化、煤气初步净化及含渣黑水处理 4 个工序组成），配套建设 90 万 t/a 的甲醇装置。实施周期 2 年。改造后，该技术与 GE 水煤浆气化技术相比，比氧耗（标态）下降 $8.7m^3/m^3$（$CO+H_2$）；比煤耗（标态）下降 $20.5kg/m^3$（$CO+H_2$）；节能量（标态）为 $22.75kgce/m^3$（$CO+H_2$），本项目单炉有效合成气（$CO+H_2$）$140000m^3/h$（干基），项目共建设 3 台气化炉，综合年节约标煤 7.5 万 tce，减排 CO_2 20.79 万 t/a。该项目综合年效益合计为 3 亿元，总投入为 9 亿元，投资回收期为 3 年。预计未来 5 年，推广应用比例可达到 40%，可节能 36 万 tce/a，减排 CO_2 99.81 万 t/a。

3.3.11 电缸驱动游梁式抽油机技术

1. 适用范围

电缸驱动游梁式抽油机技术适用于油田地表采油设备节能技术改造。

2. 基本原理

在传统游梁式抽油机的基础上采用电缸代替效率低下的感应电机、带轮、减速机、四连杆机构，直接驱动游梁采油。电缸主要由相互运动的内外圆管、伺服电动机、滚珠丝杠以及上下连接件组成。内圆管固定在底座上，滚珠丝杠的螺母固定在内圆管顶端，丝杠固定在外圆管上，伺服电动机正反转带动滚珠丝杠正反转，滚珠丝杠将旋转运动转换成上下直线运动，从而通过外圆管带动游梁上下运动，节能效果显著。其系统结构如图 3-29 所示。

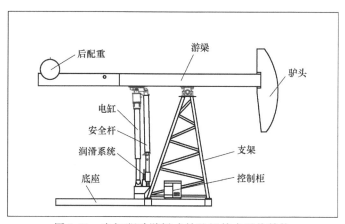

图 3-29 电缸驱动游梁式抽油机技术系统结构

3. 技术功能特性

1）每台设备节能 30% 以上。

2）设备运行安全可靠。

3）可延长抽油泵及抽油杆寿命。

4）设备具有远程控制功能。

4. 节能减碳效果

中原油田濮城采油厂节能改造项目，技术提供单位为上海樱洛机电科技有限公司。该项目应用电缸驱动游梁式抽油机技术，对抽油机进行节能改造。实施周期1个月。V67井应用电缸驱动游梁式抽油机技术后单台平均日用电量115~125kW·h，同试验前日用电量260kW·h相比，日减少用电量135~145kW·h，折合年节约标煤14.9tce，减排CO_2 41.31t/a。该项目综合年效益合计为4.25万元，总投入为7万元，投资回收期约1.6年。预计未来5年，推广应用比例可达到10%，可节能68万tce/a，减排CO_2 188.53万t/a。

3.3.12　循环水系统节能技术

1. 适用范围

循环水系统节能技术适用于化工行业循环水系统节能技术改造。

2. 基本原理

采用在线流体系统纠偏技术，通过对原运行工况的检测及参数采集，计算系统的最佳运行工况点，定制与系统匹配的高效流体传输设备，配套自动控制设备，对温度、电流、压力、系统流量等性能参数进行实时监控，系统节电效果明显。其技术原理如图3-30所示。

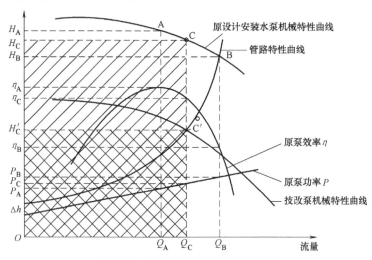

图3-30　循环水系统节能技术原理

3. 技术功能特性

可实现循环水系统线能耗检测、能效评估、运营管理等功能。

4. 节能减碳效果

上海中石化三井化工有限公司节能改造项目，技术提供单位为杭州泵浦节能技术有限公司。该项目对 3 台循环水泵采用循环水系统高效节能技术进行节能改造。实施周期 7 个月。改造后，年节约总电量 596 万 kW·h，折合年节约标煤 1937tce，减排 CO_2 5370.33t/a。该项目综合年效益合计为 399.32 万元，总投入为 270 万元，投资回收期约 8 个月。预计未来 5 年，推广应用比例可达到 20%，可节能 5.28 万 tce/a，减排 CO_2 14.64 万 t/a。

3.4 建材行业节能技术案例

3.4.1 生活垃圾生态化前处理和水泥窑协同后处理技术

1. 适用范围

生活垃圾生态化前处理和水泥窑协同后处理技术适用于水泥行业水泥窑协同处置垃圾领域节能技术改造。

2. 基本原理

利用垃圾中易腐败有机物的好氧发酵及通风作用，使混合垃圾的水分显著下降，实现生物及物理干化；通过滚筒筛、重力分选机、圆盘筛、除铁器等一系列机械分选装置，分选出垃圾中的易燃物、无机物等，并进一步破碎，制成水泥窑垃圾预处理可燃物（CMSW）、无机灰渣等原料；水泥窑垃圾预处理可燃物（CMSW）、无机灰渣等原料经过一系列输送、计量装置，喂入新型干法水泥窑分解炉，替代部分燃煤、原料。其工艺流程如图 3-31 所示。

3. 技术功能特性

1）水泥窑内烟气和物料温度分别达到 1750℃和 1450℃，更有利于垃圾的完全分解。

2）物料从窑尾到窑头总停留时间>30min，气体在高于 1300℃温度的停留时间>10s。

3）不产生炉渣，收集的粉尘可经过输送系统返回原料制备系统重新利用。

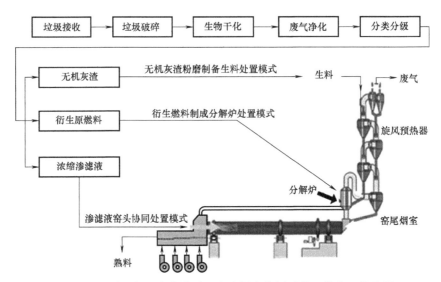

图 3-31　生活垃圾生态化前处理和水泥窑协同后处理技术工艺流程

4. 节能减碳效果

华新水泥（信阳）生活垃圾预处理及水泥窑资源综合利用一体化项目，技术提供单位为华新水泥股份有限公司。该项目的建设部分主要包括预处理工艺的各项处置系统，包括干化区、破碎设备、分选设备、渗漏液收集处置系统、臭气收集处置系统等；以及水泥窑终端的协同处置，包括多点喂料系统改造、旁路防风系统改造等。项目投产后，其日处置量随着信阳城镇化提升而逐年上升，已从 2015 年的 400t/d 上升至目前的 900t/d，取得了显著的节能效果。实施周期 2 年。按垃圾日处置 950t 计算，年处置 CMSW 量为 20.4 万 t，折合年节约标煤 5.1 万 tce，减排 CO_2 14.14 万 t/a。按每吨标煤 600 元估算，每年可节约煤炭费用 3057 万元。综合年收入约 1365 万元，项目投资约 1 亿元，投资回收期约 7 年。预计未来 5 年，推广应用比例可达到 15%，可节能 70 万 tce/a，减排 CO_2 194.08 万 t/a。

3.4.2　高压力料床粉碎技术

1. 适用范围

高压力料床粉碎技术适用于建材行业水泥粉磨领域节能技术改造。

2. 基本原理

开发成套稳定料床的设备和装置（组合式分级机、"骑辊式"进料装置等）

来解决入料中细粉含量较多时辊压机料床稳定性差的问题,以增加辊压机的工作压力,从而提高其粉磨效率;同时通过对设备和系统的在线监测以及智能化控制保障设备和系统按照既定方式运行,实现水泥粉磨的高效率、低能耗、高品质的智能化生产。其技术路线图如图 3-32 所示。

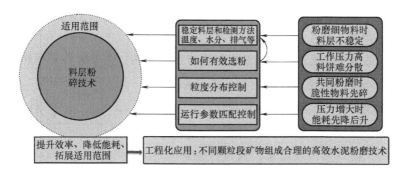

图 3-32 高压力料床粉碎技术路线图

3. 技术功能特性

1)先筛选后风选的高压力粉磨系统及其配套的组合式分级机、骑辊式进料装置,保证通过的物料都受到充分挤压,降低了系统能耗,同时也解决了边缘漏料和辊子端面磨损问题。

2)辊压机粉磨智能控制系统实现生产过程智能优化控制,稳定产品质量,成品水泥质量波动幅值减小 80%以上。

4. 节能减碳效果

合肥东华建材水泥粉磨生产线"二代水泥"技术改造项目,技术提供单位为合肥水泥研究设计院有限公司与中建材(合肥)粉体科技装备有限公司。该项目采用高压高效带筛分装置的辊压机粉磨系统,配套骑辊式进料装置;采用智能润滑、辊面在线监测等技术进行辊压机装备和粉磨系统的智能化升级,生产参数进行实时智能化控制。技术改造后,平均单产电耗 24.1kW·h/t,较改造前下降 2.28kW·h/t。实施周期 4 个月。自 2017 年 1 月至 2018 年 12 月期间,该用户两条水泥粉磨生产线共生产 PO42.5 水泥 200 万 t,年节电能 228 万 kW·h,折合年节约标煤约 775.2tce,减排 CO_2 2149.24t/a。该项目投资约 200 万元,同时去除节省熟料的费用,投资回收期约 1 年。预计未来 5 年,推广应用比例可达到30%,可节能 40 万 tec/a,减排 CO_2 110.9 万 t/a。

3.4.3 带分级燃烧的高效低阻预热器系统

1. 适用范围

带分级燃烧的高效低阻预热器系统适用于水泥行业预热器节能技术改造。

2. 基本原理

通过窑尾烟气在预热器系统对生料进行换热预热，在分解炉对预热后的生料进行碳酸钙分解，减轻回转窑负担，提高系统产量；通过撒料台、预热器结构优化设计，提高预热器换热效率，降低预热器阻力；通过多级换热，提高热回收效率；通过分解炉分级燃烧技术设计，降低窑尾烟气 NO_x 排放；通过集成创新，实现物料分散、气流速度降低、多级预热、分级燃烧，进而降低熟料烧成系统煤耗与电耗。其分级燃烧分解炉设计如图 3-33 所示。

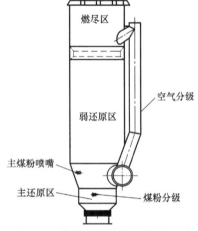

图 3-33 带分级燃烧的高效低阻预热器系统分级燃烧分解炉设计

3. 技术功能特性

1）高效低阻预热器提高旋流速度，降低进口风速，提高换热效率。

2）低氮型分解炉三次风采用喷旋结合，提高燃烬率、分解率、容积利用率。

3）分级燃烧，降低 NO_x，减少下部结皮。

4. 节能减碳效果

泰安中联水泥有限公司 5000t/d 新型干法水泥（暨世界低能耗示范线）工程，技术提供单位为南京凯盛国际工程有限公司。该项目采用"高效低阻六级预热器+带脱氮功能高效分解炉"技术。项目建成后，生产线能耗为 95kgce/tcl，预热器系统吨熟料可节电 1.5kW·h。实施周期 3 个月。按年产 155 万 t 熟料计算，预热器系统年可节电 232.5 万 kW·h，折合标煤 755.63tce；生产线年可节约标煤 6200t，综合年节约标煤 6955.63tce，减排 CO_2 19284.48t/a。该项目总投资约 2000 万元，投资回收期 1.7 年。预计未来 5 年，推广应用比例可达到 5%，可节能 28 万 tce/a，减排 CO_2 77.63 万 t/a。

3.4.4 智能连续式干粉砂浆生产线

1. 适用范围

智能连续式干粉砂浆生产线适用于建材行业的干粉砂浆生产领域节能技术改造。

2. 基本原理

运用计算机系统智能控制，根据砂浆配方不同将各种物料按比例连续下料，利用物料的自重，通过特殊设计的动态计量系统、三级搅拌系统及计算机控制系统，实现了连续下料、连续搅拌、连续出料。系统采用光控传感器对系统电动机运行情况进行实时监控，传感器将电动机运行数据转化为信号发送至系统控制中心，确保系统运行在可控范围之内，保证了产品的质量，提高了整体工作效率。其生产线如图3-34所示。

图 3-34 智能连续式干粉砂浆生产线

3. 技术功能特性

1) 采用自主设计的收尘系统，做到无粉尘排放。

2) 实现智能化、信息化的管理模式。

3) 解决了砂浆的离析问题，提高了产品质量。

4. 节能减碳效果

南通邦顺建材科技发展有限公司项目，技术提供单位为江苏晨日环保科技有限公司。该项目在现有厂区内新建一条智能连续式干粉砂浆生产线（ZY-LX80型），配计算机智能控制系统，时产量80t以上，生产时正常运转电动机功率36.8kW，其中搅拌功率13.2kW。实施周期4个月。改造后，生产每吨砂浆可节约用电4.57kW·h，年产约48万t砂浆，则年可节约用电228万kW·h，折合年节约标煤775.2tce，减排CO_2 2149.24t/a。按0.9元/（kW·h）工业用电算，节约电费205.2万元。该项目投资约375万元，投资回收期约22个月。预计未来5年，推广应用比例可达到40%，可节能16万tce/a，减排CO_2约

44.36万 t/a。

3.4.5 水泥外循环立磨技术

1. 适用范围

水泥外循环立磨技术适应于水泥粉磨领域节能技术改造。

2. 基本原理

物料自立磨中心喂料，落入磨盘中央，转动的磨盘将物料甩向周边，在加压磨辊与磨盘之间进行物料研磨，研磨后的物料经过立磨刮料板刮出立磨，自卸料口卸出，出立磨物料经过斗提机喂入选粉系统与球磨机系统，可与球磨机配置成预粉磨或联合粉磨、半终粉磨，也可配置成终粉磨系统。其工艺流程如图3-35所示。

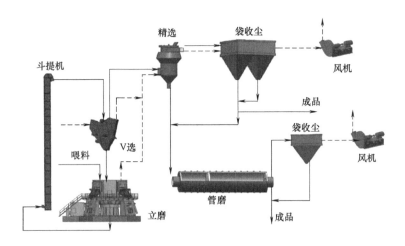

图 3-35　水泥外循环立磨技术工艺流程

3. 技术功能特性

1）外循环立磨系统阻力降低 4000Pa 以上，系统风机节电 40% 以上，系统电耗降低 3kW·h/t 以上。

2）水泥亲水性降低，水泥性能优越。

4. 节能减碳效果

鲁南中联水泥有限公司水泥磨技改项目，技术提供单位为南京凯盛国际工程有限公司。该项目是对其中 1 台水泥磨进行改造，新建 1 套外循环立磨终粉磨系统，采用"外循环立磨+V选+精选+收尘器+风机"组成外循环立磨终粉磨系统，选粉机置于立磨外，采用机械提升喂料降低系统阻力，投运后生产 P·O42.5 水泥台产量约 170t/h，工序电耗约 24kW·h/t，水泥电耗降低 14kW·h/t，年增产水泥 80 万 t。实施期 1 周。改造后，年节电 1680 万 kW·h，折合年节约标煤 5712tce，减排 CO_2 15836.52t/a。按照 0.6 元/(kW·h) 电价计算，年节约费用 1008 万元，按水泥利润 20 元/t 计算，年增产的 80 万 t 水泥利润 1600 万。该项目综合年节能效益合计为 2608 万元，总投入为 4500 万元，投资回收期约 20 个月。预计未来 5 年，推广应用比例可达到 15%，可节能 20 万 tce/a，减排 CO_2 55.45 万 t/a。

3.4.6 集成模块化窑衬节能技术

1. 适用范围

集成模块化窑衬节能技术适用于建材行业回转窑节能技术改造。

2. 基本原理

通过原位反应技术，开发以微气孔为主、气孔孔径可控的合成原料；以合成原料为基础，通过生产工艺控制，开发轻量化产品。在减轻材料重量的同时，提高了耐火材料强度、耐侵蚀性和抗热震性能；将轻量化耐火制品、纳米微孔绝热材料分层组合在一起，巧妙地利用不同材料的热导率，将各层材料固化在其各自能够承受的温度范围内，保证使用效果和安全稳定性。集成模块化窑衬节能技术设计与制备工艺流程如图 3-36 所示。

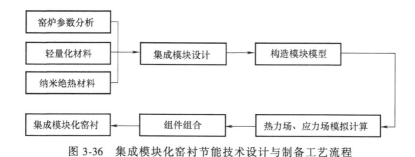

图 3-36 集成模块化窑衬节能技术设计与制备工艺流程

3. 技术功能特性

1) 材料密度降低了 10%。

2) 优化材料的结果有效避免使用过程中因温度过高造成的材料失效。

3) 智能化生产和自动化装配，实现了多层材料的精准复合制备，提高了集成模块在回转窑内的高效安全运输和自动化转配效率。

4. 节能减碳效果

洛阳中联水泥有限公司 5000t/d 水泥窑改造项目,技术提供单位为河南瑞泰耐火材料科技有限公司。该项目全窑采用集成模块化窑衬节能技术改造,对水泥生产线的其他部分包括水泥预热器、分解炉、三次风管、窑头罩、箅冷机采用集成模块化窑衬节能技术进行了系统改造。改造完成后,相比原来内衬总重量减轻 122t,减轻 18.7%,烧成带温度下降 100~130℃,过渡带温度下降 100~130℃,回转窑主电动机电流下降了 250~300A,熟料综合电耗降低 1.5kW·h/t、标煤耗降低了 3kg/t。实施周期 8 个月。按年产 180 万 t 水泥熟料计算,年可节电 270 万 kW·h,折合年节约标煤 918t,电费以 0.65 元/(kW·h) 计算,每年可节约电费 175.5 万元;年熟料能耗降低 5400tce,吨标煤以 650 元计算,每年可节约燃煤费 351 万元。该项目总计年可节约标煤 6318tce,减排 CO_2 17516.66t/a。综合年节能效益 526.5 万元,总投入为 443 万元,投资回收期为 11 个月。预计未来 5 年,推广应用比例可达到 28%,可节能 168 万 tce/a,减排 CO_2 465.78 万 t/a。

3.4.7 高辐射覆层节能技术

1. 适用范围

高辐射覆层节能技术适用于工业炉窑节能技术改造。

2. 基本原理

通过在蓄热体表面涂覆一层高发射率的材料,形成具有更高换热效率的复合蓄热体结构,提高蓄热体蓄热、放热速率,提高炉窑热效率;根据斯蒂芬-玻尔兹曼定律和基尔霍夫定律,辐射传热与物体表面发射率和温度的四次方成正比,并且材料的吸收率与发射率相等,当物体表面的发射率提高后吸收热量的能力也相应提高。因此,将蓄热体表面发射率提高,则可增强蓄热体辐射传热效率,大幅度提高炉窑热效率。其技术原理如图 3-37 所示。

3. 技术功能特性

1) 可以在热风炉等高温窑炉冷热交替的环境下保持长期稳定使用不脱落。

2) 综合煤气消耗降低 5%。

3) 改善耐材各项物理性能,延缓耐材渣化。

4. 节能减碳效果

首钢京唐(曹妃甸)2#5500m³ 高炉 4 座热风炉及 2 座预热炉改造项目,技

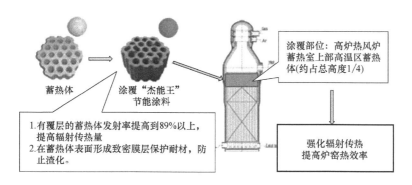

图 3-37 高辐射覆层节能技术原理

术提供单位为山东慧敏科技开发有限公司。该项目 2#5500m³ 高炉的 4 座热风炉上部 50 层、2 座预热炉上部 25 层共计 36.5 万块格子砖涂覆高辐射覆层。实施周期 3 个月。据统计，2012 年 1 到 10 月 1#、2# 高炉热风炉消耗高炉煤气分别为 214579.16 万 m³ 和 198931.68 万 m³，改造后年节约高炉煤气量为 18776.98 万 m³，折合年节约标煤 1877.7tce，减排 CO_2 5205.9t/a。按高炉煤气价格 0.058 元/m³ 计算，项目年节能效益合计为 1095 万元，总投入为 807 万元，投资回收期 9 个月。预计未来 5 年，推广应用比例可达到 30%，可节能 16 万 tce/a，减排 CO_2 44.36 万 t/a。

3.4.8 外循环生料立磨技术

1. 适用范围

外循环生料立磨技术适用于水泥等行业的原料立磨节能技术改造。

2. 基本原理

采用外循环立磨系统工艺，将立磨的研磨和分选功能分开，物料在外循环立磨中经过研磨后全部排到磨机外，经过提升机使研磨后的物料进入组合式选粉机进行分选，分选后的成品进入旋风收尘器收集，粗颗粒物料回到立磨进行再次研磨，能源利用效率大幅提升，系统气体阻力降低 5000Pa，降低了通风能耗。其技术原理如图 3-38 所示。

3. 技术功能特性

1）外循环生料立磨技术用于水泥行业等原料粉磨系统中，可降低系统阻力。

2）采用机械提升物料代替气力提升物料，可降低粉磨系统电耗 3~4kW·h/t。

4. 节能减碳效果

湖北京兰（永兴）水泥有限公司改造项目，技术提供单位为中材（天津）粉体技术装备有限公司。将原有的立磨选粉机去掉，新增组合式选粉机，增大立磨物料提升机能力，新增组合式选粉机回料提升机，增加入磨物料稳料仓，更换循环风机。实施周期 1 个月。改造完成后，系统产量提升约 10%，系统电耗降低 4.47kW·h/t，年节约电能约 756 万 kW·h，折合年节约标煤 2457tce，减排 CO_2 6812.03t/a。该项目综合年效益合计为 953.6 万元，总投入为 1800 万元，投资回收期约 23 个月。预计未来 5 年，推广应用比例可达到 10%，可节能 9.65 万 tce/a，减排 CO_2 26.75 万 t/a。

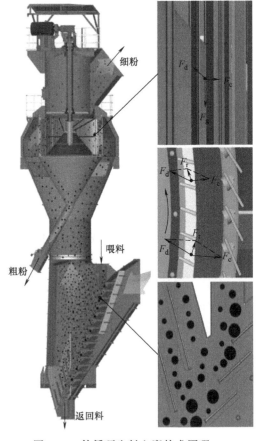

图 3-38　外循环生料立磨技术原理

3.4.9　钢渣/矿渣辊压机终粉磨系统

1. 适用范围

钢渣/矿渣辊压机终粉磨系统适用于建材等行业的微粉制备工艺节能技术改造。

2. 基本原理

以辊压机和动静组合式选粉机为核心设备，全部物料为外循环，除铁方便，避免块状金属富集，辊面寿命可达立磨的 2 倍，具有广泛的物料适应性，可以单独粉磨矿渣、钢渣，也可用于成品比表面积<700m²/kg 的类似物料的粉磨，系统阻力低，节电效果明显，生产矿渣微粉时，系统电耗<35kW·h/t。其工艺流程如图 3-39 所示。

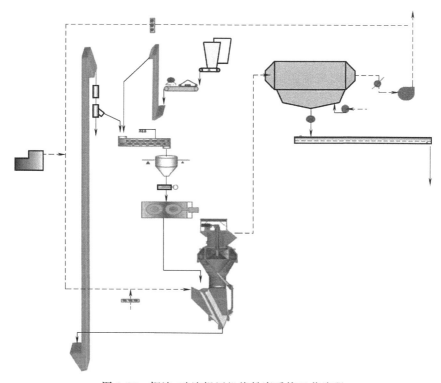

图 3-39　钢渣/矿渣辊压机终粉磨系统工艺流程

3. 技术功能特性

1）实现了辊压机终粉磨系统生产钢渣/矿渣微粉。

2）实现了高磨蚀性超细粉物料的分选功能。

3）在物料入辊压机缓冲仓前增设预处理设备，解决了入仓内物料的均匀性问题。

4. 节能减碳效果

邯郸市邦信建材有限公司矿渣粉磨及储存工程（30 万 t/a）项目，技术提供单位为天津水泥工业设计研究院有限公司。新建原料输送车间、粉磨车间和成品储存及散装车间，确定以辊压机和组合式选粉机为主机设备的终粉磨系统。实施周期 8 个月。改造后，系统年平均电耗为 35kW·h/t，年节约电能约 120 万 kW·h，折合年节约标煤 390tce，减排 CO_2 1081.28t/a。该项目综合年效益合计为 1000 万元，总投入为 2600 万元，投资回收期为 2.6 年。预计未来 5 年，推广应用比例可达到 20%，可节能 8.72 万 tce/a，减排 CO_2 24.18 万 t/a。

3.4.10 陶瓷原料连续制浆系统

1. 适用范围

陶瓷原料连续制浆系统适用于建筑及卫生陶瓷原料生产节能技术改造。

2. 基本原理

采用自动精确连续配料、原料预处理系统、泥料/黏土连续化浆系统、连续式球磨方法等关键技术，自动精确连续配料系统能够按设定比例精准控制每种原料的进料比例，实现对每种配比原料连续计重、间歇纠错、自动补偿的功能；原料预处理系统做到以破代磨，提高球磨速度；泥料/黏土连续化浆系统将黏土在研磨介质的作用下进行连续化浆，化浆后的泥浆通过分选机构将各部分分别利用。整个系统可实现自动配料和自动出浆的功能，节能效果显著。其工艺流程如图 3-40 所示。

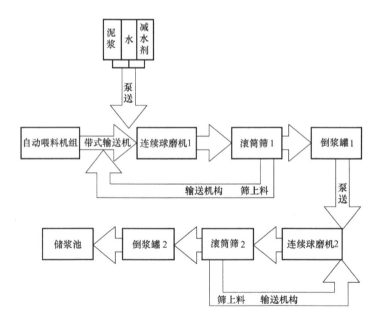

图 3-40　陶瓷原料连续制浆系统工艺流程

3. 技术功能特性

1）原料预处理系统主设备防堵筛分机解决了含水量高的原料无法筛分的难题，使入磨原料更细，缩短球磨时间。

2）整套系统全自动化控制，配料误差<5‰，自动采集生产数据。

4. 节能减碳效果

山东名宇陶瓷科技有限公司陶瓷原料节能连续制浆系统工程项目，技术提供单位为广东一鼎科技有限公司。该项目的硬质料采用预处理系统进行破碎筛分处理，连续球磨系统采用 2 台 TCM42150 连续球磨机。实施周期 4 个月。据统计，该生产线年节约总电量约 309.54 万 kW·h，折合年节约标煤 1006tce，减排 CO_2 2789.14t/a。该项目综合年效益为 710 万元，总投入为 1686 万元，投资回收期约 2.3 年。预计未来 5 年，推广应用比例可达到 10%，可节能 92.1 万 tce/a，减排 CO_2 255.35 万 t/a。

3.4.11 带中段辊破的列进式冷却机

1. 适用范围

带中段辊破的列进式冷却机适用于水泥生产线节能技术改造。

2. 基本原理

采用区域供风急冷技术并在冷却机中段设置了高温辊式破碎机，经过辊式破碎机，大块红料得到充分破碎，落入到第二段算床的大部分熟料颗粒的尺寸已经基本控制在 25mm 以内，经过第二段算床的再次冷却后，以较低的温度排出，热回收效率高，可降低烧成系统热耗，平均每吨熟料节约标煤 2kg。带中段辊破的列进式冷却机结构原理如图 3-41 所示。

3. 技术功能特性

1）厚料层运行，热回收效率高，二次、三次风温高。

2）熟料破碎机设置在冷却机中段，提高了中温段换热废气温度，有利于余热发电和余热利用。

3）熟料破碎机破碎后的熟料再进行二段算床冷却，提高了冷却效率，降低了出冷却机熟料温度。

4）设备自动化程度高，实现无人值守、自动控制。

4. 节能减碳效果

泰安中联水泥有限公司 5000t/d 新型干法水泥工程，技术提供单位为南京凯盛国际工程有限公司。该项目为新建项目，烧成系统采用"带中段辊破第四代列进式冷却机"技术。实施周期 1 年。按照年产熟料 155 万 t 计，平均生产每吨熟料可节约标煤 2kgce，折合节约标煤 3100tce；吨熟料发电量增加 2kW·h，折合

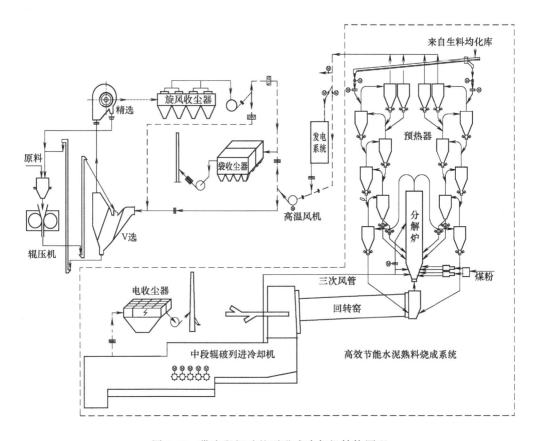

图 3-41 带中段辊破的列进式冷却机结构原理

节约标煤 1008tce，综合年节约标煤 4108tce，减排 CO_2 1.14 万 t/a。该项目综合年效益为 731 万元，总投入为 1950 万元，投资回收期约 2.6 年。预计未来 5 年，推广应用比例可达到 10%，可节能 26.6 万 tce/a，减排 CO_2 73.75 万 t/a。

3.4.12 卧式玻璃直线四边砂轮式磨边技术

1. 适用范围

卧式玻璃直线四边砂轮式磨边技术适用于玻璃深加工领域节能技术改造。

2. 基本原理

采用多轴伺服电动机联动技术，精确控制各移动部件定位以及磨轮相对于玻璃的移动速度，准确检测玻璃的移动位置以及尺寸，能够同步打磨玻璃每一条边的上下棱边及端面，夹持机构的设置能有效地减少玻璃自身的振动，可同时完成玻璃的四条边打磨，提升了玻璃棱边加工的效率。其端面磨削组件结构如图 3-42 所示。

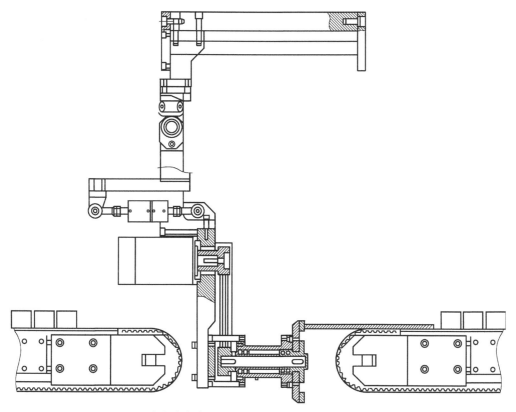

图 3-42 卧式玻璃直线四边砂轮式磨边技术端面磨削组件结构

3. 技术功能特性

1）自动检测玻璃大小，磨边时无须调整。

2）主机输送系统采用胶辊和压轮设计，可加工各种 LOW-E 玻璃，不划伤膜面。

3）通过七轴伺服控制系统确保了磨边的精度和准确性。

4）磨边速度 15～30m/min。

5）上下片输送系统采用精制铝辊配聚氨酯圈传动，减小对玻璃的划伤。

6）控制系统具有自我诊断功能，可掌握各种作业信息。

7）GLASTON 专供磨轮，磨削效果好，寿命长。

4. 节能减碳效果

广宇洛玻（北京）工业玻璃有限公司改造项目，技术提供单位为利江特能（北京）设备有限公司。该项目在冷加工车间采购并安装卧式玻璃直线四边砂轮式磨边机 5 台，并采购各目数磨轮 20 个。实施周期 3 天。改造后单台月节能量可达 2400kW·h，项目折合年节约标煤 46.8tce，减排 CO_2 129.75t/a。该项目综合年效益合计为 24 万元，总投入为 50 万元，投资回收期约 2 年。预计未来 5 年，推广应用比例可达到 10%，可节能 3.5 万 tce/a，减排 CO_2 9.7 万 t/a。

3.4.13　新型水泥熟料冷却技术及装备

1. 适用范围

新型水泥熟料冷却技术及装备适用于水泥行业节能技术改造。

2. 基本原理

采用新型前吹高效箅板、高效急冷斜坡、高温区细分供风、新型高温耐磨材料、智能化"自动驾驶"、新型流量调节阀等技术，实现对热熟料的冷却并完成热量的交换和回收，中置辊式破碎机将熟料破碎至小于 25mm 粒度，同时步进式结构的箅床将熟料输送至下一道工序，热回收效率高、输送运转率高、磨损低，可降低电耗。新型水泥熟料冷却技术及装备结构如图 3-43 所示。

3. 技术功能特性

1）水平行进式箅床分为数列，列与列之间相互独立运行。

2）流量自动控制调节装置，可以根据箅床上料层的阻力变化自动调节阀门的开度，进而达到自动调节供风量的作用，提高单位风量冷却效率，降低不必要的损耗。

3）高温熟料辊式破碎机，与中置辊破上方的余热发电系统相配合，可有效提升热回收率。

4. 节能减碳效果

涞水冀东水泥有限公司箅冷机改造项目，技术提供单位为天津水泥工业设计研究院有限公司。该项目将原箅冷机箅床、尾置锤式破碎机及两台冷却风机拆除，安装新型步进式第四代冷却机和尾置辊式破碎机，重新布置冷却风机及配套的工艺非标管道，安装液压传动系统。实施周期 1 个月。据电表统计，吨熟料工序电耗下降 2.57kW·h，每年可节电 370 万 kW·h，折合标煤 1202.5tce；工序能

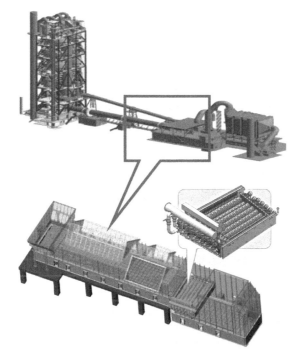

图 3-43 新型水泥熟料冷却技术及装备结构

耗下降 2.81kgce/tcl，折合标煤 5100tce；余热发电年增加发电量 570 万 kW·h，折合标煤 1852.5tce，综合年节约标煤 8155tce，减排 CO_2 2.26 万 t/a。该项目综合年效益合计为 571 万元，总投入为 1140 万元，投资回收期约 2 年。预计未来 5 年，推广应用比例可达到 50%，可节能 120 万 tce/a，减排 CO_2 332.7 万 t/a。

3.4.14 利用高热值危险废弃物替代水泥窑燃料综合技术

1. 适用范围

利用高热值危险废弃物替代水泥窑燃料综合技术适用于利用水泥窑协同处置废弃物等领域节能技术改造。

2. 基本原理

针对形态不同的危险废弃物形成两种不同处置方案：液态高热值危险废弃物通过调配、过滤等手段预处理，打入防静电、泄压储罐再次过滤后，喷入水泥窑内焚烧；固态高热值废弃物通过增设的回转式固废焚烧炉燃烧，产生的热气、残渣进入分解炉，热量 100% 用于熟料煅烧，残渣中的无机物作为熟料替代，重金属固化于熟料晶格，可实现废弃物替代部分燃料，替代率达 23%～25%，节能效果好。其系统原理如图 3-44 所示。

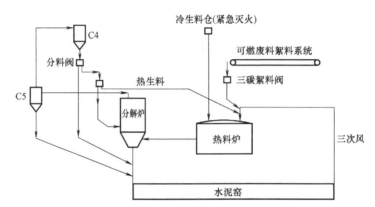

图 3-44　利用高热值危险废弃物替代水泥窑燃料综合技术系统原理

3. 技术功能特性

对固废的性状适应性强，即使是对含水率较高的固废也能实现预燃烧处理，整个系统没有冷空气注入，不需要热砂或热油循环，没有废气和残渣外排，热损失小，不会造成二次污染。

4. 节能减碳效果

北京金隅北水环保科技有限公司机油综合利用替代燃煤项目，技术提供单位为北京金隅北水环保科技有限公司。该项目将液态高热值危废打入废油储罐中，经滤网过滤后通过螺杆泵输送到喷枪，喷枪打散后喷入至水泥窑内进行焚烧处置，储罐加装防静电设施和泄压装置，降低存储过程中的安全风险。实施周期 6个月。改造完成后，综合年节约标煤 2560tce，减排 CO_2 7097.6t/a。该项目综合年效益合计为 153.6 万元，总投入为 70 万元，投资回收期约 8 个月。预计未来 5年，推广应用比例可达到 30%，可节能 15 万 tce/a，减排 CO_2 41.59 万 t/a。

第4章

余热余能再利用节能技术

4.1 典型技术案例解析

4.1.1 炉窑烟气脱硫脱硝节能降耗一体化技术

1. 技术背景

（1）技术研究背景　目前，国内工业炉窑（尤其是电力、钢铁行业）烟气脱硫脱硝系统，大部分采用湿法脱硫（以石灰石膏法为主）和选择性非催化还原+选择性催化还原（SNCR+SCR）两级脱硝工艺。传统石灰石膏法脱硫占地面积大，能耗高，而且会产生脱硫废水、废渣等二次污染，需要进行二次治理，脱硫塔还需要定期做防腐，维护费用高；两级 SNCR+SCR 脱硝工艺容易对炉膛和管道腐蚀，堵塞催化模块，从而降低催化活性，催化剂寿命短，运行费用较高。

针对上述问题，山东巨亚环保科技股份有限公司研发的"炉窑烟气脱硫脱硝节能降耗一体化技术"，采用纯干法脱硫脱硝工艺，通过自行研制的催化剂与尿素颗粒在炉膛内的混合作用，一次性脱除 SO_2 和 NO_x，达到超低排放。该装置占地面积小，整个脱硫脱硝过程无废水废渣，催化效率高且稳定，能耗低。

（2）本技术的主要用途　炉窑烟气脱硫脱硝节能降耗一体化技术适用于锅炉烟气排放治理节能技术改造。

（3）本技术解决的痛点难点　炉窑烟气脱硫脱硝节能降耗一体化技术解决了发电、热力以及热电联产行业工业锅炉烟气（NO_x、SO_2）排放过程中，脱硫脱硝效率低、设备运行成本高、能耗高以及次生废弃物处理成本高等问题。

2. 技术原理及工艺

根据锅炉内 NO_x、SO_2 原始排放值的高低，智能控制罗茨风机、给料器等，科学合理地将尿素颗粒与脱硫脱硝催化剂充分混合后，如图 4-1 所示，通过共同管道和喷枪直接均匀喷入到 850~960℃ 的锅炉（燃煤、生物质、垃圾焚烧）炉膛，通过催化剂的作用，脱除掉 NO_x、SO_2。脱硫脱硝过程不需要空压机、循环泵、搅拌器、排出泵、氧化风机、声波清灰器、污水处理、废渣处理、危废处理等，节省电费、水费、治污费，同时烟气也不需要蒸汽加热达到脱硝条件，节省蒸汽。

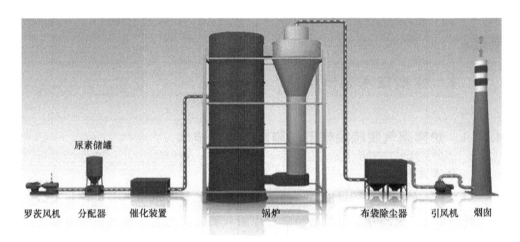

图 4-1　干法炉窑烟气脱硫脱硝节能降耗一体化技术工艺流程

3. 技术特点与主要技术指标

（1）主要技术指标

1）脱硫率：90%~99%。

2）脱硝率：80%~96%。

（2）技术创新点

1）系统结构简单。不需要建设脱硫塔、污水处理设施、湿电除尘（或管束除尘）、烟囱防腐、SCR 脱硝催化模块，单台套设备最大占地面积为 50~60m²。单台套设备安装周期约在 30 天。

2）运行成本低。脱硝过程中不需要使用软化水，没有热功损失；由于不使用脱硫塔、SCR 催化模块和湿电除尘装置，因此阻力较小，无须增大引风机。

3）无二次污染。脱硫脱硝过程中，没有二次污染，没有固体废弃物产生。

4．行业评价

（1）获得奖项

1）该技术 2020 年入选工信部《国家工业节能技术装备推荐目录》和《国家工业节能技术应用案例与指南》。

2）该技术 2020 年获得临沂市人民政府颁发的专利奖一等奖。

3）该技术 2017 年入选山东省经济和信息化委员会第二、三批技术创新计划项目。

4）该技术 2015 年入选山东省临沂市科技创新重大立项及重点研发计划项目。

5）该技术 2014 年获得临沂市人民政府颁发的科学技术发明一等奖。

（2）科技评估情况　山东省科技厅于 2016 年 1 月，召开了山东巨亚环保科技股份有限公司研发的"ZYY（干法）炉窑烟气脱硫脱硝节能降耗一体化技术"科技成果鉴定会，会议一致认为："该技术路线正确合理，工艺先进，产品设计新颖，在循环流化床锅炉脱硝方面达到国内领先水平。"

5．应用案例

案例一：黑龙江省青冈县金安热电有限公司循环流化床锅炉节能改造项目

（1）用户用能情况简单说明　黑龙江省青冈县金安热电有限公司原使用 $2\times75t/h$、$1\times90t/h$ 循环流化床锅炉脱硫脱硝烟气治理线，脱硫环节运行总功率为 2355.84kW，年耗电为 1861 万 $kW\cdot h$，脱硝环节运行总功率为 120.16kW，年耗电为 94.9 万 $kW\cdot h$；湿电除尘环节运行总功率为 265.6kW，年耗电为 209.8 万 $kW\cdot h$。

（2）实施内容及周期　运用 ZYY（干法）炉窑烟气脱硫脱硝节能降耗一体化技术替代原有脱硫脱硝烟气治理工艺，取消蒸汽-烟气加热器（SGH）与烟气-烟气加热器（GGH），将浆液泵改为锅炉直喷。项目改造周期为 2 个月。

（3）节能减碳效果　改造前后能耗情况见表 4-1，按照每年工作 7900h 计算：

年节约电能：$(2355.84+120.16+265.6-45)kW\times7900h=2130.31$ 万 $kW\cdot h$

每年节省电费：2130.31 万 $kW\cdot h\times0.5$ 元/$(kW\cdot h)=1065.16$ 万元

折合年节约标煤：2130.31 万 $kW\cdot h\times0.325kgce/(kW\cdot h)=6923.51tce$

减排 CO_2：$6923.51tce/a\times2.7725t/tce=1.92$ 万 t/a

每年节约电能约 2130.31 万 $kW\cdot h$，节省电费 1065.16 万元，年节约标煤

6923.51tce，年减少 CO_2 排放量 1.92 万 t。

表 4-1 改造前后能耗情况

项目	原有工艺		ZYY(干法)工艺	
	运行总功率/kW	年电耗量/万 kW·h	运行总功率/kW	年电耗/万 kW·h
脱硫环节	2355.84	1861	45	35.55
脱硝环节	120.16	94.9		
湿电除尘环节	265.6	209.8	无	—
节电量	2130.31 万 kW·h			
节能率	98.3%			
年节约电费	1065.16 万元			
折合标煤	6923.51tce/a			
折合 CO_2 排放	1.92 万 t/a			

注：年运行时间 7900h，电价按 0.50 元/（kW·h）计算。

（4）投资回收期　该项目综合年效益合计为 1065.16 万元，总投入为 1530 万元，投资回收期约 17 个月。

案例二：河南省长葛市恒光热电有限责任公司发电分公司锅炉烟气脱硫脱硝超低排放和节能改造工程

（1）用户用能情况简单说明　河南省长葛市恒光热电有限责任公司发电分公司原使用 1×75t/h 生物质链排锅炉、1×65t/h 生物质循环流化床锅炉进行脱硫脱硝，脱硫环节运行总功率为 1374.3kW，年耗电为 1085.7 万 kW·h，脱硝环节运行总功率为 70.05kW，年耗电为 55.3 万 kW·h；湿电除尘环节运行总功率为 154.9kW，年耗电为 122.4 万 kW·h。

（2）实施内容及周期　运用 ZYY 炉窑烟气脱硫脱硝节能降耗一体化技术替代原有硫脱硝烟气治理工艺，取消蒸汽-烟气加热器（SGH）与烟气-烟气加热器（GGH），将浆液泵改为锅炉直喷。项目改造周期为 45 天。

（3）节能减碳效果　改造前后能耗情况见表 4-2，按照每年工作 7900h 计算：

年节约电能：（1374.3+70.05+154.9-30）kW×7900h=1239.71 万 kW·h

每年节省电费：1239.71 万 kW·h×0.5 元/（kW·h）=619.86 万元

折合年节约标煤：1239.71 万 kW·h×0.325kgce/（kW·h）=4029.01tce

减排 CO_2：4029.01tce/a×2.7725t/tce=1.12 万 t/a

每年节约电能约 1239.71 万 kW·h，节省电费 619.86 万元，年节约标煤

4029.01tce，年减少 CO_2 排放量 1.12 万 t。

表 4-2 改造前后能耗情况

项目	原有工艺		ZYY（干法）工艺	
	运行总功率/kW	年电耗量/万 kW·h	运行总功率/kW	年电耗/万 kW·h
脱硫环节	1374.3	1085.7	30	23.7
脱硝环节	70.05	55.3		
湿电除尘环节	154.9	122.4	无	—
节电量	1239.71 万 kW·h			
节能率	98.1%			
年节约电费	619.86 万元			
折合标煤	4029.01tce/a			
折合 CO_2 排放	1.12 万 t/a			

注：年运行时间 7900h，电价按 0.50 元/(kW·h) 计算。

（4）投资回收期 该项目综合年效益合计为 619.86 万元，总投入为 1030 万元，投资回收期约 20 个月。

6. 技术提供单位

山东巨亚环保科技股份有限公司自 1993 年进入节能环保领域，聚焦大气环境治理领域中工业锅炉烟气排放的综合治理，依靠自主研发的 ZYY（干法）炉窑烟气脱硫脱硝超低排放一体化专利技术，可提供从设计、生产到安装、调试的一站式服务，一体化完成锅炉的脱硫、脱硝，实现烟气的超低排放。该技术广泛适用于生物质、燃煤直燃发电，热电联产以及垃圾焚烧发电等行业。

该公司坚持以技术赢得市场、以服务深化合作的发展理念，至今已成为集技术研发、设备制造、营销服务为一体的综合型企业，与国网综合能源服务集团、中国核工业集团、中石油等大型央企国企以及优质的民营集团保持着持续稳固的合作关系，助力实现环保排放达标、节能降耗和经济社会效应双丰收。

联系人：李娜

联系方式：13910671624

4.1.2 高温热泵能质调配技术

1. 技术背景

（1）技术研究背景 热泵技术是指以消耗高品位能为代价，提高低温热能的品质。按热泵装置运行原理，可以分为压缩式热泵、蒸汽喷射式热泵、吸收式热泵、吸附式热泵、热电式热泵、化学热泵等。在众多热泵类型中，压缩式热泵是应用最为广泛的一种热泵类型，其利用机械功驱动工质循环流动，结构简单，体积小，维护费用低。根据制热温度，热泵可以划分为常温热泵（制热温度<50℃）、中高温热泵（50℃≤制热温度≤100℃）和高温热泵（制热温度>100℃）。由于高温热泵在工业及其他领域的良好应用前景，使其成为近年热泵行业研究的一个重要方向。

炼化工艺中的低温余热大多在80℃以下，属于低品位热源，其大部分热量直接通过水冷或者空冷排放到大气中，未被充分回收和利用，既造成能源浪费，又污染了环境。山东京博石油化工有限公司研发的高温热泵能质调配技术以低品质余热为热源，通过热泵机组产生高温位的蒸汽，供需热部位使用，取代原有蒸汽加热，既节约资源，又将余热回收，可以间接提高工业流程的能源利用率，具有显著的经济及社会效益。

（2）本技术的主要用途 高温热泵能质调配技术适用于炼厂低温余热回收节能技术改造。

2. 技术原理及工艺

制冷剂吸收低温热源的低品位热能，通过蒸发、压缩达到较高的温度和压力，随后进入冷凝器冷凝并将热量释放给散热器，冷凝后的制冷剂通过膨胀阀，压力降低，并再次返回蒸发器，至此完成一个循环。构成机械压缩式热泵的主要部件有蒸发器、压缩机、冷凝器、膨胀阀或节流阀等，采用的循环工质多为低沸点介质，如氟利昂、氨等。该技术是以低品质余热为热源，通过热泵机组产生高温蒸汽，供需热部位使用，取代原有蒸汽加热，回收空冷、水冷部位等低温余热，减少蒸汽使用量，达到减少能耗的目的。其技术原理及工艺流程如图4-2和图4-3所示。

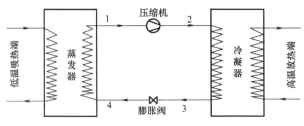

图4-2 高温热泵能质调配技术原理

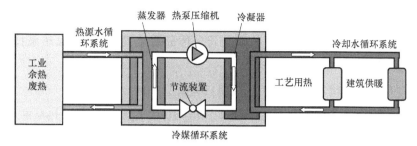

图4-3　高温热泵能质调配技术工艺流程

3. 技术特点与主要技术指标

（1）主要技术指标

1）120℃高温热泵：功率为527kW。

2）160℃超高温热泵：机组实验制热温度在160℃以上，COP = 3.46。

（2）技术创新点

1）根据运行工况合理地选择工质，并设计与之匹配的机组，使热泵经济、安全、环保、稳定地运行。

2）开发的新型有机混合工质BY-5，具有良好的高温特性。

3）该高温热泵的最高出水温度达130℃，提升温差可达50℃。

4）气分装置用热（蒸汽和热水）部位主要集中在对重沸器物料的加热上，经过核算和试验运行，可将200t/h热水部分余热提至实现对脱丙烷塔底重沸器的加热，从而取代部分蒸汽。

4. 行业评价

（1）获得奖项

1）该技术2019年入选工信部《国家工业节能技术装备推荐目录》和《国家工业节能技术应用案例与指南》。

2）该技术入选山东省工信厅发布的《山东省重点节能技术、产品和设备推广目录（第八批）》。

（2）科技评估情况　该技术于2018年12月16日通过了山东化学化工学会主办的科技成果评价（鉴定），会议认为："该项目开发的新型有机混合工质BY-5，具有良好的高温特性；该高温热泵的最高出水温度达130℃，提升温差可达50℃；当蒸发器侧的入水温度为80℃，出水温度为130℃时，冷凝压力仅为2.7MPa，COP可达2.5，具有较大的经济效益，具有较高的节能效果。"会议组专家一致认为该技术居国际先进水平。

5. 应用案例

案例一：山东京博石油化工有限公司气体分馏装置120℃高温热泵技术改造项目

（1）用户用能情况简单说明　该项目为新建项目。

（2）实施内容及周期　采用200t/h、90～100℃热水作为高温热泵的取热点，经过计算，将200t/h热水降至83～93℃即可满足需求。同时将重沸器作为冷凝器，利用热泵将工质温度提升至130℃，直接进入重沸器循环加热其中的物料。项目实施周期12个月。

（3）节能减碳效果　利用工艺废热作为热源，用527kW热泵将工质温度升至125℃，将闪蒸后产生的工质蒸汽给重沸器中的物料加热。改造后，据系统统计分析，年节蒸汽量为28800t，按蒸汽平均200元/t，年运行8000h，企业平均电价0.63元/（kW·h）计算：

年节省蒸汽费用：28800t×200元/t＝576万元

年用电增加费用：527kW×8000h×0.63元/（kW·h）＝265.61万元

综合年节约费用：576万元−265.61万元＝310.39万元

年节约标煤：28800t×0.0929tce/t−421.6万kW·h×0.340kgce/（kW·h）＝1242.08tce

减排CO_2：1242.08tce/a×2.7725t/tce＝3443.67t/a

每年节省蒸汽为28800t，节约费用310.39万元，年节约标煤1242.08tce，年减少CO_2排放量3443.67t。

（4）投资回收期　该项目综合年效益合计为310.39万元，总投入为293万元，投资回收期约11个月。

6. 技术提供单位

山东京博石油化工有限公司（以下简称"京博石化"），位于山东省滨州市博兴县经济开发区，是一家以石油化工为主业，集石油炼制与后续深加工为一体的大型民营企业，占地面积7400余亩（1亩＝667m²），综合加工能力超1800万t/a。1991年建厂，1998年确立以石油化工为主业，走多元化发展的道路，2000年企业由国有企业改制为民营企业，2013年投资2亿元成立研发中心，具备小试—中试—工程设计—产业化应用全流程创新能力和转化能力，产业涉及高效能燃料、高端化工品、高性能材料三大板块。通过"1520"工程，在全国范围内搭建13

大创新中心，整合国内外高校及科研院所技术资源，搭建产学研用一体化的产业技术创新平台，拥有 11 个省市级企业技术中心、3 个联合技术中心、9 个联合实验室、专利授权 579 件，先后获"中国化工企业 500 强第 10 位""中国石油和化工企业 500 强第 29 位""中国民营企业制造业 500 强第 70 位""第十八届全国质量奖""中国驰名商标""全国产品和服务质量诚信示范企业""节能减排突出贡献企业""科技进步企业奖""产学研合作创新奖""绿色工厂""五星级现场管理认定"等荣誉称号。

京博石化积极落实国家供给侧结构性改革和山东省新旧动能转换的要求，通过产品和产业结构调整，逐步从以炼油为主体的产业向炼油、化工、材料协同发展的产业进行转型升级，形成以科技创新、人力资源、现代金融三大支点的企业全要素经营的最佳实践，逐步推动以第二产业资源为支撑的服务商新业态的形成。

联系人：晋振东

联系方式：18954318630

邮箱：jinzhendong@ jbshihua. com

4.1.3　工业循环水余压能量闭环回收利用技术

1. 技术的主要用途

工业循环水余压能量闭环回收利用技术适用于煤化工、石油化工等行业大中型冷却循环水输送项目建设及节能技术改造。

2. 技术原理及工艺

以三轴双驱动能量回收循环水输送泵组为核心，采用液力透平回收回水余压能量装置，通过离合器直接传递到循环水泵输入轴上，减少电动机出力，实现电动机输出部分能量的闭环回收及循环利用，节能效果明显，延长了换热设备高效运行周期。工业循环水系统能量回收技术原理如图 4-4 所示，工艺流程如图 4-5 所示。

3. 技术特点与主要技术指标

（1）主要技术指标

1）循环水输送工序能耗：≤ 0.30kW · h/（t · hm）。该指标较 GB/T 29723.1—2013 煤矿主排水工序能耗等级指标一级能效值 0.390kW · h/（t · hm）

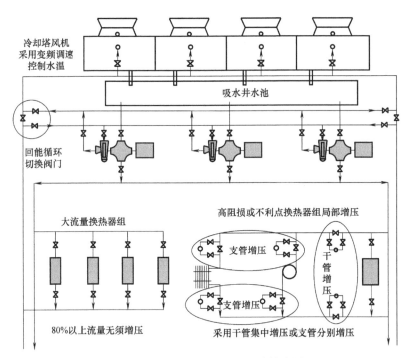

图 4-4   工业循环水系统能量回收技术原理

指标低约 23% 以上，较 GB/T 16666—2012 泵类液体输送系统节能监测合格指标值 0.466kW·h/(t·hm) 指标低约 35% 以上。

2）液体输送系统总效率 ≥90%。

（2）技术创新点

1）可实现回收能量直接高效利用。将常规单轴伸循环水泵改为双轴伸结构，通过创新设计的单向超越膜片联轴器或液压离合高弹联轴器，将能量回收液力透平机组与循环水泵和驱动电动机同轴系安装，开发出一种回收能量可直接利用的双驱动能量利用循环水泵机组（三轴能量回收循环水输送机组），实现了电动机输出部分能量的闭环回收及循环利用，从而实现循环水系统余压能量的直接高效利用。

2）可降低循环水输送系统散热负荷，降低补水消耗及冷却风机电能消耗。采用等压差流量调节替代高压差流量调节，减少循环水系统散热负荷，降低循环水补水消耗，同时降低冷却风机电耗。

4. 行业评价

该技术 2020 年入选工信部《国家工业节能技术装备推荐目录》和《国家工

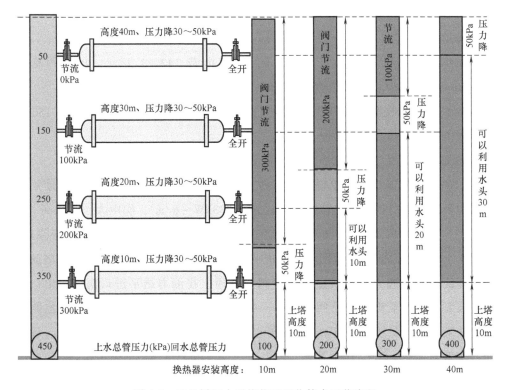

图 4-5 工业循环水系统能量回收技术工艺流程

业节能技术应用案例与指南》。

5. 应用案例

案例一：唐山建龙简舟钢铁公司焦耐厂循环水系统改造项目

（1）用户用能情况简单说明 新建工业循环水余压能量闭环回收系统。

（2）实施内容及周期 在 1#、2# 泵位置上安装双驱动回能循环泵组及控制系统，将回水上塔阀前总管与能量回收液力透平机组进水口阀门联通，将回水上塔阀后支管与能量回收液力透平机组出水口阀门联通。项目实施周期 12 个月。

（3）节能减碳效果 常规循环泵组及常规运行模式平均每小时耗电量462kW·h。改造后，据统计，采用双驱动回能循环水泵机组及回能循环运行模式，平均每小时耗电量为 180kW·h，按照每年工作 8400h，电价 0.6 元/(kW·h)计算：

每年节约电能：(462-180)kW×8400h＝236.88 万 kW·h

每年节省电费：236.88 万 kW·h×0.6 元/(kW·h)＝142.13 万元

折合年节约标煤：236.88 万 kW·h×0.325kgce/(kW·h) = 769.86tce

减排 CO_2：769.86tce/a×2.7725t/tce = 2134.44t/a

每年节约电能 236.88 万 kW·h，节省电费 142.13 万元，年节约标煤 769.86tce，年减少 CO_2 排放量 2134.44t。

（4）投资回收期　该项目综合年效益合计为 142.13 万元，总投入为 150 万元，投资回收期约为 13 个月。

案例二：山西立恒焦化一期净化循环水系统节能改造项目

（1）用户用能情况简单说明　山西立恒焦化一期净化循环水系统原使用循环泵组及常规运行模式，单位流量能耗为 0.233kW·h/m^3，噪声大、能耗高。

（2）实施内容及周期　拆除原设计 3#、4# 泵组，安装双驱动回能循环泵组，将回水上塔阀前总管与能量回收液力透平机组进水口阀门联通，将回水上塔阀后支管与能量回收液力透平机组出水口阀门联通。在液力透平进口阀前、出口阀后，设置液力透平机组旁路阀门管路，安装双驱动回能循环泵组及阀门控制系统，并安装增压泵组、铺设动力及信号电缆。进行参数显示实时曲线组态，设计循环水量为 8000m^3/h。项目实施周期 6 个月。

（3）节能减碳效果　改造后，据统计，采用双驱动回能循环水泵机组及回能循环运行模式，单位流量能耗降低到 0.124kW·h/m^3，实际节能率为 46.8%，按照每年工作 8400h，电价 0.6 元/(kW·h) 计算：

每年节约电能：(0.233-0.124)kW·h/m^3×8000m^3/h×8400h = 732.48 万 kW·h

每年节省电费：732.48 万 kW·h×0.6 元/(kW·h) = 439.49 万元

折合年节约标煤：732.48 万 kW·h×0.325kgce/(kW·h) = 2380.56tce

减排 CO_2：2380.56tce/a×2.7725t/tce = 6600.10t/a

每年节约电能 732.48 万 kW·h，节省电费 439.49 万元，年节约标煤 2380.56tce，年减少 CO_2 排放量 6600.10t。

（4）投资回收期　该项目综合年效益合计为 439.49 万元，总投入为 700 万元，投资回收期约为 19 个月。

6. 技术提供单位

唐山瓦特合同能源管理有限公司，成立于 2014 年 5 月，长期专注于工业循环冷却水系统节能降耗及提质增效技术研发，拥有丰富的装置现场运行实践经验，具备高级流体技术专家队伍及高效配套合作企业资源，已申请 3 项国家发明专利技术（授权 1 项、2 项实质审查）及 4 项实用新型专利技术。该公司获评河北省高新技术企业，是工业循环水输送泵组及管网系统节能降耗专业化节能服务公司。

联系人：李正荣

手机：13315508626

邮箱：lizhengrong777@163.com

4.2　余热余能再利用技术案例

4.2.1　反重力工业冷却水系统综合节能技术

1. 适用范围

反重力工业冷却水系统综合节能技术适用于工业冷却水节能技术改造。

2. 基本原理

将工业冷却水泵为了克服重力所产生的无效功耗，通过集成技术措施进行回收或利用。采用富余扬程释放技术、真空负压回收技术、系统流量匹配技术、冷却塔势能回收技术、功率因素提高技术，以安全高效生产为主线，进行系统能量利用效率优化提升，使冷却水系统运行过程与能量利用最佳结合。工业冷却水系统工艺如图 4-6 所示。

3. 技术功能特性

1）实现对管网进行实时数据采集，并进行大数据分析及负荷变化自动跟踪。

2）采用"纵向同程"技术改善末端供水不足问题。

3）提高电动机功率因数。

4. 节能减碳效果

在江苏天音化工股份有限公司的改造项目中，技术提供单位为江苏天纳节能科技股份有限公司。调试安装 200kW、185kW 的 FGGF 水泵能效控制柜，安装冷却塔 RTU 控制箱，利用昼夜温差和湿度控制差自动调整至最佳风电比高效点，安装 WISDOM 管理平台，将水泵能效控制柜、冷却塔 RTU 控制箱进行集中管理。改造后，年节约总电能 37 万 kW·h，折合年节约标煤 126tce，减排 CO_2 349.34t/a。该项目总投资约 65 万元，投资回收期约 2.5 年。预计未来 5 年，推

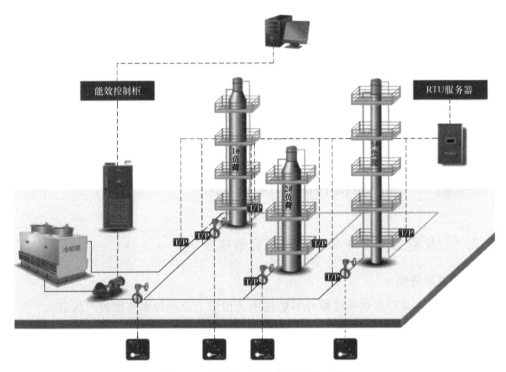

图 4-6　反重力工业冷却水系统工艺

广应用比例可达到 20%，可节能 6.8 万 tce/a，减排 CO_2 18.85 万 t/a。

4.2.2　工艺冷却水系统能效控制技术

1. 适用范围

工艺冷却水系统能效控制技术适用于工业冷却水节能技术改造。

2. 基本原理

通过实时测定循环水末端生产负荷变化、室外气象条件、循环水管网阻抗系数变化及耗能设备运行工况等相关参数，以满足生产热交换需求为控制目标，自动寻优最佳工况点。通过 PID 调节控制循环水系统中水泵、冷却塔、阀门等部件的运行参数和组合方式，在保证工艺需求的前提下达到系统整体能耗最低，从而实现节能效益的最大化。其工作原理如图 4-7 所示。

3. 技术功能特性

1）自动运行，通过智能化监控和大数据分析，实现早期预警，进一步提高系统安全性。

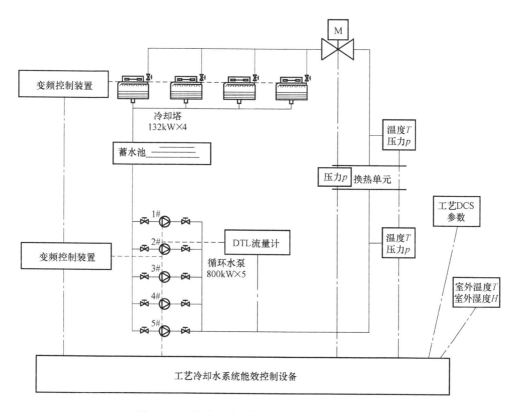

图 4-7　工艺冷却水系统能效控制技术工作原理

2）实时检测泵工作点和系统运行参数，按需供水，保证系统高效率。

3）与企业生产 DCS 系统的数据共享，实现"提前""精准"控制。

4. 节能减碳效果

山东荣信集团有限公司化产循环水改造项目，技术提供单位为淄博百时得能源环保科技有限公司。所有在用水泵增加变频器并加专用流量计，对水泵进行调速及计量；所有冷却塔风机增加变频器调速，对风机进行调速；增加传感器若干，增加电动调节阀，增加和 DCS 系统通信的设备及智能控制平台。改造完成后，整个循环水系统实现全自动运行，全年耗电量约 1415 万 kW·h，平均节电率达到 28%，全年节约总电能 396.2 万 kW·h，折合年节约标煤 1347.08tce，减排 CO_2 3734.78t/a。该项目总投入约 590 万元，投资回收期约 19 个月。预计未来 5 年，推广应用比例可达到 10%，可节能 10 万 tce/a，减排 CO_2 27.73 万 t/a。

4.2.3 工业蒸汽轮机通流结构技改提效技术

1. 适用范围

工业蒸汽轮机通流结构技改提效技术适用于工业热工系统（容量 50MW 以下蒸汽轮机）的节能技术改造。

2. 基本原理

在原高能耗工业汽轮机组的基础上，依据"能量守恒"定律，对其通流结构进行设计优化与技改实施。通过热力计算，增加原机组通流结构压力级、套缸体、优化叶片型线、更换汽封、优化喷嘴结构、配套隔板等辅助系统，使改造后的机组提升运行内效率，在同等工况条件下多做功、多出力、多产电，从而提升机组整体运行效率，创造节能效益与贡献社会效益。其技术原理如图 4-8 所示。

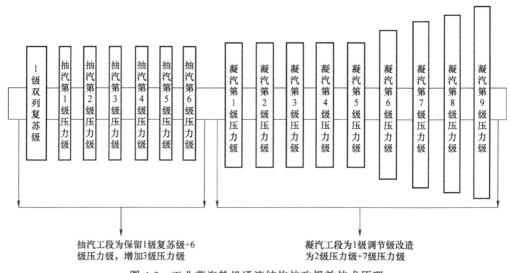

图 4-8 工业蒸汽轮机通流结构技改提效技术原理

3. 技术功能特性

1）保留原汽轮机组地面基础、调节和辅机系统不变，充分利用机组原有基础设施，进行通流结构技改提效，停机改造周期 40 天以内。

2）机组经改造后，在同等运行工况下，即机组在相同进汽压力、温度、流量的情况下，机组汽耗值同比例下降 8%～12%，发电量同步提升 8%～12%。

3）机组在改造过程中，对气缸本体进行检查与加固，对汽轮机转子和发电机转子进行动平衡试验、调节，并对辅机系统进行检修维护，机组经技改提效后，使用寿命达 25 年。

4. 节能减碳效果

菏泽富海能源发展有限公司 20MW 抽凝式汽轮机组通流结构技改提效 EMC 项目，技术提供单位为安徽誉特双节能技术有限公司。汽轮机上缸、下缸、转子总成、发电机转子拆除返厂加工改造，原通流结构转子总成第 8~14 级重新进行热力计算与配比，重新配置隔板、叶片等辅助结构；气封体由梳齿形结构进行改造，加密加长处理；第 2~7 级喷嘴组进行改造，重新配置。改造完成后，按照额定功率运行，每年按 7500h 计算，年节电量约为 1350 万 kW·h，折合年节约标煤 4590tce，减排 CO_2 12725.78t/a。预计未来 5 年，推广应用比例可达到 36%，可节能 20 万 tce/a，减排 CO_2 55.45 万 t/a。

4.2.4　石墨盐酸合成装置余废热高效回收利用技术

1. 适用范围

石墨盐酸合成装置余废热高效回收利用技术适用于石墨盐酸合成装置余废热回收利用领域节能技术改造。

2. 基本原理

通过研发高导热石墨材料，炉体分段结构设计等技术的应用，设计出副产段，采用纯水将氯化氢气体冷却的同时，利用合成反应热加热纯水副产出 0.8MPa 的蒸汽，供用户并网使用。其技术原理如图 4-9 所示。

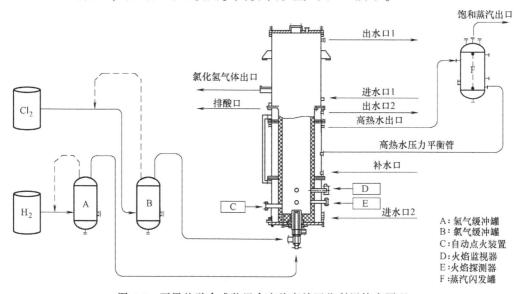

图 4-9　石墨盐酸合成装置余废热高效回收利用技术原理

3. 技术功能特性

1) 设计出石墨炉筒壁的多孔分布结构,提高水侧接触面积,有效提高了炉筒的热交换效率。

2) 石墨筒体内部开有环形螺旋结构,提高了氯化氢侧换热面积,提高单位产能及热能利用率。

3) 设计出环形腔体结构,增加水侧强制循环,解决横向孔中热水汽化造成的石墨爆裂问题。

4) 通过结构分段及补偿、水温控制、纵向双流程冷却回路等技术,解决了氯化氢合成过程中热量利用率低、钢制外壳和石墨筒体密封难等问题,实现了热量的高效利用。

4. 节能减碳效果

安徽华塑股份有限公司氯碱项目二期工程改造项目,技术提供单位为南通星球石墨设备有限公司。将 16 万 t/a 氢氧化钠、8 万 t/a 乙炔、18 万 t/a VCM、18 万 t/a PVC 及公辅工程装置改造为 5 套二合一石墨氯化氢合成炉及配套设备 EPC 工程。改造完成后,根据测算,折合年节约标煤 3330tce,减排 CO_2 9232.43t/a。投资回收期 6 个月。预计未来 5 年,推广应用比例可达到 30%,可节能 10 万 tce/a,减排 CO_2 27.73 万 t/a。

4.2.5 转炉烟气热回收成套技术开发与应用

1. 适用范围

转炉烟气热回收成套技术开发与应用适用于冶金行业转炉炼钢烟气热回收利用领域节能技术改造。

2. 基本原理

基于能量梯级利用原理和品位概念,结合有限元模拟计算分析,发明了转炉烟道汽化冷却优化用能关键技术,研制了一系列高效节能核心动力设备,发明了以随动密封和新型圈梁水冷结构为核心的长寿命节能型活动烟罩;基于有限元法数值模拟分析及实验研究,开发出固定段烟道单回程结构与烟道受热面合金喷涂方法相结合的镀膜新技术。其技术原理如图 4-10 所示。

3. 技术功能特性

1) 实现了汽化冷却系统能量合理分配和优化利用,降低系统能耗,使烟道

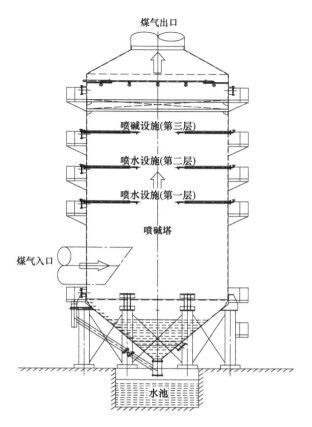

煤气出口

喷碱设施(第三层)

喷水设施(第二层)

喷水设施(第一层)

喷碱塔

煤气入口

水池

图 4-10　转炉烟气热回收成套技术开发
与应用技术原理

中末段寿命达到 8~10 年。

2）解决了汽化冷却系统蒸汽产量低、品质差的共性技术难题。

3）开发出固定段烟道单回程结构与烟道受热面合金喷涂方法相结合的镀膜新技术，使活动烟罩氮气消耗量减少。

4. 节能减碳效果

本钢板材股份有限公司 7 号转炉节能环保改造工程项目，技术提供单位为中冶京诚工程技术有限公司。该项目主要进行转炉汽化冷却系统升压、新技术应用及相关升级改造。改造完成后，年节约蒸汽 23.5 万 t，折合年节约标煤 2.18 万 tce，减排 CO_2 6.04 万 t/a。投资回收期 24 个月。预计未来 5 年，推广应用比例可达到 20%，可节能 51 万 tce/a，减排 CO_2 141.40 万 t/a。

4.2.6 球形蒸汽蓄能器

1. 适用范围

球形蒸汽蓄能器适用于钢铁冶金、火电、造纸等行业的蒸汽回收利用领域节能技术改造。

2. 基本原理

球形蒸汽蓄能器内贮有大量热水，只留一部分作为蒸汽空间。当转炉吹氧时，汽化冷却装置产生的多余蒸汽被引入球形蒸汽蓄能器内，容器里的压力开始升高，蒸汽在对球形蒸汽蓄能器内的水加热之后凝结成水，水位由于蒸汽的凝结而升高，完成了充热过程。在转炉非吹氧期或蒸发量较小的瞬间，用户继续用蒸汽时，球形蒸汽蓄能器中的压力下降，伴随部分水发生闪蒸以弥补产汽的不足，这时，球形蒸汽蓄能器中水位开始降低并实现了放热过程（向外供汽）。其技术原理如图 4-11 所示。

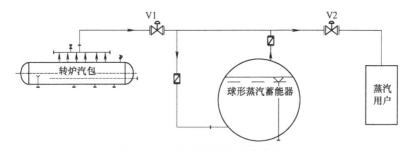

图 4-11　球形蒸汽蓄能器技术原理

3. 技术功能特性

1）首次在钢铁企业蒸汽蓄能器上使用球形罐体结构，实现了蒸汽蓄能器的大型、高效使用。与卧式蓄能器相比，占地面积小，散热比表面积小，运行可靠性高。

2）对球形蒸汽蓄能器的内部装置进行了系统创新，如充热放热装置、汽水分离装置、补水放水装置、内部支撑框架等。与卧式蓄能器相比，输出蒸汽工质质量明显提高，满足了蒸汽高附加值使用的要求。

3）球形蒸汽蓄能器的外部支撑结构满足大温差的工况。

4. 节能减碳效果

联峰钢铁（张家港）有限公司转炉余热回收项目，技术提供单位为中冶京诚工程技术有限公司。该项目建设 2 座 120t 转炉，配套建设 2 座转炉汽化冷却系统和 1 台容积 $400m^3$ 的球形蒸汽蓄能器及配套电气自控设施。改造完成后，年储存蒸汽折合标煤 1356tce，减排 CO_2 3759.51t/a。投资回收期 2 年。预计未来 5 年，推广应用比例可达到 30%，可节能 4.07 万 tce/a，减排 CO_2 11.28 万 t/a。

4.2.7 基于大型增汽机的热电厂乏汽余热回收供热及冷端节能系统

1. 适用范围

基于大型增汽机的热电厂乏汽余热回收供热及冷端节能系统适用于电力行业乏汽余热回收利用领域节能技术改造。

2. 基本原理

利用大型蒸汽增汽机（蒸汽喷射器），引射汽轮机低压缸排汽（乏汽），混合升压升温后的蒸汽作为加热蒸汽，进入热网凝汽器，加热热网循环水，回收利用乏汽余热。通过热网凝汽器、热网加热器，阶梯式逐级加热热网回水，达到供热所需温度后，向市政热网供热水。其工艺流程如图 4-12 所示。

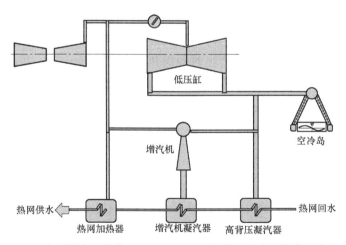

图 4-12 基于大型增汽机的热电厂乏汽余热回收供热及冷端节能系统工艺流程

3. 技术功能特性

1）系统简单，工艺流程短，能量传递损失小，热效率高，调节灵活，系统维护量小。

2）能量梯级利用完善、高效。

3）热网循环水的温度调节方便、灵活、准确。

4. 节能减碳效果

山西漳电国电王坪 2×210MW 电厂乏汽余热回收供热改造项目,技术提供单位为联合瑞升(北京)科技有限公司。王坪电厂进行热电联产改造,向怀仁县供热,替代分散的小型工业锅炉供热。整个供热改造工程完成后,年节约标煤 15.5 万 tce,其中"基于大型增汽机的乏汽供热节能系统"影响的标准煤耗占比为 36%左右,折合年节约标煤 5.58 万 tce,减排 CO_2 15.47 万 t/a。投资回收期 24 个月。预计未来 5 年,推广应用比例可达到 20%,可节能 421.6 万 tce/a,减排 CO_2 1168.89 万 t/a。

4.2.8 基于喷淋换热的燃煤烟气余热深度回收和消白技术

1. 适用范围

基于喷淋换热的燃煤烟气余热深度回收和消白技术适用于烟气余热深度利用与消白领域节能技术改造。

2. 基本原理

在湿法脱硫后的烟道中设置直接接触式喷淋换热器,脱硫塔出口的高湿低温烟气在喷淋换热器中与低温中介水直接接触换热,烟气温度降低至露点以下,烟气中的水蒸气冷凝,回收烟气的显热和潜热,同时回收水分,并吸收烟气中的 SO_2、NO_x 以及粉尘等污染物;中介水作为吸收式热泵机组的低温热源,在喷淋换热器中升温,在吸收式热泵机组中放热降温;吸收式热泵回收的热量提供给用户。其工艺流程如图 4-13 所示。

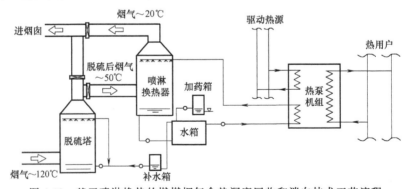

图 4-13 基于喷淋换热的燃煤烟气余热深度回收和消白技术工艺流程

3. 技术功能特性

1)回收余热的同时降低污染物排放浓度,且烟气冷凝水经处理后可回收利用，实现节能、节水、减排三重功效。

2）烟气降温后，其中水蒸气含量大幅降低，基本消除冒"白烟"现象。

3）烟气余热用于加热热网水，增加锅炉热效率，减少锅炉燃煤消耗，提高经济效益。

4）吸收式热泵根据供热工况设计，可适应采暖季工况变化，调节范围广。

5）采用直接接触式换热器，克服了烟气冷凝腐蚀问题，可延长设备使用寿命。

4. 节能减碳效果

北京燕山石化星城锅炉房烟气余热深度回收项目，技术提供单位为北京华源泰盟节能设备有限公司。系统安装 1 台 3MW 烟气余热回收专用机组（含热泵本体，1 台直接接触式喷淋换热器），原锅炉烟道分别安装 5 台锅炉烟气直接接触式喷淋换热器（喷淋塔），吸收锅炉烟气中的冷凝热。改造后，每年节约天然气 117 万 m^3，折合年节约标煤 1556.1tce，减排 CO_2 4314.29t/a。投资回收期约 3 年。预计未来 5 年，推广应用比例可达到 30%，可节能 60 万 tce/a，减排 CO_2 166.35 万 t/a。

4.2.9 天然气管网压力能回收及冷能综合利用系统

1. 适用范围

天然气管网压力能回收及冷能综合利用系统适用于天然气行业的压力能综合利用领域节能技术改造。

2. 基本原理

该系统由螺杆膨胀发电机组、热泵补热系统、冷能综合回收系统等组成。上游管线的高压天然气，经旁通管路进入螺杆膨胀发电机组，单级或双级等熵膨胀后进入下级城市管网。膨胀过程中螺杆膨胀机驱动发电机发出稳定电能。膨胀过程中产生的冷能经载冷剂循环系统输送到制冰、空调、冷冻、冷藏等用冷单元。热泵补热系统同时将天然气加热到规范要求。其技术原理如图 4-14 所示。

3. 技术功能特性

1）保持原"紧急切断阀 SSV+监控调压器 PCV+工作调压器 PCV"的三阀组调压管路部分不变，在原天然气进口总管处将天然气引入天然气螺杆膨胀发电机组，回气接在降压出口总管处。

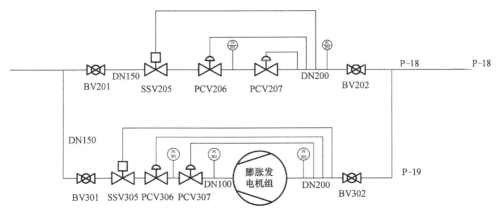

图 4-14　天然气管网压力能回收及冷能综合利用系统技术原理

2）与原管路并联，天然气螺杆膨胀发电机组的出口压力设置略高于原管线压力设定，确保天然气优先通过发电机组。一旦气量超过机组负荷，出口压力降低，原管线自动开启。

3）两级油分离器，一级油分离器内置三级分离，二级油分离器采用低温天然气专用高分子复合材料滤芯，分离效果可达千万分之一。

4）全合成油，不被天然气稀释，合适的黏度保证润滑、分离，微量油进入下端用户管网可完全燃烧，且不留灰烬。

5）采用制冰系统补热，主要由片冰机（或块冰机）、制冰机组、冰库等组成，位于非防爆的门站办公区域。制冰机组是一台双效机组，冷凝热用作天然气补热，同时生产附加值非常高的商品冰。

6）天然气螺杆膨胀发电机组与制冰系统由载冷剂循环系统衔接，特种载冷剂凝固温度低，不可燃，不挥发，安全低毒，防锈性能优良。

4. 节能减碳效果

衢州天然气浮石门站示范项目，技术提供单位为武汉新世界制冷工业有限公司。采用两级膨胀+分级补热方案。改造完成后，综合年节约标煤 783.25tce，减排 CO_2 2171.56t/a。投资回收期 3 年。预计未来 5 年，推广应用比例可达到 15%，可节能 1.16 万 tce/a，减排 CO_2 3.22 万 t/a。

4.2.10　焦炉上升管荒煤气高温显热高效高品位回收技术

1. 适用范围

焦炉上升管荒煤气高温显热高效高品位回收技术适用于冶金、焦化等行业的焦炉上升管荒煤气显热回收领域节能技术改造。

2. 基本原理

采用无应力复合间壁式螺旋盘管上升管换热器结构，对焦炉上升管内排出的 800℃ 高温荒煤气进行高效高品位显热回收，降温幅度为 150~200℃，回收热量可用于产生 ≥1.6MPa 饱和蒸汽，或对蒸汽加热至 400℃ 以上，或产生 ≥260℃ 的高温导热油，可替代脱苯管式加热炉。其技术原理如图 4-15 所示。

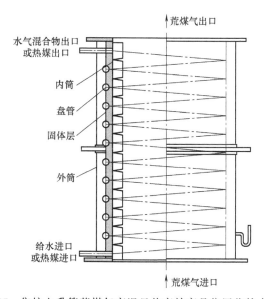

图 4-15　焦炉上升管荒煤气高温显热高效高品位回收技术原理

3. 技术功能特性

1）可直接产生中低压饱和蒸汽。

2）可产生高温导热油。

3）加热过热蒸汽。

4. 节能减碳效果

徐州华裕煤气公司改造项目，技术提供单位为南京华电节能环保设备有限公司。改造了 1 座焦炉的 65 孔上升管，将原焦炉的上升管更换为上升管换热器。采用导热油强制循环系统，回收上升管内荒煤气热量，采用导热油蒸发器产生 2.5MPa、250℃ 高品质过热蒸汽用于发电，降低荒煤气的排出温度，实现荒煤气余热回收的目的。主要设备包括上升管换热器、导热油蒸发器、导热油过热器、导热油强制循环泵、给水泵等。项目改造完成后，平均产汽量为 10t/h，按年运行 8760h 计算，年产蒸汽 87600t，折合年节约标煤 8138.04tce，减排 CO$_2$ 22562.72t/a。按蒸汽价格 110 元/t 计（未扣除减少喷氨增效部分），则 65 孔上升管的预期年效益为 963.6 万元。投资回收期 18 个月。预计未来 5 年，推广应用比例可达到 15%，可节能 4.82 万 tce/a，减排 CO$_2$ 13.36 万 t/a。

4.2.11 循环氨水余热回收系统

1. 适用范围

循环氨水余热回收系统适用于钢铁，焦化等行业的循环氨水余热回收领域节能技术改造。

2. 基本原理

采用一种直接以循环氨水作为驱动热源的溴化锂制冷机组，实现余热回收夏季制冷、冬季供暖，一方面实现荒煤气显热高效安全回收，另一方面还能改善现有生产工艺，提高产能，可完全满足焦化工艺冷需求，不但可以满足冬季厂区供暖，还可将余热向厂区外供暖。其工作原理如图 4-16 所示。

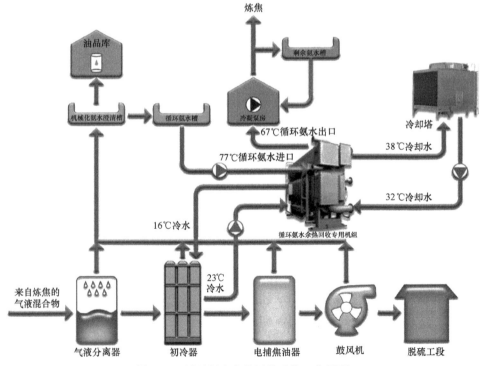

图 4-16　循环氨水余热回收系统工作原理

3. 技术功能特性

1）循环氨水喷洒温度从 77℃ 降低至 67℃，提高吸热能力。

2）初冷器前荒煤气温度从 82℃ 降低至 80℃，初冷器负荷降低，冷却循环水量减少，初冷器阻力降低。

3）初冷器后煤气温度降低，提高电捕除油效果，改善鼓风机运行工况。

4. 节能减碳效果

河南中鸿集团煤化有限公司项目，技术提供单位为松下制冷（大连）有限公司。安装相关循环水系统（冷水，冷却水）、机组及控制系统。改造后，年节省蒸汽 43200t，折合年节约标煤 4013.28tce，减排 CO_2 11126.82t/a。投资回收期 1 年。预计未来 5 年，推广应用比例可达到 50%，可节能 12.42 万 tce/a，减排 CO_2 34.43 万 t/a。

4.2.12　硫酸低温热回收技术

1. 适用范围

硫酸低温热回收技术适用于化工和冶金等行业的硫酸生产领域节能技术改造。

2. 基本原理

硫酸低温热回收技术采用高温高浓酸吸收，将吸收酸温提升到 180~200℃，硫酸浓度提升到 99% 以上，然后在系统中用蒸汽发生器替代循环水冷却器，将高温硫酸的热量传给蒸汽发生器中的水形成蒸汽。其工艺流程如图 4-17 所示。

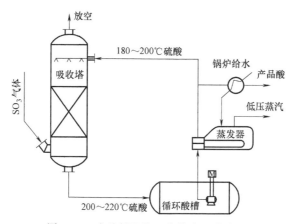

图 4-17　硫酸低温热回收技术工艺流程

3. 技术功能特性

采用高温高浓酸吸收，将吸收酸温提到 180~200℃，硫酸浓度提高到 99% 以上，然后在系统中用蒸汽发生器替代循环水冷却器。

4. 节能减碳效果

四川龙蟒磷化工有限公司 1100t/d 硫黄掺烧亚铁制酸低温热回收项目，技术提供单位为南京海陆化工科技有限公司。新建一台热回收塔与原有一吸收塔并联，烟气管道用插板阀切换，高温浓酸采用蒸发器降温，产出低压饱和蒸汽，蒸发器出口浓酸送至混合器，用低压喷射水调节酸的浓度。改造后，综合年节约标煤 2.38 万 tce，减排 CO_2 6.60 万 t/a。投资回收期 3 年。预计未来 5 年，推广应用比例可达到 30%，可节能 65.8 万 tce/a，减排 CO_2 182.43 万 t/a。

4.2.13　基于向心涡轮的中低品位余能发电技术

1. 适用范围

基于向心涡轮的中低品位余能发电技术适用于中低温热源回收利用领域节能技术改造。

2. 基本原理

采用有机朗肯循环（ORC）的热力学原理，将低品位余热转化为高品质清洁电能。其中，有机工质的应用，可适应余热资源的温度范围；向心涡轮技术的应用，大幅提高了系统发电效率及系统运行的可靠性。其工作原理如图 4-18 所示。

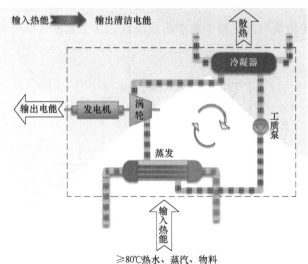

图 4-18　基于向心涡轮的中低品位余能发电技术工作原理

3. 技术功能特性

向心涡轮中低品位余能有机朗肯循环发电技术直接将废弃的余热转化为高品质电能，用户可以直接就地进行吸收。

4. 节能减碳效果

中国石油化工股份有限公司茂名分公司炼油 4 号柴油加氢余热发电项目，技术提供单位为北京华航盛世能源技术有限公司。本项目配置一套 HSRT 余热发电系统（包括 3 台向心式 ORC 低温发电机组，总装机容量 1950kW），可将精制柴油降温至 62℃，同时免除了所有空冷器耗电。改造完成后，年净发电量为 1247.4 万 kW·h，节约空冷器耗电量 378 万 kW·h，综合节电量为 1625.4 万 kW·h，折合年节约标煤 5526.36tce，减排 CO_2 15321.83t/a。投资回收期 36 个月。预计未来 5 年，推广应用比例可达到 15%，可节能 137.1 万 tce/a，减排 CO_2 380.11 万 t/a。

4.2.14　油田污水余热资源综合利用技术

1. 适用范围

油田污水余热资源综合利用技术适用于油田等行业的集输站库余热回收领域节能技术改造。

2. 基本原理

针对油田污水的特点、原油特性及集输系统用能特点，选取最优方案，确定最佳的参数，实现了出水 100℃以上的高温压缩式热泵工艺设计，优化了污水余热利用系统能流参数，形成了防聚合物堵塞技术、防污水腐蚀技术、防污水结垢技术三个技术系列。其工艺流程如图 4-19 所示。

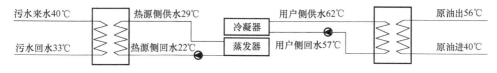

图 4-19　油田污水余热资源综合利用技术工艺流程

3. 技术功能特性

1）研发了"高温热泵+高效换热"为核心的油田污水余热综合利用技术。

2）研发了高温压缩式热泵污水余热利用系统优化技术。

3）确定了适合油田资源特点的热泵选型原则。

4）建立了油田污水余热综合利用模式。

4. 节能减碳效果

河口采油厂埕东联合站采出水余热利用项目，技术提供单位为中国石油化工集团胜利石油管理局有限公司新能源开发中心。采用 4.6MW 及 0.73MW 的两类热泵各一台，为来液、原油外输提供热量。改造后，综合年节约标煤 6982.5tce，减排 CO_2 19358.98t/a。投资回收期 58 个月。预计未来 5 年，推广应用比例可达到 30%，可节能 3.12 万 tce/a，减排 CO_2 8.65 万 t/a。

4.2.15 基于热泵技术的低温余废热综合利用技术

1. 适用范围

基于热泵技术的低温余废热综合利用技术适用于石化、钢铁、化工等行业的余热回收利用领域节能技术改造。

2. 基本原理

通过吸收式热泵技术，制出低温冷源，回收工艺装置余热；通过大温差输配，减少余热输配损失；通过吸收式换热，向用户传递热量，同时实现热量的品位匹配。其工艺流程如图 4-20 所示。

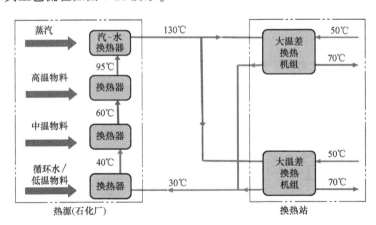

图 4-20　基于热泵技术的低温余废热综合利用技术工艺流程

3. 技术功能特性

1）取热方面，针对不同品位的余热废热，采用了余热梯级回收的模式，优化了取热流程。

2）在热量输配方面，采用大温差技术可以将一次网回水温度降至 30℃ 左右，供回水温差由 60℃增加到 110℃，解决了装置换热器由于回水温度高不能充分回收热量的难题。

3）在用热方面，加热热源（余热）的温度和热量与被加热热网温度和流量进行了合理的匹配，实现了余热的高效合理利用。

4. 节能减碳效果

燕山星城生活区锅炉烟气余热回收项目，技术提供单位为中国石油化工股份有限公司北京燕山分公司。加装烟气余热深度利用系统，进一步回收 5 台 20t/h 锅炉的烟气余热。以天然气为热源驱动该余热利用系统中的吸收式热泵，提取燃气锅炉烟气热量，使烟气释放其显热和潜热，温度降至 25℃左右，再通过烟囱排至大气。烟气释放的热量和燃气燃烧所产生的热量共同用于区域集中供热。改造前年天然气耗量 840 万 m³（标态），改造后约为 660 万 m³（标态），提高了天然气的利用效率，年节约天然气 180 万 m³（标态），折合年节约标煤 2394tce，减排 CO_2 6637.37t/a。投资回收期 15 个月。预计未来 5 年，推广应用比例可达到 20%，可节能 34 万 tce/a，减排 CO_2 94.27 万 t/a。

4.2.16 联碱工业煅烧余热回收应用于结晶冷却高效节能技术及装置

1. 适用范围

联碱工业煅烧余热回收应用于结晶冷却高效节能技术及装置适用于纯碱等行业的余热回收利用领域节能技术改造。

2. 基本原理

采用溴化锂装置制冷代替氨压缩机制冷，用于降低联碱结晶温度，回收利用煅烧系统炉气废热，同时降低煅烧后工序冷却负荷，达到能源再生和合理利用，降低系统能耗。采用预冷析装置，进一步降低冷 AI 温度，降低了结晶工段冷冻负荷，同时又解决了冷 AI 温度过低容易结晶堵塞换热器的问题。其工艺路线如图 4-21 所示。

3. 技术功能特性

利用溴化锂装置制冷代替传统氨压缩机制冷降低氯化铵结晶温度，溴化锂制冷机使用的热源为纯碱生产中煅烧系统炉气废热，同时回收煅烧系统炉气废热，从而减少煅烧后工序冷却负荷，达到能源合理利用，降低系统能耗。此外，取消氨压缩机制冷降温，解决液氨降温工艺带来的安全环保问题。

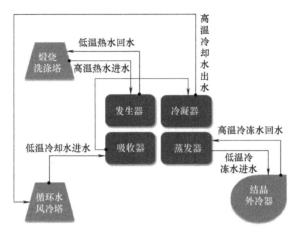

图 4-21　联碱工业煅烧余热回收应用于结晶冷却高效
节能技术及装置工艺路线

4. 节能减碳效果

安徽德邦化工有限公司改造项目，技术提供单位为连云港市福源德邦科技发展有限公司。安装两套热水型溴化锂制冷机组代替现有的冰机，并配置相应的冷却水风冷塔、冷冻水泵和冷却水泵；安装四套炉气洗涤塔，回收炉气余热，转化为高温热水供溴化锂机组使用；安装一套预冷析结晶系统，配套三台外冷器，配套三台 AI 轴流泵及三台母 II 轴流泵。改造前系统每小时耗电量为 4983kW·h，改造后每小时耗电量为 1623kW·h，全年以 8000h 计，年节约电能为 2688 万 kW·h，折合年节约标煤 9139tce，减排 CO_2 25337.88t/a。投资回收期 1.8 年。预计未来 5 年，推广应用比例可达到 40%，可节能 16.57 万 tce/a，减排 CO_2 45.94 万 t/a。

4.2.17　高密度相变储能设备

1. 适用范围

高密度相变储能设备适用于清洁集中供热及煤改电领域节能技术改造。

2. 基本原理

利用谷值电或清洁能源产生的电能，通过空气源热泵、水源热泵、电锅炉等电转热装置制热。换热介质将热量存储于该设备的高密度纳米相变储能材料中，待平峰时刻通过换热介质将设备中的热量释放出来，可用于用户供热及生活用水，平抑峰电电价。

3. 技术功能特性

1）无机/有机复合相变材料焓值高，密度高，稳定性好，每立方米储热量为650MJ，5000 次以上循环无衰变，物化性能优异。

2）设计换热器结构芯体，并采用智能制造生产线生产，设备使用寿命高。

3）储能系统终端智能芯片可实时采集温度、流量、热负荷等数据。

4. 节能减碳效果

天津滨海光热投资有限公司光热产业园相变储能供暖项目，技术提供单位为北京华厚能源科技有限公司。项目配置 2 台 960kW 电锅炉、26 套 RED-HOO 储能设备及 1 套 CLOUD-HOO 云端监控系统。改造后，综合年节约标煤 1020tce，减排 CO_2 2827.95t/a。投资回收期 30 个月。预计未来 5 年，推广应用比例可达到34%，可节能 3.53 万 tce/a，减排 CO_2 9.79 万 t/a。

4.2.18　锅炉烟气深度冷却技术

1. 适用范围

锅炉烟气深度冷却技术适用于锅炉烟气余热利用领域节能技术改造。

2. 基本原理

采用恒壁温换热器，控制换热面的壁面温度始终高于烟气的酸露点温度 10~15℃，从而解决了常规换热器低温腐蚀的问题，实现了烟气换热后温度的精准控制。使用该技术进行改造后，实现调节锅炉负荷波动时的烟气温度，确保经过低温热管换热器之后的烟气温度在一定范围内保持稳定，为后续除尘、脱硫、引风机等设备的运行提供稳定的工况，可提高锅炉的效率 2%~5%。其工艺流程如图 4-22 所示。

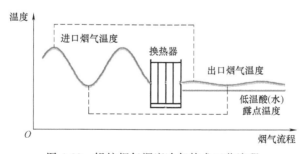

图 4-22　锅炉烟气深度冷却技术工艺流程

3. 技术功能特性

根据换热器的启动特性，可以合理地布置换热器换热面，保证经过换热器之后的烟气温度恒定在一定的范围。

4. 节能减碳效果

万华化学（烟台）氯碱热电有限公司 410t/h 锅炉尾部烟气余热利用项目，技术提供单位为云南丰普科技有限公司。对 3# 锅炉尾部烟气余热利用项目技术进行节能改造，安装恒壁温换热器组件，并将换热器进出口烟道进行对接，将恒壁温换热器水侧管路与锅炉水路系统进行对接。改造完成后，可提高锅炉的效率 2%~5%，综合年节约标煤 6600tce，减排 CO_2 1.83 万 t/a。该项目综合年效益合计为 473 万元，总投入为 630 万元，投资回收期约 16 个月。预计未来 5 年，推广应用比例可达到 10%，可节能 66 万 tce/a，减排 CO_2 182.99 万 t/a。

4.2.19 微型燃气轮机能源梯级利用节能技术

1. 适用范围

微型燃气轮机能源梯级利用节能技术适用于能源梯级利用节能技术改造。

2. 基本原理

以微型燃气轮机发电机组为核心，采用布雷顿循环，将高压空气送入燃烧室与燃料混合燃烧，燃烧后的高温高压气体进入涡轮做功发电，排出的高温烟气通过后端余热利用设备组成多能源输出的联供系统，进行能源梯级利用，可实时调节热电比，提高系统综合利用效率。其工作原理如图 4-23 所示。

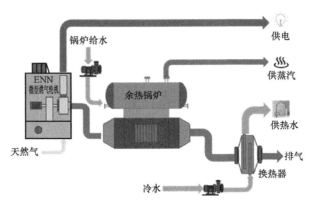

图 4-23　微型燃气轮机能源梯级利用节能技术工作原理

3. 技术功能特性

1）可使用多种气体燃料和液体燃料。

2）采用独特的空气轴承技术，系统内部不需要任何润滑，减少了维护成本。

3）发电效率可达 30%，用于热电联产和冷热电联供的综合能源利用率超过 80%。

4）可并网运行，也可独立运行，并且能够实现两种模式间自由切换。

5）排气温度在 270～650℃连续可调，灵活调节热电比例，对用户负荷波动适应性好。

4. 节能减碳效果

兰溪市贝斯特铝制品有限公司锅炉改造项目，技术提供单位为新奥能源动力科技（上海）有限公司。采用 1 台 E135 微型燃气轮机和 1 台 0.85t 余热锅炉热蒸汽联供系统，代替企业原有的燃煤蒸汽锅炉。改造完成后，年节电 56 万 kW·h，折合年节约标煤 182tce，减排 CO_2 504.60t/a。该项目综合年效益合计为 37.4 万元，总投入为 150 万元，投资回收期约 4 年。预计未来 5 年，推广应用比例可达到 15%，可节能 36 万 tce/a，减排 CO_2 99.81 万 t/a。

4.2.20　工业燃煤机组烟气低品位余热回收利用技术

1. 适用范围

工业燃煤机组烟气低品位余热回收利用技术适用于工业燃煤机组烟气余热利用领域节能技术改造。

2. 基本原理

采用燃煤烟气湿法脱硫系统余热回收技术，在湿法脱硫塔内设置若干间接取热装备，对湿法脱硫后饱和烟气、脱硫浆液或脱硫塔进口原烟气进行间接换热，回收湿法脱硫系统中气液两相的低品位余热，并将回收热量用于锅炉送风预热或锅炉除氧器补水预热，降低燃煤机组煤耗量。其工艺流程如图 4-24 所示。

3. 技术功能特性

1）采用原烟气取热器、浆液取热器和净烟气取热器，对湿法脱硫系统不同温度区间的气、液余热进行回收，大幅提高烟气余热回收率。

2）可将三级取热设备串联连接，使低温区间取热设备的出口介质作为高温区间取热设备的进口取热介质，逐级提高换热液的温度，回收余热利用范围广。

3）将湿法脱硫净烟气取热过程中产生的凝结水单独回收作为湿法脱硫装置的制浆用水，降低湿法脱硫系统耗水量。

4. 节能减碳效果

新疆天富能源售电公司 330MW 机组燃煤烟气低品位余热回收利用节能改造

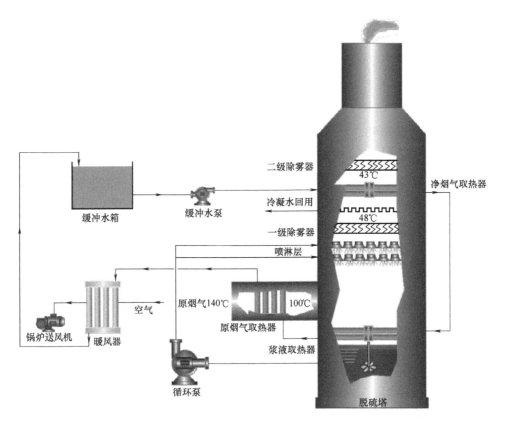

图 4-24 工业燃煤机组烟气低品位余热回收利用技术工艺流程

项目,技术提供单位为新疆天富能源股份有限公司。对新疆天富能源售电有限公司 3#330MW 机组的浆液取热系统、锅炉进风系统等进行余热回收改造。改造后,3#机组煤耗下降 5.3gce/(kW·h),年发电量 21.9 亿 kW·h,折合年节约标煤 1.16 万 tce,减排 CO_2 3.22 万 t/a。该项目综合年效益合计为 470 万元,总投入为 570 万元,投资回收期约 1.2 年。预计未来 5 年,推广应用比例可达到 10%,可节能 100 万 tce/a,减排 CO_2 277.25 万 t/a。

4.2.21 电厂用低压驱动热泵技术

1. 适用范围

电厂用低压驱动热泵技术适用于热电厂节能技术改造。

2. 基本原理

采用多级发生、多级冷凝的串联方式,构成溶液循环回路;各级冷凝器、节

流装置、蒸发器、冷剂泵等部件之间通过管路连接，构成冷剂循环回路；各级发
生器和相应冷凝器互相连通，分别构成高压冷剂蒸汽流动通道；吸收器和蒸发器
互相连通，构成低压冷剂蒸汽流动通道；用热源加热溴化锂稀溶液，产生冷剂蒸
汽，稀溶液逐级浓缩后变成浓溶液；各级发生器产生的冷剂蒸汽的冷却，使冷剂
蒸汽凝结成液态冷剂水，并用冷凝过程中放出的热量来加热热水冷却水；吸收器
用于溴化锂浓溶液吸收来自蒸发器的低压冷剂蒸汽，浓溶液稀释成稀溶液，并用
吸收过程中放出的热量来加热热水冷却水；蒸发器用于低压液态冷剂水从低温热
源（冷水）吸热后蒸发，产生出低压冷剂蒸汽，回收低温热源的热量。其工艺
流程如图 4-25 所示。

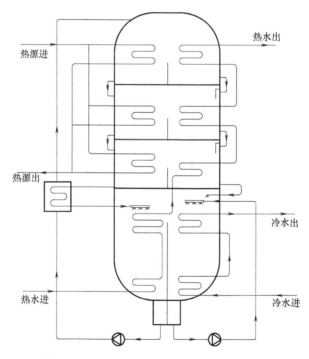

图 4-25　电厂用低压驱动热泵技术工艺流程

3. 技术功能特性

采用多级发生、多级冷凝的吸收式热泵新流程，热泵由多级发生/冷凝器、
吸收器、蒸发器、溶液换热器、溶液泵、冷剂泵以及各类连接管路和附件组成。
其优势主要体现在可以利用较低温度的热源或者同时利用不同品质的热源进行加
热，产生较高温度的热水/冷却水。

4. 节能减碳效果

鹤壁煤电股份有限公司热电厂超低压驱动型吸收式热泵循环水余热利用改造项目，技术提供单位为北京华源泰盟节能设备有限公司。利用厂区内现有场地，建设一座热泵厂房，设计安装 5 台热泵机组，回收汽轮机组的循环水余热。运行时余热回收机组作为一级加热，承担基本负荷，原热网加热器作为二级加热，进行调峰。改造后，可实现系统供热能力 330MW，可供热 716 万 m^2，其中回收余热 69MW，增加供热面积 150 万 m^2，年回收余热 71.7 万 GJ，折合年节约标煤 2.16 万 t，减排 CO_2 5.99 万 t/a。该项目综合年效益合计为 2151 万元，总投入为 6282 万元，投资回收期约 3 年。预计未来 5 年，推广应用比例可达到 30%，可节能 58 万 tce/a，减排 CO_2 160.81 万 t/a。

4.2.22　旋转电磁制热技术

1. 适用范围

旋转电磁制热技术适用于供热行业节能技术改造。

2. 基本原理

运用永磁旋转磁场切割导体产生的磁滞、涡流以及二次电流产生的热功率，高效地将热能传给流体媒质使其快速升温，产生不高于 100℃ 的流体媒质，在 −40~40℃ 的环境温度下保持 98% 以上的热效率。相比于传统的供热锅炉技术，该技术具有显著的阻垢抑垢和缓蚀效果，节能效果明显。其技术原理如图 4-26 所示。

3. 技术功能特性

该技术具有热效率高、无污染、无人值守、用途广泛等特点，可用于食品、制药、建材、采油、污水处理等领域。

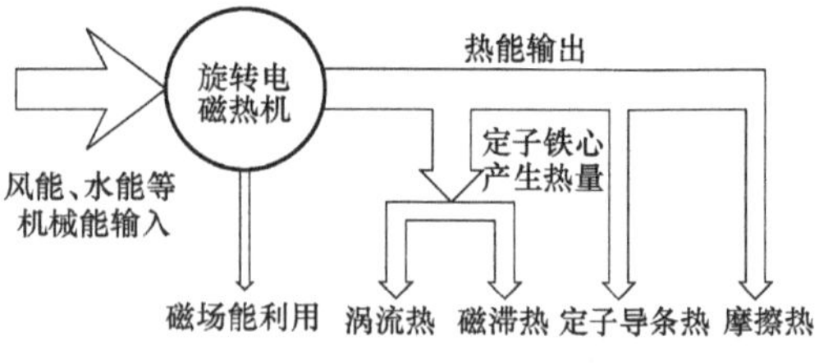

图 4-26　旋转电磁制热技术原理

4. 节能减碳效果

齐齐哈尔市拜泉县上升乡政府供热改造工程，技术提供单位为东莞市呈禾信电磁科技有限公司。拆除原有燃煤供热锅炉 1 台，安装 3 台 37kW 旋转电磁热机并联运行进行供热，室温稳定在 18℃ 左右。改造完成后，综合年节约标煤 84tce，减排 CO_2 232.89t/a。该项目综合年效益合计为 28 万元，项目总投入为 18 万元，投资回收期约 8 个月。预计未来 5 年，推广应用比例可达到 10%，可节能 9.5 万 tce/a，减排 CO_2 26.34 万 t/a。

4.2.23　低温空气源热泵供热技术

1. 适用范围

低温空气源热泵供热技术适用于各行业生活供热节能技术改造。

2. 基本原理

采用喷气增焓技术，将空气中低位能，通过压缩机转变为高位能产生热量，实现生活供热。该技术相比电锅炉、电暖气等节电效果明显，同时采用霜水处理技术，解决了低温环境下普通机型蒸发器霜水堆积结冰的难题，节能效果显著。其技术原理如图 4-27 所示。

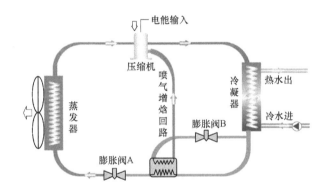

图 4-27　低温空气源热泵供热技术原理

3. 技术功能特性

1）与普通空气源热泵相比节能 12% 以上。

2）机器运行稳定，寿命长。

3）机组采用四通阀换向和冷凝余热双段热气旁通等多重化霜技术，减少了机组结霜频次，提高了化霜速度。

4）单个线控器可控制多台机组、压缩机递次起动和停止。

5）蒸发器采用内平片外波纹设计，面积更大。铝箔采用纳米技术的亲水涂层，污物不易附着，耐蚀性强。

4. 节能减碳效果

大北农实业公司办公、住宿、生产车间供暖系统升级改造项目，技术提供单位为银川艾尼工业科技开发股份有限公司。将原有的 2 台 2t 的燃气锅炉进行改造，采用 3 台 DKFXLN-50SII和 1 台 DKFXLN-25SII超低温空气源热泵系统供暖制冷方案及配套产品。改造后，综合年节约标煤 45tce，减排 CO_2 124.76t/a。该项目综合年效益合计为 50 万元，总投入为 85 万元，投资回收期约 1.7 年。预计未来 5 年，推广应用比例可达到 40%，可节能 9.8 万 tce/a，减排 CO_2 27.17 万 t/a。

4.2.24 双源热泵废热梯级利用技术

1. 适用范围

双源热泵废热梯级利用技术适用于低温热水供应领域节能技术改造。

2. 基本原理

通过双源热泵充分利用洗浴废水废热制取热水。废热水通过换热器，将冷水从 8~15℃提升至 28℃左右，再经水源热泵（或空气源热泵）冷凝器二级加热，达到 45℃左右，系统实现了废热水的废热梯级利用、水源与空气源互补，全年平均 COP 达 5.5，节能效果显著。其工艺流程如图 4-28 所示。

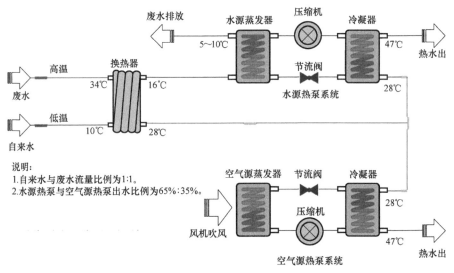

图 4-28　双源热泵废热梯级利用技术工艺流程

3. 技术功能特性

1）具有空气源、水源两种制热水模式。

2）废热水作为主要热源，不受季节、环境影响，一年四季均可正常运行，产水量稳定，可靠性高。

4. 节能减碳效果

淮阴师范学院学生浴室节能改造项目，技术提供单位为江苏恒信诺金科技股份有限公司。使用双源热泵废热梯级热水系统制取热水供学生洗浴。改造前煤耗 0.40kg/(t·℃)，改造后降为 0.11kg/(t·℃)，折合年节约标煤 425tce，减排 CO_2 1178.31t/a。该项目综合年效益合计为 116 万元，总投入为 368 万元，投资回收期约 3.2 年。预计未来 5 年，推广应用比例可达到 10%，可节能 9 万 tce/a，减排 CO_2 24.95 万 t/a。

4.2.25　中央空调热水锅炉

1. 适用范围

中央空调热水锅炉适用于空调设备的节能技术改造。

2. 基本原理

采用中央空调余热多级回收制热水技术，将排到大气中的废热转变为可再生能源二次利用。在中央空调机组上安装一个高效的热回收设备及热泵接驳装置，利用高温的冷媒与自来水进行热交换，自来水通过多级热量回收中央空调高温冷媒的热量，可提供 55~80℃ 的热水，在制冷时降低了冷凝压力，同时提高机组制冷效果和制冷机组的效率，降低了空调机组电耗。其工作原理如图 4-29 所示。

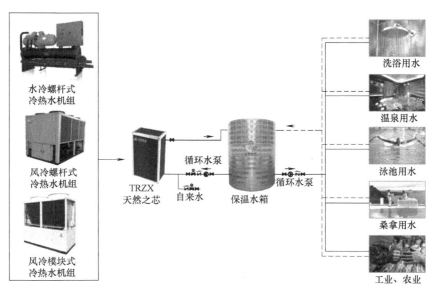

图 4-29　中央空调热水锅炉工作原理

3. 技术功能特性

配备智能调控面板，对空调系统各部分温度进行严密把控。根据实时工况对各部件进行动态调节，可实现系统过热保护和出热水量的精确控制。

4. 节能减碳效果

普宁金懋大酒店改造项目，技术提供单位为珠海天然志富科技有限公司。拆除热水锅炉，保留其配套的蓄水箱，在其中 3 台热泵机组安装废热回收装置，增加 1 套智能控制面板，在蓄水箱加装循环水泵。改造完成后，每年可节约电能 52 万 kW·h，折合年节约标煤 169tce，减排 CO_2 468.55t/a。该项目综合年效益合计为 12 万元，总投入为 28 万元，投资回收期约 2.3 年。预计未来 5 年，推广应用比例可达到 15%，可节能 21.5 万 tce/a，减排 CO_2 59.61 万 t/a。

第5章

智能物联网管理系统节能技术

5.1　典型技术案例解析

5.1.1　基于物联网控制的储能式多能互补高效清洁太阳能光热利用系统

1. 技术背景

（1）技术研究背景　我国太阳能资源丰富，特别是北方地区，太阳光照充足、住宅区域较分散，可充分利用太阳能资源实现清洁高效供热。但是，太阳能光热利用易受晴、阴、云、雨等随机因素的影响，供热效率和效果的稳定性不易保证。因此，要实现太阳能高效供热，不仅要研究光热效率问题，还要解决热能储备和智能化实时控制问题。

针对上述问题，汉诺威智慧能源科技（内蒙古）有限公司研发的"基于物联网控制的储能式多能互补高效清洁太阳能光热利用系统"技术，包含高效抗冻真空聚能太阳能集热器、高容量热储能复合新材料、精准单向热水回流控制技术、多能互补系统和智能物联网大数据管理服务平台等多项关键技术。当太阳能资源充足时，全玻璃真空高效集热器将太阳能转换成热能供给用热末端，并将一部分热能储存到储热器中；当太阳能不足时，储热器开始将储存的热能补供给用热末端；当遇到太阳能严重不足的极端阴冷天气时，辅助能源系统将作为补充能源供给用热末端；同时，运用物联网技术对用热末端进行自动化、智能化供热控制，不仅实现了对采暖温度、系统供热量、用电量、谷电利用率、系统综合能效比等数据的远程采集与分析，还可通过建立的智能物联网管理平台，实现在线诊断、预警与能源信息化管控。系统运行稳定、供暖舒适度高、供暖效率极高、能耗极低，解决了清洁能源改造过程中，对多能互补系统的能耗数据监测管理、系统运行状况监测、设备故障预警分析的数据盲区以及多能互补项目的现场运维的困难。

（2）本技术的主要用途　基于物联网控制的储能式多能互补高效清洁太阳能光热利用系统适用于矿区、冶金、化工等工业领域以及产业园区、商用建筑、公共建筑以及工农业热利用等行业的供热节能技术改造。

2. 技术原理及工艺

（1）技术原理　采用全玻璃真空高效集热器将太阳能转换为热能，利用高容量热储能复合新材料技术、精准单向热水回流控制技术、多能互补系统和智能物联网管理平台等关键技术，稳定、高效、持续向用热末端供热。全玻璃真空高效集热器将太阳能转换成热能供给用热末端，并将一部分热能储存到储热器中；当太阳能不足时，储热器开始将储存的热能供给用热末端；当遇到太阳能严重不足的极端阴冷天气时，因地制宜，选择太阳能、空气能、地热能、生物质能等多种清洁能源作为辅助能源，给用热末端供热。同时运用物联网技术对供热过程进行供热控制，实现远程对采暖温度、系统供热量、用电量、谷电利用率、系统综合能效比等数据进行采集与分析，并通过已经建立的智能物联网管理平台，实现在线诊断和能源信息化管控。其技术原理如图5-1所示。

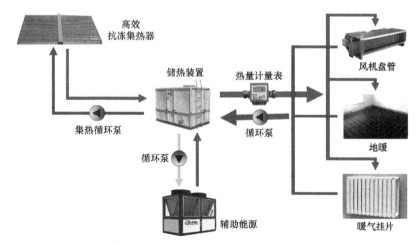

图5-1　基于物联网控制的储能式多能互补高效清洁太阳能光热利用系统的技术原理

（2）工艺流程　通过太阳能全玻璃真空高效集热器把太阳能转换成热能并

储存在储能装置内，采用智能控制、远程控制与远程诊断等物联网技术，将热能通过管网输送到用热末端，可供冬季采暖、夏季制冷、全年生活用热水。其工艺流程如图 5-2 所示。

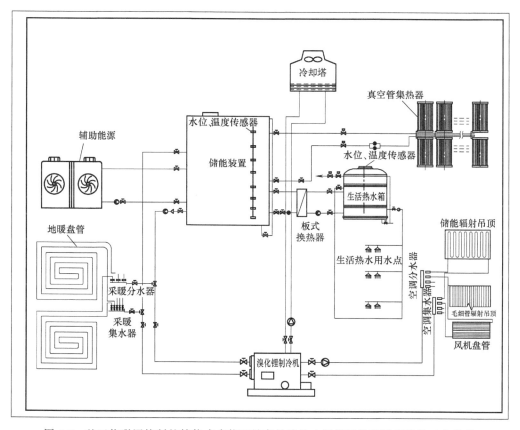

图 5-2　基于物联网控制的储能式多能互补高效清洁太阳能光热利用系统的工艺流程

3. 技术特点与主要技术指标

（1）主要技术指标

1）单位面积日均耗电量：0.059kW·h。

2）谷电利用率：56.6%。

3）系统能效比：12.77。

（2）技术创新点

1）研制了一种全玻璃真空高效集热器，集热管的吸热比高、发射比低，可有效收集多种波段太阳光的热量，并能大幅度提高光热转换效率。

2）研发了一种绿色建筑用高容量热储能复合新材料，充分利用相变储能材料的特性，可高效储热和传热。

3）研发了一种精准单向热水回流控制技术，当外界温度低于管内水温时，可自动输送集热管及室外管道内的热水回流到储热装置。

4）研发了一种多能互补系统，因地制宜选择空气源热泵或电锅炉或燃气锅炉等提供辅助补充热能，当遇到太阳能严重不足的极端阴冷天气时，辅助能源系统将作为补充能源给用热末端供热，保证满足用户的用热需求。

5）设计了物联网智能管理平台，以大数据为基础建设智慧能源数字中心，为用户提供在线诊断、能耗分析、远程控制等服务。

4. 行业评价

（1）获得奖项

1）该技术 2019 年入选工业和信息化部《国家工业节能技术装备推荐目录》和《国家工业节能技术应用案例与指南》。

2）该技术 2020 年荣获由中国机械工业联合会、中国机械工程学会联合颁发的"中国机械工业科学技术奖"科技进步奖二等奖。

（2）科技评估情况　该技术 2020 年 4 月 29 日通过了中国机械工业联合会主办的科技成果评价（鉴定），会议认为："该成果取得了显著的节能减排经济效益和社会效益，符合低碳能源利用及能源数字化转型的发展趋势，成果总体上达到了国际领先水平。"

5. 应用案例

案例一：山西省阳曲县北小店乡政府太阳能光热+多能联动采暖系统供热改造项目

（1）用户用能情况简单说明　北小店乡基本是电锅炉进行采暖，用一套 0.7MW 电锅炉对 2100m² 建筑进行冬季采暖，供暖时间 180 天，据统计，整个采暖季总耗电量为 68.04 万 kW·h，耗电量大，用户使用电锅炉供热，存在使用费用高、火灾意外事故比较多等问题，亟须改造。

（2）实施内容及周期　采用基于物联网控制的储能式多能互补高效清洁太阳能光热利用系统替代 0.7MW 电锅炉对 2100m² 建筑进行供热，采暖季室内温度保持在 18~24℃。项目实施周期 1 个月。

（3）节能减碳效果　改造前电锅炉一个采暖季总耗电量为 680400kW·h，

改造完成后，系统总耗电量为 64440kW · h，如表 5-1 所示。电费按照 0.68 元/（kW · h）计算：

每年节约电能：680400kW · h−64440kW · h＝61.60 万 kW · h

每年节省电费：61.60 万 kW · h×0.68 元/（kW · h）＝41.9 万元

折合年节约标煤：61.60 万 kW · h×0.340kgce/（kW · h）＝209.44tce

减排 CO_2：209.44tce/a×2.7725t/tce＝580.67t/a

每年节约电能 61.60 万 kW · h，节省电费 41.9 万元，年节约标煤 209.44tce，年减少 CO_2 排放量 580.67t。

表 5-1 基于物联网控制的储能式多能互补高效清洁太阳能光热利用系统

与电锅炉系统能效对比

能效对比	基于物联网控制的储能式多能互补高效清洁太阳能光热利用系统	电锅炉系统
采暖季运行使用天数	180	180
采暖季运行总耗电量/kW · h	64440	680400
设备使用寿命/年	20	8~10
当地电价（考虑增长因素）/[元/（kW · h）]	0.68	0.68
每年耗电费用/元	43819.2	462672
与电锅炉系统比较回收期/年	2.4	—

（4）投资回收期 该项目综合年效益合计为 41.9 万元，总投入为 115.5 万元，投资回收期约 17 个月（2.76 个采暖季）。

案例二：山西阳曲县杨兴乡供暖改造项目

（1）用户用能情况简单说明 杨兴乡政府办公楼、职工宿舍、食堂、值班室都是采用电锅炉对 1900m² 建筑进行冬季采暖，供暖时间 180 天，根据统计，整个采暖季总耗电量为 61.56 万 kW · h。

（2）实施内容及周期 2018 年 11 月杨兴乡政府采用基于物联网控制的储能式多能互补高效清洁太阳能光热利用系统替代电锅炉对 1000m² 的三层砖混结构政府办公楼和 900m² 的职工宿舍进行供暖，保证库房、卫生间温度保持 14~16℃，其余室内温度保持在 18℃ 左右恒温。项目改造周期 1 个月。

（3）节能减碳效果 改造前电锅炉一个采暖季总耗电量为 615600kW · h，改造完成后，系统总耗电量为 78660kW · h，如表 5-2 所示。电价按照 0.68 元/（kW · h）计算：

每年节约电能：615600kW·h−78660kW·h=53.69万kW·h

每年节省电费：53.69万kW·h×0.68元/(kW·h) = 36.51万元

折合年节约标煤：53.69万kW·h×0.340kgce/(kW·h) = 182.55tce

减排CO_2：182.55tce/a×2.7725t/tce=506.14t/a

每年节约电能53.69万kW·h，节省电费36.51万元，年节约标煤182.55tce，年减少CO_2排放量506.14t。

表5-2　基于物联网控制的储能式多能互补高效清洁太阳能光热利用系统
与电锅炉系统能效对比

能效对比	基于物联网控制的储能式多能互补高效清洁太阳能光热利用系统	电锅炉系统
采暖季运行使用天数	180	180
采暖季运行总耗电量/kW·h	78660	615600
设备使用寿命/年	20	8～10
当地电价(考虑增长因素)/[元/(kW·h)]	0.68	0.68
每年耗电费用/元	53496	418608
与电锅炉系统比较回收期/年	2.6	—

（4）投资回收期　该项目综合年效益合计为36.87万元，总投入为104.5万元，投资回收期约17个月（2.86个采暖季）。

6. 技术提供单位

汉诺威智慧能源科技（内蒙古）有限公司（以下简称汉诺威公司），成立于2008年，是一家以清洁能源、新材料、高效节能技术研发和应用为主的高新技术企业，由国家"千人计划"特聘专家、全国和内蒙古自治区三八红旗手、自治区"草原英才"专家千人计划、国务院侨办"重点华人华侨创业团队"负责人栗世芳等多名海归博士组成的高级技术、管理团队创办。经过多年不断努力，汉诺威公司被中国留学人员回国创业专家委员会授予"最具成长潜力的留学人员创业企业"、内蒙古自治区人才工作协同小组授予"内蒙古自治区产业化创业人才团队"、国务院侨务办公室授予"重点华侨华人创业团队"等荣誉称号。

汉诺威公司已经建成了产、学、研一体化的示范性清洁能源、新材料、节能环保产业基地，占地面积3万多平方米，公司固定资产约1.5亿元。汉诺威公司从2011年至今主持实施过15个国家及省部级重大科技课题及产业化应用项目，主持及参与制修订行业标准10项；拥有核心专利技术30多项，其中绿色建筑高容量热储能复合新材料、真空绝热保温板、智能控制大数据算法、高效耐寒太阳能集热器、抗冻空气源热泵等核心技术达到国内领先水平。

联系人：祖慧茹

联系方式：13789725408

5.1.2 基于电磁平衡原理、柔性电磁补偿调节的节能保护技术

1. 技术背景

（1）技术研究背景 我国电力应用中常见的电能质量问题主要有谐波，三相不平衡、功率因数低、电压波动（过压、欠压）、电压闪变、电压暂升、电压暂降、电流瞬变、频率偏移等，其中，谐波与电压瞬变是最为突出的两个电能质量问题。每年因电能质量扰动和电气环境污染引起的经济损失巨大。

目前，国际上电能使用率在 56% 左右，而我国电能使用效率只有 35% 左右，重要的原因就是电能质量低所致。如果全国大范围提高电能质量，以此提高电能的使用效率，将对节能减排起到非常重要的作用。深圳市华控科技集团有限公司研发的"基于电磁平衡原理、柔性电磁补偿调节的节能保护技术"解决了传统末端节能节电过程中节电效果难以确定、节电功能单一、连续性稳定性差、电磁兼容性差、安装烦琐、故障率高、自身电污染严重等困难，具有重大的经济和社会意义。

（2）本技术的主要用途 基于电磁平衡原理、柔性电磁补偿调节的节能保护技术适用于变压器高低压配电系统整体节能技术改造。

2. 技术原理及工艺

应用电磁平衡、电磁感应以及电磁补偿原理，利用电磁移相、电磁储能、电感"通直阻交、通低阻高"的特性，实现动态调整和稳定三相电压，滤除谐波。通过能耗在线监测以及特有的柔性补偿调节技术，利用大数据智能分析、优化控制策略，从而提高电能质量，净化电网，降低电能损耗。根据不同行业电能质量情况，节电率为 7%～15%。

在不改变企业原有的生产工艺流程和生产技术设备的条件下，通过在变压器入口（或出口）安装节电保护装置，采用特殊的磁路设计，应用电磁平衡原理动态调节三相不平衡度，通过柔性补偿调节提高功率因数、消减谐波、降低涌流影响、实现智能稳压，从系统的角度实现节能降耗，提升用电效率和电能质量，

有效改善设备的运行环境，延长设备寿命。其技术原理和工艺及生产流程如图 5-3、图 5-4 和图 5-5 所示。

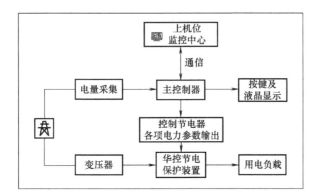

图 5-3　基于电磁平衡原理、柔性电磁补偿调节的节能保护技术原理

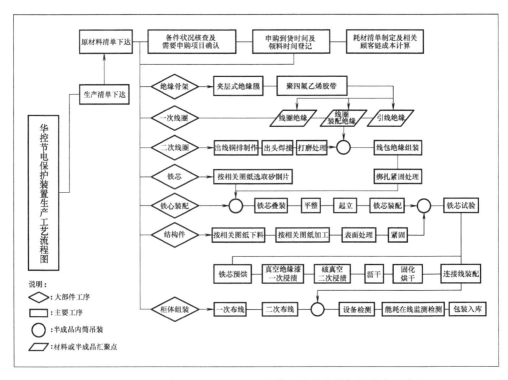

图 5-4　基于电磁平衡原理、柔性电磁补偿调节的节能保护技术工艺流程

3. 技术特点与主要技术指标

（1）主要技术指标

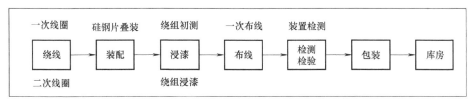

图 5-5　基于电磁平衡原理、柔性电磁补偿调节的节能保护技术生产流程

1）额定工作电压：400V ~ 10kV。

2）空载损耗：≤0.03%。

3）负载损耗：≤0.06%。

4）节电率：7% ~ 15%。

主要技术指标详见表 5-3。

表 5-3　主要技术指标

额定工作电压	400V ~ 10kV	
额定工作电流	1.44A/kVA	
额定频率	50Hz	
冷却方式	自然空气冷却及顶吸	
制造方式	三相、铁心、带隙	
线圈和铁心处理	真空浸渍、真空干燥固化	
绝缘等级	B 级（130℃最高）	
出线方式	线圈同侧或两侧	
漏电流	≤10mA	
外壳防护等级	IP20	
噪声	1 类（昼间：≤55dB；夜间：≤45dB）	
空载损耗	≤0.03%	
空载输出电流偏差	≤0.3%	
负载损耗	≤0.6%	
绝缘电阻/MΩ		
一次侧	相对相	≥50
	相对零	≥50
	相对地	≥50
二次侧	相对相	≥50
	相对零	≥50
	相对地	≥50

（2）技术创新点

1）创新设计一键切换市电与节电状态，在不断电情况下随时进行切换，不影响正常生产，实现7%～15%的节电率，安全、稳定、可靠。

2）可植入多种模块，以满足用电单位对电能质量更高的技术要求。

3）根据变压器实时电能质量和负载设备特性、类别运行状态，对系统进行诊断设计、评估，产品规格与变压器容量型号完全匹配。

4）植入云端监控系统、集成显示系统，可以通过手机APP或电脑远程监控。

4. 行业评价

获得奖项

1）该技术2019年入选工信部《国家工业节能技术装备推荐目录》和《国家工业节能技术应用案例与指南》。

2）相关产品2018年10月获得中国质量认证中心中国节能产品认证。

5. 应用案例

案例一：中国石油化工股份有限公司长岭分公司二污2#变压器低压配电系统节电技改项目

（1）用户用能情况简单说明　中石化长岭分公司二污2#变压器低压配电系统常用负载800kW，市电单相电压值为不同时段从238.4V到229.8V之间，每年用电量为700.8万kW·h。

（2）实施内容及周期　对中石化长岭分公司二污2#变压器低压配电系统进行节能技改，升级后更换了增大线径提高散热的电抗器，提高了绝缘等级，运行实测温度38℃，满足低于100℃的要求，2018年6月13日正式接入2#变压器系统，开始正常运行。项目实施周期1个月。

（3）节能减碳效果　改造前2#变压器常用负载800kW，每年用电量为700.8万kW·h，改造完成后，据第三方检测，节电率为11.3%，按企业平均电价0.78元/（kW·h）计算：

每年节约电量：700.8万kW·h×11.3%＝79.2万kW·h

每年节省电费：79.2万kW·h×0.78元/（kW·h）＝61.8万元

折合年节约标煤：79.2万kW·h×0.340kgce/（kW·h）＝269.28tce

减排CO_2：269.28tce/a×2.7725t/tce＝746.58t/a

每年节约电量为 79.2 万 kW·h，每年产生节电效益 61.8 万元，年节约标煤 269.28tce，年减少 CO_2 排放量约 746.58t。

（4）投资回收期 该项目综合年效益合计为 61.8 万元，投资回收期为 3.2 年。

案例二：湖南华菱湘潭钢铁有限公司动力厂四水站 2#变压器节电技术改造项目

（1）用户用能情况简单说明 华菱湘钢四水站 2#1600kVA 变压器配电系统常用负载 254.6kW，每年用电量为 223 万 kW·h。

（2）实施内容及周期 对华菱湘钢四水站 2#1600kVA 变压器配电系统进行节能技改，针对三相电压昼夜偏差较大、内网存在瞬间变化的电流、谐波分量高等问题对节电保护装置作相关技术参数修订，并接入四水站 2#1600kVA 变压器配电系统，开始正常运行。

（3）节能减碳效果 改造前原四水站 2#1600kVA 变压器配电系统每年用电量为 223 万 kW·h，每年电费为 144.9 万元，改造完成后，据第三方检测，节电率为 8.18%，按企业平均电价 0.65 元/(kW·h) 计算：

每年节约电能：223 万 kW·h×8.18% = 18.24 万 kW·h

每年节省电费：18.24 万 kW·h×0.65 元/(kW·h) = 11.9 万元

折合年节约标煤：18.24 万 kW·h×0.340kgce/(kW·h) = 62.02tce

减排 CO_2：62.02tce/a×2.7725t/tce = 171.95t/a；

每年节约电能为 18.24 万 kW·h，每年产生节电效益 11.9 万元，年节约标煤 62.02tce，年减少 CO_2 排放量 171.95t。

（4）投资回收期 投资回收期约 3.2 年。

案例三：深圳市海吉星国际农产品物流管理有限公司 2#配电室 12#1250kVA 变压器配电系统节电技术改造项目

（1）用户用能情况简单说明 深圳海吉星 2#配电室 12#1250kVA 变压器配电系统常用负载 318.8kW，市电单相电压值为不同时段从 236.71V 到 227.3V 之间，每年用电量为 267.8 万 kW·h。

（2）实施内容及周期 2019 年 3 月，对深圳海吉星 2#配电室 12#1250kVA 变压器配电系统进行节能技改，安装一台型号为 HK-1250kVA 的节电保护装置，并进行多次详细的技术确认及相关的整改。

（3）节能减碳效果　改造前 2# 配电室 12# 1250kVA 变压器每年用电量为 267.8 万 kW·h，电费为 200.85 万元，改造完成后，据第三方检测，节电率为 13.5%，按企业平均电价 0.75 元/（kW·h）计算：

年节约电能：267.8 万 kW·h×13.5% = 36.15 万 kW·h

每年节省电费：36.15 万 kW·h×0.75 元/（kW·h）= 27.11 万元

折合年节约标煤：36.15 万 kW·h×0.340kgce/（kW·h）= 122.91tce

减排 CO_2：122.91tce/a×2.7725t/tce = 340.77t/a

每年节约电能为 36.15 万 kW·h，每年产生节电效益 27.11 万元，年节约标煤 122.91tce，年减少 CO_2 排放量约 340.77t。

（4）投资回收期　投资回收期约 3.3 年。

6. 技术提供单位

深圳市华控科技集团有限公司，秉承"倡导绿色用能、助力节能增效"的发展理念，为客户提供量身定制节能保护整体优化方案，能够显著提高电能质量，延长生产设备使用寿命，降低设备故障率，降低用能费用。目前，在全国多地设有分公司、子公司、经销商等分支机构。

该公司以提高电能质量为手段，以互联网能源及大数据平台为依托，自主研发的节电保护装置，拥有数十项知识产权，通过了 CQC、CMA、CCC 等国家权威质检机构对安全性和节电率等 10 余项内容的检测，并获得了欧盟 CE 认证，综合节电率达 7%~15%，2017 年投入市场以来，为客户提供智慧柔性电网解决方案，提高供电电能质量，降低企业能源损耗，减少用能费用，提升产品竞争力，成功合作的客户百余家，验收合格率 100%。

联系人：牛志远，罗永恒

联系方式：13510815160，13530335589

5.1.3　企业能源可视化管理系统

1. 技术背景

（1）技术研究背景　能源管理系统为企业提供了科学精准的数据，帮助对各种能源介质进行能耗分析，可以更科学的对各种能源进行优化决策调度，及时了解和掌握各种能源的生产、使用和运行工况，做到科学决策，正确指挥。苏州琅润达检测科技有限公司研发的"企业能源可视化管理系统"，运用"中心云+

边缘云"的云边协同技术，自主研发了能源互联网领域的相关软硬件产品及平台，形成了完善的企业智慧能源数据采集系统集成应用解决方案，能够精准定位企业耗能设备的能效问题，推动和助力政企的数字化运维管理，为企业提供生产、能源、监测、维保等智慧能源产品，实现清洁低碳、安全高效、降本提效，应用市场广阔。

（2）本技术的主要用途　企业能源可视化管理系统适用于含空压机模块产品的节能监测与评估领域节能技术改造。

2. 技术原理及工艺

（1）技术原理　企业能源可视化管理系统基于物联网、应用大数据、云计算、PLC 控制等技术，集能耗数据采集和分析、节能控制、碳管理于一体，为企业提供全面和高效的能源使用方案。核心部件包括数据仪表通用传输模块 DM-UTM，能源监控主系统、节能控制子系统，模块即插即用（PNP），在现场施工及后台数据解析方面提供了很大的便捷性，针对企业耗能设备实施节能管控，实现设备最佳运行。在对额定排气压力不超过 1.25MPa、公称容积流量不小于 $6m^3/min$ 的"空气压缩机系统"能源利用状况的在线监测和节能评估中，通过在线采集技术、无线通信技术、NI 技术、大数据分析等，实现对"空气压缩机系统"的能效在线监测和智能评估，具有空压机运行能效实时监测、节能量测量和验证、节能仿真和节能量核算、余热回收评估、排气品质测试、系统泄漏检测等功能。其技术原理如图 5-6 所示。

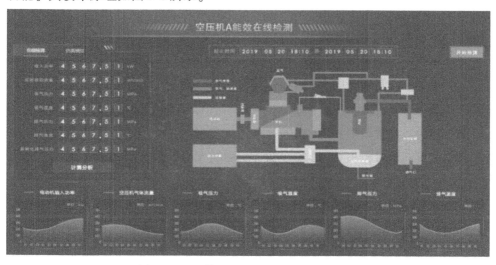

图 5-6　企业能源可视化管理节能技术原理

（2）工艺流程

主要通过变送器和检测仪器智能采集空压机等耗能设备运行过程中的关键参数，如进出口气温、压力、流量和电功率等，经过自主研发的通信模块和企业能源可视化管理平台，稳定获取空压机等耗能设备的运行参数，并进行数据存储、运算、可视化和分析等处理，精准定位设备能效问题，深度挖掘节能空间。工艺流程如图5-7所示。

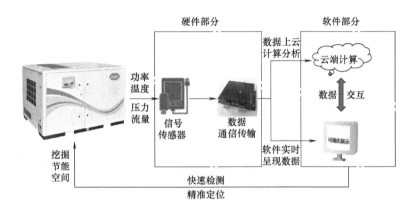

图 5-7　企业能源可视化管理节能技术工艺流程

3. 技术特点与主要技术指标

（1）主要技术指标

1）无线通信距离不低于30m，实时采集数据并上传。

2）节能率可达30%。

3）电流：测量范围0~500Arms，误差为±0.5%。

4）电功率：测量范围5~500kW，误差为±1.0%。

5）压缩空气流量：测量范围0~100m³/s（标态），误差为±1.0%。

6）压力：测量范围0~4.0MPa（g），误差为±0.2%。

7）温度：测量范围0~200℃，误差为±0.5℃。

（2）技术创新点

1）将能量的生产、消耗、使用和能效分析结合在一起，通过可视化的智慧能源管理平台展示，直观反映出能源的利用效率，提高用户能源数据的可追溯能力。

2）对各类重点用能设备的运行工艺参数进行实时在线监测，同时依靠专业的大数据分析模型计算评估用能设备的能耗指标。

3) 以 BP 神经网络模拟预测各节能改造措施的节能效果，为企业空压机系统节能改造提供指导。

4. 行业评价

1) 该技术 2020 年入选工信部《国家工业节能技术装备推荐目录》和《国家工业节能技术应用案例与指南》。

2) 该技术 2020 年入围江苏省工信厅《江苏省节能技术产品推广目录》。

5. 应用案例

案例一：昆达电脑科技（昆山）有限公司空压机节能改造项目

（1）用户用能情况简单说明 昆达电脑科技（昆山）有限公司是一家电脑塑料制品生产企业，空压机是企业辅助生产系统，5 台单级压缩螺杆机年耗电约为 372.6 万 kW·h，经过多年高负荷运行，企业面临设备生产率下降、能耗增加、噪声大且设备维修频繁等问题，亟须改造。

（2）实施内容及周期 通过 "能源互联网+" 空压机能效监测与节能评估管理模块，采集企业空压机运行功率、排气流量、排气压力等参数，分析企业空压机实际运行能效，根据企业的生产运营情况与行业能耗水平进行大数据对比分析，最终将企业原有的 5 台单级压缩螺杆机更换为永磁变频空压机，并通过软件系统实时监测用能设备的能耗情况。项目实施周期 6 个月。

（3）节能减碳效果 改造后，据系统统计分析，年节约电能为 105.4 万 kW·h，按企业平均电价 0.65 元/（kW·h）计算：

每年节省电费：105.4 万 kW·h×0.65 元/（kW·h）= 68.51 万元

折合年节约标煤：105.4 万 kW·h×0.310kgce/（kW·h）= 326.74tce。

减排 CO_2：326.74tce×2.7725t/tce = 905.89t

每年节电能为 105.4 万 kW·h，年节约电费为 68.51 万元，折合年节约标煤 326.74tce，减少 CO_2 排放量 905.89t。

（4）投资回收期 该项目综合年效益合计为 68.51 万元，总投入为 120 万元，投资回收期约 1.75 年。

案例二：常熟东南相互电子有限公司中央空调改造项目

（1）用户用能情况简单说明 常熟东南相互电子有限公司主营柔性线路板，需依靠中央空调提供稳定的室温，其中 2 台特灵螺杆式机组年耗电约为 157.4

国家工业节能技术应用指南

万 kW·h，设备能耗高，运行效率低下。

（2）实施内容及周期　通过"能源互联网+"空压机能效监测与节能评估管理模块，采集企业空压机运行功率、排气流量、排气压力等参数，分析企业空压机实际运行能效。根据企业的生产运营情况与行业能耗水平进行大数据对比分析，以最大冷负荷进行主要考虑因素，将原有的 2 台特灵螺杆压缩机组更换为 1 台磁悬浮无油变频离心机组，并通过软件系统实时监测用能设备的能耗情况。项目实施周期 6 个月。

（3）节能减碳效果　改造后，据系统统计分析，年节约电能为 43.2 万 kW·h，按企业平均电价 0.7 元/(kW·h) 计算：

每年节省电费：43.2 万 kW·h×0.7 元/(kW·h)＝30.24 万元

折合年节约标煤：43.2 万 kW·h×0.310kgce/(kW·h)＝133.92tce

减排 CO_2：133.92tce/a×2.7725t/tce＝371.3t/a

每年节约电能为 43.2 万 kW·h，年节约电费为 30.24 万元，年节约标煤 133.92tce，年减少 CO_2 排放量 371.3t。

（4）投资回收期　该项目综合年效益合计为 30.24 万元，总投入为 85.8 万元，投资回收期约 2.8 年。

6. 技术提供单位

苏州琅润达检测科技有限公司，成立于 2015 年 2 月，聚焦工业互联网、助力智能制造，自主研发了工业数据实时采集智能硬件以及边缘计算采集系统，打造了针对企业及政府管理平台的大数据平台，开发了能源、安全、检测、维保数据等核心产品，为企业提供设备智联、智能运维、智慧能源、安全监管、智能物流等产品，帮助企业做好智能制造的数字化转型及生产制造的节能咨询和技术改造，实现降本提效、清洁低碳、安全高效；帮助政府实现辖区内安全监控、危险预警、资源在线调配等智能化管理，实现数字化智能化管理转型。目前，研发产品在数百家企业和政府平台成功应用，先后获得了江苏省工业互联网重点平台、苏州市工业互联网重点平台、苏州市优秀工业互联网服务商、苏州市人工智能和大数据应用示范企业等荣誉，是国内目前最具市场经验和技术实力的工业互联网大数据服务公司之一。

联系人：吴玺

联系方式：0512-67299923

5.2 能效分析及诊断技术案例

5.2.1 创新 5G 系统平台演进式多频多制式容量分布系统（eCDS）产品及技术（BPRT）

1. 适用范围

创新 5G 系统平台演进式多频多制式容量分布系统（eCDS）产品及技术（BPRT）适用于电信行业通信领域节能技术改造。

2. 基本原理

该系统由射频容量接入转换单元/板卡、容量接入单元、演进式容量拉远单元、容量分配单元和集成 5G 微容量拉远单元组成，其中 CDU 及 pCRU 可根据工程实际应用配置选用。该技术的应用使设备提高了效率，降低了单机能耗，改变了原有低效的组网方式，节省大量传统 RRU 设备投入。其技术原理如图 5-8 所示。

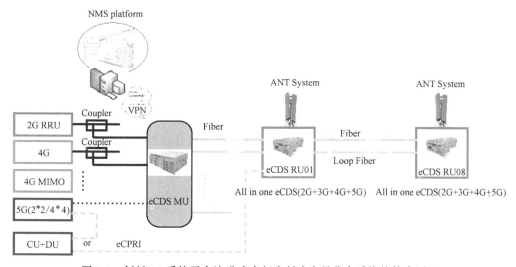

图 5-8 创新 5G 系统平台演进式多频多制式容量分布系统的技术原理

3. 技术功能特性

1）系统采用了全新的 DPD（宽带数字预失真）技术，使设备单机效率提高，功耗大为降低，仅相当于传统方案使用的多 RRU 综合设备功耗的 50%。

2）支持兼容一个或多个运营商原有多系统、多制式网络的 2G、3G、4G 及 5G 的融合一体化应用。

3）多系统集成在一套 eCDS 等设备上，占用空间少，减少安装工程量，快速部署。

4. 节能减碳效果

四川中国移动"枫丹国际"多网融合信号覆盖项目，技术提供单位为广州开信通信系统有限公司。运用中国移动的 DCS1800 和 TDD-LTE2300 信号覆盖系统，用 4+46 台 eCDS 设备，替代了 92 台 RRU 设备。改造完成后，该站点年节省电能 17.6 万 kW·h，折合年节约标煤 59.84tce，减排 CO_2 161.57t/a。该项目投资回收期约 12 个月。预计未来 5 年，推广应用比例可达到 20%，按 20 万站点的 eCDS 设备计算，可节能 64.6 万 tce/a，减排 CO_2 174.4t/a。

5.2.2 流程型智能制造节能减排支撑平台技术

1. 适用范围

流程型智能制造节能减排支撑平台技术适用于电力、水泥、钢铁等行业的数字化管控领域节能技术改造。

2. 基本原理

流程型智能制造支撑平台的核心是一个 UNIX 版本的完整的支撑实时仿真、控制、信息系统软件开发、调试和执行的软件工具，实现了生产工艺流程的全面在线监视、在线预警、在线诊断和优化，应用高精度、全物理过程的数学模型形成了系统节能减排的在线仿真试验床，支持设备系统在线特性研究、热效率优化和动静态配合等深层次优化控制问题的研究，研究保证产品质量和降低生产能耗的方法。其平台结构如图 5-9 所示。

3. 技术功能特性

1）具备在同平台支撑开发和运行仿真模型、控制系统、信息系统、工业大数据、工业云服务的能力。

2）拥有大型、高效、可靠、安全的实时数据库和实时计算引擎，支撑信息互联互通和工业软件的实现，支持在线优化、在线决策控制和各类科学决策。

3）拥有丰富的算法库。

4）拥有在线决策控制的机制，把各种信息组织到控制系统，根据工况选择

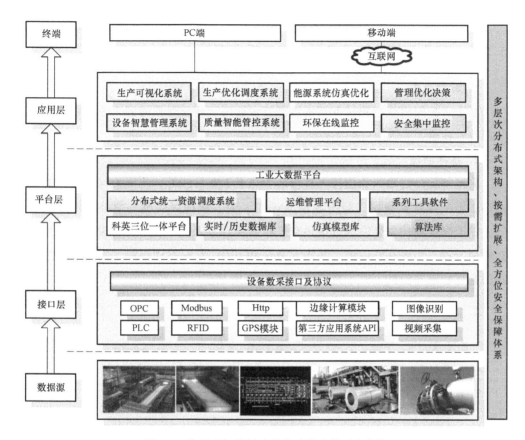

图 5-9　流程型智能制造节能减排支撑平台结构

控制方案，整定动态和静态参数，确保精准控制。

5）拥有仿真模型嵌入系统，支撑全生命周期的设计验证、在线诊断、在线优化分析、控制方案研究、在线虚拟试验等。

4. 节能减碳效果

鲁南中联"水泥生产线全范围数字化管控技术"开发项目，技术提供单位为广东亚仿科技股份有限公司。建立生产线 DCS 及其辅控的数据采集系统和智能电表数采；建立科英支撑平台环境和实时/历史数据库系统；开发在线仿真系统（OLS）；开发节能减排在线试验床（OTS）；开发能源管理分析系统（EMS）；开发在线决策与控制系统（ODC）。改造完成后，熟料的能耗由 113kgce/t 下降到 103kgce/t。按照厂内三条熟料生产线每年生产熟料 220 万 t 计算，每年可节约标煤 2.2 万 tce，减排 CO_2 5.94 万 t/a。投资回收期约 2 年。预计未来 5 年，推广应用比例可达到 10%，可节能 22 万 tce/a，减排 CO_2 59.4 万 t/a。

5.2.3 基于云控的流线包覆式节能辊道窑技术

1. 适用范围

基于云控的流线包覆式节能辊道窑技术适用于建材行业陶瓷工业窑炉生产线节能技术改造。

2. 基本原理

将尾部部分终冷风抽出打入直冷区加热至 170~180℃，将缓冷区抽出的高温余热送至干燥系统利用，利用非预混式旋流型二次配风烧嘴，调节窑内燃烧空气，保证温度场均匀性，通过预热空气和燃料，节省窑炉燃料，将设备信息引入互联网云端，实现在线监测，并接入微信和 iBOK 专用移动终端，实现窑炉生产线的远程管理与协助。其工艺路线如图 5-10 所示。

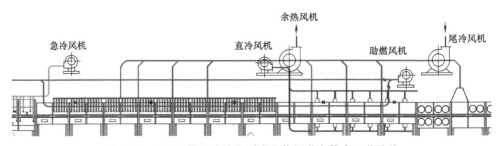

图 5-10 基于云控的流线包覆式节能辊道窑技术工艺路线

3. 技术功能特性

1）通过高稳、高温、高效分级逆流换热式助燃风加热节能系统，实现高效利用余热。

2）通过 APP 实现远程管理与协助。

4. 节能减碳效果

山东远丰陶瓷有限公司陶瓷工业窑炉改造项目，技术提供单位为广东中鹏热能科技有限公司。使用非预混式助燃风加热节能烧嘴，高效均化分级逆流换热式助燃风、余热综合回收、C 型包覆侧板保温、高精度辊棒检测分级等多项技术，配有云平台在线监测系统。改造完成后能耗为 70.91kgce/t，产品产量为 18.92t/h，一年按 330 天计，改造完成后，折合年节约标煤 2313.6tce，减排 CO_2 6246.72t/a。投资回收期 12 个月。预计未来 5 年，推广应用比例可达到 15% 左右，可形成节能 3.47 万 tce/a，减排 CO_2 9.37 万 t/a。

5.2.4　高炉热风炉燃烧控制模型

1. 适用范围

高炉热风炉燃烧控制模型适用于高炉热风炉燃烧系统优化节能技术改造。

2. 基本原理

采用数学模型与专家系统相结合的方式处理复杂工况，在保证多阶段不同参数燃烧的基础上，在工况复杂多变的应用环境下满足烧炉需求，若热焓数学计算及回归分析出现异常，则采用专家系统进行替换，在拱顶温度振荡失控的情况下，采取相应措施，以保证复杂工况下的合理烧炉逻辑。如入口数据长期有误则进行系统提示，指导维护人员进行参数校正，解决了热风炉非线性、大滞后、慢时变特性的复杂控制问题，通过更精确的空燃比控制、更完善的烧炉换炉机制，提供更合适的烧炉策略。热焓模型架构如图 5-11 所示。

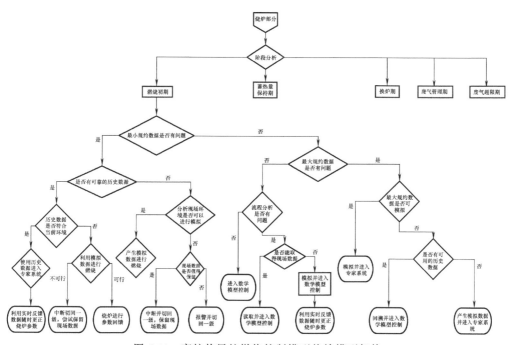

图 5-11　高炉热风炉燃烧控制模型热焓模型架构

3. 技术功能特性

1）控制方式采用数学模型与专家系统相结合的方式，可以适应各种不同工况及保证极端工况的正常使用。

2）多炉协同的烧换炉方式，对于环网稳压产生积极影响。

3）用有限状态自动机适配热风炉各种状态及控制各状态之间的切换，使得各态切换切实可靠，逻辑清晰简洁。

4. 节能减碳效果

江阴兴澄 3200m³ 大高炉热风炉模型改造工程，技术提供单位为中冶京诚工程技术有限公司。增设高炉热风炉燃烧控制模型，增设一二级接口，实现高炉热风炉全自动燃烧控制及监控。改造完成后，一年可节约煤气 2556 万 m³（标态），每标态立方米高炉煤气热值 800kcal，折合年节约标煤 2.91 万 tce，减排 CO_2 7.86 万 t/a。投资回收期约 3 个月。预计未来 5 年，在机床行业推广应用可达到 15%，可节能 43.61 万 tce/a，减排 CO_2 117.73 万 t/a。

5.2.5 能效分析管理与诊断优化节能技术

1. 适用范围

能效分析管理与诊断优化节能技术适用于能源系统诊断与优化节能技术改造。

2. 基本原理

集成应用了信息技术、自诊断分析技术和大数据挖掘技术，从设备运行、工艺管控和管理策略三大方面对用能系统进行节能改造。建立了结合生产工艺特性的节能诊断分析模型，从安全运行和经济运行两方面深度挖掘工艺和管理的节能空间。系统诊断与优化节能原理如图 5-12 所示。

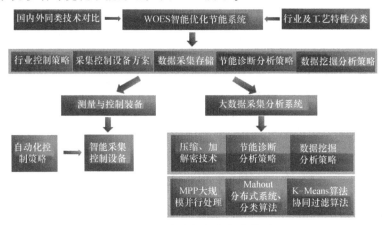

图 5-12　系统诊断与优化节能原理

3. 技术功能特性

通过对企业主要耗能设备的运行工况进行全面监测、诊断与分析，建立结合生产工艺特性的节能诊断分析模型，集成应用多种节能技术、信息技术、自诊断分析技术、大数据挖掘技术，从设备节能、工艺管控优化节能、管理策略优化节能三大方面对用能系统进行全方位节能改造。

4. 节能减碳效果

湖北世纪新峰雷山水泥有限公司系统节能改造项目，技术提供单位为万洲电气股份有限公司。结合水泥关键能耗指标：熟料综合能耗、熟料综合煤耗、熟料综合电耗、水泥综合能耗、水泥综合煤耗和水泥综合电耗六大指标体系和 17 个分步指标，为该水泥厂定制综合能源监测系统和基础能源管理系统与实施部署。改造完成后，年节约总电量 415 万 kW·h，折合年节约标煤 1348.8tce，减排 CO_2 3735.6t/a。该项目综合年效益合计为 382.8 万元，总投入为 600 万元，投资回收期约 1.6 年。预计未来 5 年，推广应用比例可达到 10%，可节能 15 万 tce/a，减排 CO_2 41.6 万 t/a。

5.2.6　工厂动力设备新型故障诊断及能源管理技术

1. 适用范围

工厂动力设备新型故障诊断及能源管理技术适用于工业企业能源信息化管控节能技术改造。

2. 基本原理

依托 CET 高精度、高可靠性的电力能效监测和交互终端，运用大数据分析功能，诊断与优化动力设备故障情况、能效水平，分析预测动力设备能源需求量，实现对企业能源动态监控和数字化管理，系统节能量≥3%。其技术原理如图 5-13 所示。

3. 技术功能特性

1）结合高端智能电表的瞬态和暂态捕捉功能、高次谐波分析功能等，协助用户提高用电系统的稳定性。

2）根据负荷预测数据，通过智能模式识别、模糊匹配等人工智能技术，实现工厂动力设备运行工况下参数动态寻优与调节，确保设备处于供需平衡状态运行。

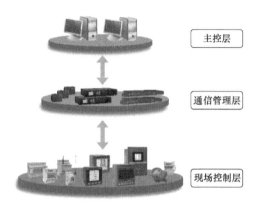

主控层

通信管理层

现场控制层

图 5-13　工厂动力设备新型故障诊断及能源管理技术原理

4. 节能减碳效果

一汽解放汽车有限公司轴齿中心能源计量改造项目，技术提供单位为深圳市中电电力技术有限公司。共涉及 1101 个设备、32943 个测点，建立 62 个采集通道和 16 个区域能源采集监测子站，对厂区所有 10kV 市电进线进行电力故障诊断与分析；接入空调系统、换热机组系统、太阳能换热系统、废液系统、空压机控制系统和循环水系统。改造完成后，年节电率为 3.6%，按照上一年度总用电量 13000 万 kW·h 计算，年节电量为 480 万 kW·h，折合年节约标煤 1560t，减排 CO_2 4325.1t/a。该项目综合年效益合计为 267.12 万元，总投入为 698 万元，投资回收期约 2.6 年。预计未来 5 年，推广应用比例可达到 10%，可节能 5 万 tce/a，减排 CO_2 13.9 万 t/a。

5.2.7　能耗数据采集及能效分析关键技术

1. 适用范围

能耗数据采集及能效分析关键技术适用于能源信息化管控领域节能技术改造。

2. 基本原理

采用动态定义区域的方式确定能耗数据分析和采集粒度，定量分析能效，可实现能耗在线监测，提供设备故障预警，支持预防性维护功能，根据能耗分析结果确定相关的节能措施建议，形成智能分析报告，为节能减排决策提供依据，节能效果可达 2%~5%。能耗数据采集及能效分析关键技术结构如图 5-14 所示。

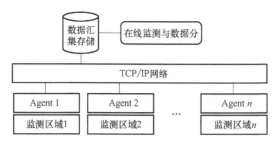

图 5-14　能耗数据采集及能效分析关键技术结构

3. 技术功能特性

1）准确、及时、全面、完整的数据采集。

2）多角度、智能数据分析。

4. 节能减碳效果

神华和利时信息技术有限公司电能消耗监测与分析系统项目，技术提供单位为长春市吉佳通达信息技术有限责任公司。建立电能消耗数据采集、传输网络系统，建立电能消耗数据分析计算环境和网络环境。改造完成后，平均年节约电能 500 万 kW·h，折合年节约标煤 1625tce，减排 CO_2 4505t/a。该项目综合年效益合计为 261.25 万元，总投入为 180 万元，投资回收期约 8 个月。预计未来 5 年，推广应用比例可达到 20%，可形成节能 16 万 tce/a，减排 CO_2 44.4 万 t/a。

5.3　智慧能源管控系统节能技术案例

5.3.1　电动汽车群智能充电系统

1. 适用范围

电动汽车群智能充电系统适用于电动汽车充电领域节能技术改造。

2. 基本原理

电动汽车智能充电系统由防护、通信、检测、计量、交互等多个方面的辅助功能组成，实现 10kV 高压接入，经过 AC/DC 功率模块转换成直流电为电动汽车进行充电。通过高效散热、高压箱集成、高效 AC/DC 转换、负荷调度与智能充电等多项核心技术使系统具有很好的节能效果。

3. 技术功能特性

1）具备一机多充，电动汽车群管群控的智能充电功能。

2）智能 PDU 模块实现功率模块与充电口的全智能组合。

3）具有充电过程的故障录波功能，全面、准确地记录充电全过程。

4）模块化设计（充电模块、PDU 模块、监控模块），三部分共享总线。

5）具有错峰充电模式。

4. 节能减碳效果

成都电动汽车群智能充电系统应用案例项目，技术提供单位为青岛特锐德电气股份有限公司。建设全国最大的以 BOT 方式开展成都公交新能源电动汽车充电网络基础设施建设项目，满足成都公交 8500 多辆纯电动公交车及部分社会电动车辆的充电需求。累计建设充电站 431 个，终端总数达 5288 个，其中快充 3391 个，慢充 1897 个。改造完成后，年综合节油量约为 7141.3 万升，折合年节约标煤 7.8 万 tce，减排 CO_2 21.06 万 t/a。投资回收期约 5 年。预计未来 5 年，推广应用比例可达到 20%，可节能 15.6 万 tce/a，减排 CO_2 42.12 万 t/a。

5.3.2 精密空调节能控制技术

1. 适用范围

精密空调节能控制技术适用于电子行业数据中心节能技术改造。

2. 基本原理

通过降低压缩机与风机的转速，使单位时间内通过冷凝器和蒸发器的冷媒流量下降。通过在精密空调上增加精密节能控制柜，使压缩机、室内风机的供电先经过节能控制柜，通过节能控制柜采集室内的温度信号，再由节能控制柜的控制器输出相应控制信号给一个总的变频器，进而控制这两器件的工作频率，达到降低能耗的目的。精密空调节能控制技术原理如图 5-15 所示。

3. 技术功能特性

1）产品物料国产化。

2）自动化程度高：控制策略自动优化空调的运行工况，机房温度得以精确控制，降低无效能耗的输出，当设备故障时自动切换至原系统。

3）可靠性和稳定性高：通过控制算法，实现压缩机软起停，增加死区温度设置防止风道絮流波动导致压缩机频繁起停。

4. 节能减碳效果

华北油田京南云数据中心改造项目，技术提供单位为深圳市共济科技股份有

节能控制柜原理示意图

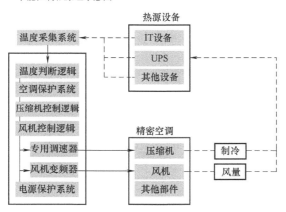

图 5-15　精密空调节能控制技术原理

限公司。采用空调节能控制柜 XVAC 系列产品共 10 台，一对一完成精密空调改造。日均节能量为 1331.2kW·h，节能率高达 21.6%；空调的故障率从一年 48次降到一年 3 次；IT 设备进风平均温度从 27±2.0℃下降到 23±0.5℃。改造完成后，每天可节约电能 1331.2kW·h，一年可节电 48.6 万 kW·h，折合年节约标煤 165tce，减排 CO_2 445.5t/a。投资回收期 2 年。预计未来 5 年，推广应用比例可达到 30%，可节能 1.485tce/a，减排 CO_2 4.01 万 t/a。

5.3.3　炼化企业公用工程系统智能优化技术

1. 适用范围

炼化企业公用工程系统智能优化技术适用于石化行业炼化企业、石化基地、化工园区公用工程资源的集成管理与优化节能技术改造。

2. 基本原理

本技术包括氢气系统智能优化技术和蒸汽动力系统智能优化技术。氢气系统分为供需子系统和回收子系统，通过分步建模及协同优化，建立氢气全系统优化模型，解决模型求解难的问题，形成了集成反应动力学供需子系统建模技术、氢气-轻烃-瓦斯三元协同优化技术等，并在此基础上结合数据采集处理技术和管网模拟优化技术开发了氢气系统智能优化平台，实现氢气资源的梯级利用，提高系统氢气利用效率，减少产氢装置供氢，节省燃料消耗及电耗，减少 CO_2 排放；蒸汽动力系统智能优化技术是开发动力站锅炉、汽轮机、辅机等主要装置模型，通过联立方程法对系统进行计算求解，实现动力站系统的模拟。同时，采用联立方程法对动力站与蒸汽管网进行系统集成，实现蒸汽产-输-用集成建模与优化。在线模拟与优化平台建设技术原理如图 5-16 所示。

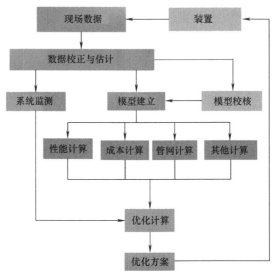

图 5-16   在线模拟与优化平台建设技术原理

3. 技术功能特性

开发了大型复杂多源多阱蒸汽管网、热力系统及大机组数学建模及求解方法，开发了集成热电单元和蒸汽输送管网单元的蒸汽动力系统模拟优化软件（F-SET），实现了全厂蒸汽动力系统建模与集成优化。与国内外同类软件相比有以下优点：一是实现动力站-管网-装置整体建模与集成优化；二是区别于其他建模软件虚拟流股，创新性地采用管网的概念，更加贴合现场实际情况；三是实现系统的实时模拟与诊断，对企业优化操作、精益化管理提供支持。

4. 节能减碳效果

金陵石化分公司氢气系统智能优化项目，技术提供单位为中国石油化工股份有限公司大连石油化工研究院。结合金陵石化要求制定不同投资力度下的氢气系统改造方案，并模拟计算；针对投资方案中涉及的新增设备、改造设备等，进行经济核算，确定投资费用，并对氢网系统优化方案进行校核。改造完成后，通过利用氢气系统智能优化技术对金陵公司氢气系统开展梯级利用及加氢装置用氢优化，节约氢气 2057.5m^3/h（标态），与优化前相比，电耗增加 238kW，减少供氢折合节约标煤 2219.6tce；电耗增加带来的能耗折算标煤为 971.1tce，系统综合年节约标煤 1248.5t，减排 CO_2 3370.95t/a。投资回收期约 4 个月。预计未来 5 年，推广应用比例可达到 30%，可节能 37.5 万 tce/a，减排 CO_2 101.25 万 t/a。

5.3.4　基于边缘计算的流程工业智能生产节能优化控制技术

1. 适用范围

基于边缘计算的流程工业智能生产节能优化控制技术适用于各类化工、流程工业等行业节能技术改造。

2. 基本原理

运用通用信号预处理模块（SPP）、通用在线建模模块（GOM）、通用先进控制模块（APC）、通用优化模块（OPC）等实现数据处理、在线建模、优化控制、智能控制等功能。系统具有自学习能力，可针对不同装置、不同生产过程形成最适合的控制模型和优化模型，不但能够通过先进控制模块使各流程工业生产装置达到最佳控制效果，而且能够通过优化模块使装置或整个系统达到最优的运行状态，从而为企业实现效益最大化。其系统工作原理如图 5-17 所示。

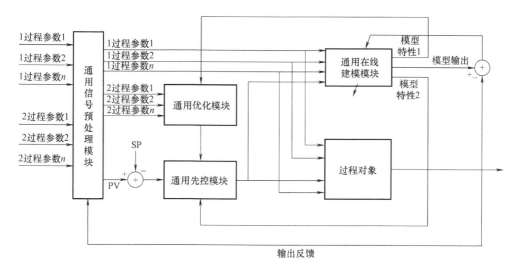

图 5-17　基于边缘计算的流程工业智能生产节能优化控制技术系统工作原理

3. 技术功能特性

1）系统可对接各品牌 DCS 或 PLC 系统，以 OPC 或 MODBUS 等通信方式与原控制系统进行数据交互，实现无扰接入，用户无须投资改造原控制系统和现场设备。

2）系统具备自学习、自适应和自寻优功能，可针对不同生产现场形成最适合的控制模型，使被控过程达到"快、准、稳、优"的最佳控制效果，从而使装置达到最优运行状态。

3）系统可代替人来实现复杂生产装置的智能化操作，并能够通过先进控制、优化控制和大数据、人工智能等技术始终让生产装置运行在最佳状态。

4）系统设计可靠的运行效果评价功能，客观反映装置实时运行状况。

4. 节能减碳效果

内蒙古君正化工有限责任公司 PVC 干燥优化控制改造项目，技术提供单位为北京凯米优化科技有限公司。现场 2 条旋风干燥床采用基于边缘计算的流程工业智能生产节能优化控制技术进行节能改造。改造完成后，每吨 PVC 产品少用蒸汽 0.1t 以上，一年可节约蒸汽 3.2 万 t，折合年节约标煤 2972.8tce，减排 CO_2 8026.6t/a。投资回收期约 2 个月。预计未来 5 年，推广应用比例可达到 5%，可节能 1.6 万 tce/a，减排 CO_2 4.32 万 t/a。

5.3.5 基于大数据的船舶企业智慧能源管控信息系统

1. 适用范围

基于大数据的船舶企业智慧能源管控信息系统适用于船舶行业能源信息化管控领域节能技术改造。

2. 基本原理

利用物联网技术实现能耗数据的自动采集，利用大数据技术对数据进行聚类、清洗和分析，结合软计量模型对缺失的数据进行仿真计算，建立企业范围内的资源-能源平衡模型，设定评价指标体系，判定能效水平及损失主要环节，实现能源计划编制与跟踪、统计分析、动态优化、预测预警、报表服务、能源审计、反馈控制等功能，推动企业不断挖掘节能潜力，提升能源利用效率，年节约能源 5% 左右。其工作原理如图 5-18 所示。

3. 技术功能特性

在缺失数据的仿真计算（软计量）和适用于离散型装备制造业的资源-能源平衡模型构建方面，可解决机械、船舶等离散型装备制造企业数据基础薄弱、无标可对等难点问题。

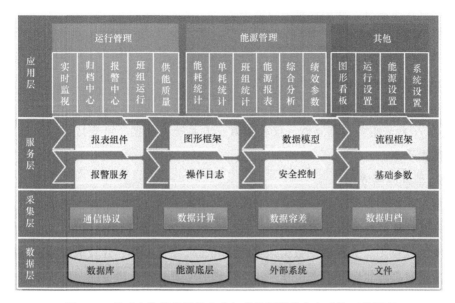

图 5-18　基于大数据的船舶企业智慧能源管控信息系统工作原理

4. 节能减碳效果

风帆有限责任公司徐水高新电源分公司能源管控中心改造项目，技术提供单位为船舶信息研究中心（中国船舶重工集团公司第七一四研究所）。安装调试基于大数据的智慧能源管控系统，实现能源计划、能耗在线监控、能耗统计、能耗分析、能源看板、能源审计、能耗预警、能耗报表、仿真计算、对标分析、视频监控等功能。改造完成后，年节约能耗 5% 左右，折合年节约标煤 1000tce，减排 CO_2 2773t/a。该项目综合年效益合计为 210 万元，总投入为 127 万元，投资回收期约 7 个月。预计未来 5 年，推广应用比例可达到 15%，可节能 15 万 tce/a，减排 CO_2 41.6 万 t/a。

5.3.6　工业企业综合能源管控平台

1. 适用范围

工业企业综合能源管控平台适用于工业企业能源信息化管控节能技术改造。

2. 基本原理

由企业综合能源管控系统及电力抄表软件构成，电力抄表软件为后台处理子系统提供准确而可靠的数据，通过应用大数据、云计算、边缘计算和物联网等技术组建的能源管控系统，实现企业能源信息化集中监控、设备节能精细化管理、能源系统化管理等，降低设备运行成本。

3. 技术功能特性

1）通信功能简单化。

2）信息维护一体化。

3）功能模块通用化。

4）平台采集各种传感器、仪表和第三方系统的数据，可支持百万级设备的实时数据采集。

4. 节能减碳效果

南京利德东方橡塑科技有限公司能源管控系统建设项目，技术提供单位为南京东源磐能能源科技股份有限公司。在已有自动化系统（DCS、PLC 及电力综保系统等）基础上，完善现场数据采集网络和工业主干网络；建设能源综合监控系统，实现对多种能源介质产、存、耗全过程的实时监控；建设能源管理平台，包括三大子系统：能源分析子系统、能源设备运维子系统和移动端 APP 子系统。改造完成后，可以提高设备利用率 5%，降低单位能耗 3%~5%，提高设备维修效率 15%。2019 年用电消耗 1000 万 kW·h，按照 5% 节电率计算，节约电能 50 万 kW·h，折合年节约标煤 162.5tce，减排 CO_2 450.5t/a。该项目综合年效益合计为 82.8 万元，总投入为 200 万元，投资回收期约 2.4 年。预计未来 5 年，推广应用比例可达到 10%，可节能 18 万 tce/a，减排 CO_2 49.9 万 t/a。

5.3.7 中央空调节能优化管理控制系统

1. 适用范围

中央空调节能优化管理控制系统适用于空调系统节能技术改造。

2. 基本原理

采用 i-MEC（管理+设备+控制）、模块化、系统智能集成、物联网等技术，对中央空调各个运行环节进行控制，并对冷源系统运行参数进行整体联动调节；通过管网水力平衡动态调节、负荷动态预测、分时分区控温、室内动态热舒适性优化调节，实现空调系统全自动化、高效运行，显著降低中央空调耗电量。系统架构如图 5-19 所示。

3. 技术功能特性

系统对各设备运行状态、能效进行实时监测，并对冷源系统运行参数进行整

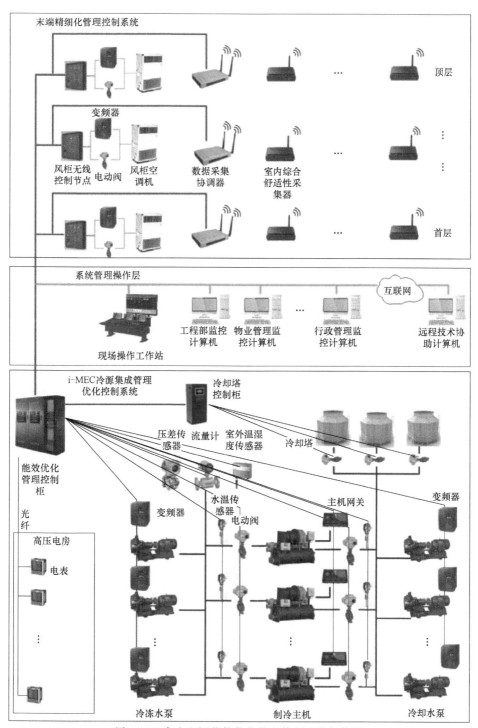

图 5-19　中央空调节能优化管理控制系统架构图

体联动调节，实现高效节能运行。

4. 节能减碳效果

东莞市直机关办公楼合同能源管理综合节能改造项目，技术提供单位为广州远正智能科技股份有限公司。建设能耗监管平台、A区中央空调集成优化管理控制系统及室内 LED 灯具改造（B区和C区）。改造后，根据第三方节能量审核机构认定，项目投入后运行第一年总节电量为 345.94 万 kW·h，折合年节约标准煤 1124tce，减排 CO_2 3116.3t/a。该项目综合年效益合计为 312 万元，总投入为 1005 万元，投资回收期约 3.2 年。预计未来 5 年，推广应用比例可达到 10%，可节能 15 万 tce/a，减排 CO_2 41.6 万 t/a。

5.3.8 能源消耗在线监测智慧管理平台

1. 适用范围

能源消耗在线监测智慧管理平台适用于能源信息化管控领域节能技术改造。

2. 基本原理

由能耗采集传输系统、数据中心、能耗监管平台软件、监控中心、客户端、远程服务端六大部分组成的能源消耗在线监测智慧管理平台，通过具有远传通信接口的智能计量器具对能耗数据进行采集，数据中心对数据进行综合处理，实现工厂—车间—生产线—重点用能设备能耗数据的可视化，以及工业企业多层级能效水平在线评价及多级用能监管，提升企业用能效率。其系统结构如图 5-20 所示。

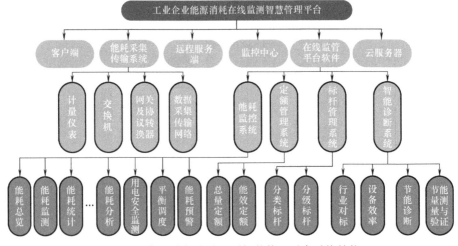

图 5-20　能源消耗在线监测智慧管理平台系统结构

3. 技术功能特性

1）采用物联网技术的云平台系统对工业企业各类能耗指标进行远程计量与采集并进行分类、分级、分项与多时间粒度的汇总统计与存储。

2）利用远程监控软件实现能源消耗数据的可视化、检索、导出、多维度的分析，并借助专家诊断分析库对能耗水平进行在线诊断分析，生成能耗分析报告。

4. 节能减碳效果

广州致远新材料科技有限公司能源管理信息系统建设项目，技术提供单位为广州远正智能科技股份有限公司。建设能耗数据在线监测平台。改造完成后，实现工业企业能效水平在线评价及建筑多级用能监管，企业能耗降低 5% 以上，综合年节约标煤 272tce，减排 CO_2 754.1t/a。项目综合年效益合计为 10 万元，总投入为 10 万元，投资回收期为 1 年。预计未来 5 年，推广应用比例可达到 10%，可节能 6.7 万 tce/a，减排 CO_2 18.6 万 t/a。

5.3.9　钢铁企业智慧能源管控系统

1. 适用范围

钢铁企业智慧能源管控系统适用于钢铁行业能源信息化管控节能技术改造。

2. 基本原理

运用新一代数字化技术、大数据能源预测和调度模型技术，构建钢铁工业智慧能源管控系统，动态预测企业能源平衡和负荷变化，实现了钢铁企业水、电、风、气的一体化、高效化、无人化管理，有效提高能源循环利用和自给比例。其系统结构如图 5-21 所示。

3. 技术功能特性

1）打造数字化能源管理平台，实现能源管网管线等隐蔽工程的可视化管理。

2）分工序、钢种、规格统计各种标准能耗，更有效地分析能耗异常原因，细化企业能耗标准。

3）提供煤气平衡预测模型、用电负荷预测模型、炉窑集中监控模型、错峰发电控制模型等一系列先进的专家控制模型，为用户动态预测能源平衡。

4. 节能减碳效果

济源钢铁智慧能源管控系统改造项目，技术提供单位为北京京诚鼎宇管理系

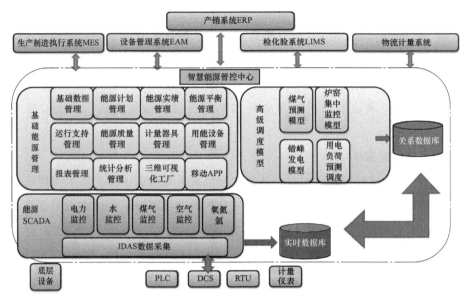

图 5-21 钢铁企业智慧能源管控系统结构

统有限公司。为企业建设钢铁工业智慧能源管控系统，包括能源管控大厅、监控大屏幕矩阵、精细化能源管理软件系统、移动能源管理 APP 等。改造完成后，根据不同钢种能耗指标，实现工序级的能源分析管理，吨钢平均能耗减少 3kgce，年产钢按照 400 万 t 计算，折合年节约标煤 1.2 万 tce，减排 CO_2 3.33 万 t/a。该项目综合年效益合计为 1140 万元，总投入为 3000 万元，投资回收期约 2.6 年。预计未来 5 年，推广应用比例可达到 15%，可节能 41 万 tce/a，减排 CO_2 113.7 万 t/a。

5.3.10 基于工业互联网钢铁企业智慧能源管控系统

1. 适用范围

基于工业互联网钢铁企业智慧能源管控系统适用于钢铁行业能源信息化节能技术改造。

2. 基本原理

采用大数据、云计算、人工智能等新一代信息技术，对能源生产全过程进行能耗能效评价分析、平衡预测分析和耦合优化分析，对能源产生量、消耗量进行精准预测，通过与数据共享、协同，建立能源流、铁素流、价值流及设备状态的动态平衡优化体系，有效降低能源损失，提高能源转化效率，降低能耗。其系统结构如图 5-22 所示。

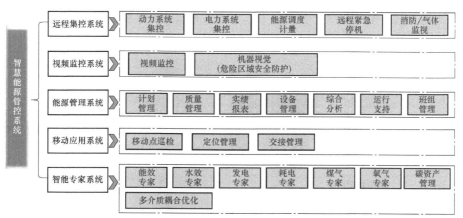

图 5-22　基于工业互联网钢铁企业智慧能源管控系统结构

3. 技术功能特性

1）建立多场景耗电诊断和预测模型，优化电力分配，降低工序电耗。

2）建立大型耗能设备如加热炉、热风炉、烧结机、焦炉等能效评价及优化模型，实现能效实时诊断与评价，提供专家在线优化方案。

3）建立碳排放计算和分析模型，分析企业碳排放的影响因子，通过优化工艺和生产组织，降低企业碳排放。

4. 节能减碳效果

鞍钢股份鲅鱼圈分公司智慧能源集控项目，技术提供单位为鞍钢集团自动化有限公司。通过基础设备改造、自控系统改造（迁移、整合、升级），实现全部耗能设备远程操控，提升能源系统运行效率。改造完成后，有效降低了该公司的煤气、水、氧等能源消耗，折合年节约标煤 4.05 万 tce，减排 CO_2 11.2 万 t/a。该项目综合年效益合计为 8794 万元，总投入为 12000 万元，投资回收期约 1.36 年。预计未来 5 年，推广应用比例可达到 30%，可节能 18 万 tce/a，减排 CO_2 49.9 万 t/a。

5.3.11　退役电池梯次利用储能系统

1. 适用范围

退役电池梯次利用储能系统适用于退役电池梯次利用领域节能技术改造。

2. 基本原理

采用磷酸铁锂退役电池、集装箱、组串式储能变流器（PCS）组成电池柜，通过电池管理系统（BMS）、能量管理系统（EMS）对电池柜系统进行精确管理，实现电池系统的安全运行，并将数据上传至综合管理云平台，实现能耗数据远程监控，电池充放电循环寿命大于 3000 次，系统效率高。其系统结构如图 5-23 所示。

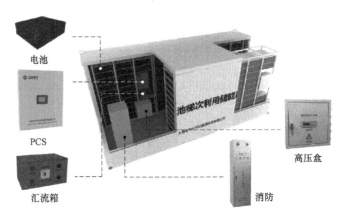

电池

PCS

汇流箱

高压盒

消防

图 5-23　退役电池梯次利用储能系统结构

3. 技术功能特性

1）梯次利用电池在储能领域应用，提高综合利用经济效益，延长电池后端使用周期。

2）储能可以增加新能源的消纳，提升风、光利用率，实现节能减排。

4. 节能减碳效果

上海杨浦机床厂光储微网发电项目，技术提供单位为上海电气分布式能源科技有限公司。在上海机床厂有限公司厂区内建设光储微网系统，集光伏发电、储能、户用终端于一体，通过智慧能源的统一调度，实现光伏发电、储能系统以及电网输电的智能化调度，提高系统可靠性与经济性。本项目自 2020 年 1 月 1 日至 2020 年 7 月 1 日，光伏系统共发电 143 万 kW·h，折合标煤 465tec，则年节约标煤 930tce，减排 CO_2 2578.4t/a。该项目综合年效益合计为 252 万元，总投入为 1203 万元，投资回收期约 4.8 年。预计未来 5 年，推广应用比例可达到 40%，可节能 24 万 tce/a，减排 CO_2 66.5 万 t/a。

5.4　智能微电网节能技术案例

5.4.1　工商业园区新能源微电网技术

1. 适用范围

工商业园区新能源微电网技术适用于电力行业微电网领域节能技术改造。

2. 基本原理

以自主研发的电能路由器、储能变流器、光伏逆变器等全系列电力电子一次产品为支撑，基于微网能量管理系统、中央控制器、运维云平台等二次产品构建全生态链微网能量管理及运维系统。该系统采用多时间尺度功率预测和多目标优化调度算法，可提供需求响应、调度响应、孤岛运行、低碳运行等多种运行模式，实现对光伏系统、储能系统、充电桩系统、负荷系统的综合管理，满足不同客户个性化需求，保障微网安全、稳定、经济运行。

3. 技术功能特性

采用多时间尺度功率预测和多目标优化调度算法，可根据不同用户的个性化需求提供多种运行模式。

4. 节能减碳效果

西安产业园区改造项目，技术提供单位为特变电工西安电气科技有限公司。该项目配置 2.14MWp 屋顶光伏发电系统、1MW·h 磷酸铁锂储能系统，微电网为园区生产、研发、办公和生活供电。改造完成后，充分利用新能源发电，有效减少购电量，清洁能源自给率>50%；提升光伏自发自用比例 12%；赚取峰谷电价差，减少年度电费 6.5%；降低基础容量 10%，减少年基础电费 6%，每年可节电 283.9 万 kW·h，折合年节约标煤 964.8tce，减排 CO_2 2605t/a。投资回收期约 10 年。预计未来 5 年，推广应用比例可达到 20%，可节能 1.93 万 tce/a，减排 CO_2 5.21 万 t/a。

5.4.2　同步编码调节智能节电装置

1. 适用范围

同步编码调节智能节电装置适用于输配电系统优化领域节能技术改造。

2. 基本原理

利用电磁平衡原理，通过对配电系统电能质量优化治理，如切断富余电压、电磁移项、抑制谐波、抗击浪涌、平衡三相等，通过同步编码调节控制，实现智能化和云端监视。其工作原理如图 5-24 所示。

3. 技术功能特性

1）通过同步电压追踪系统，可以快速满足系统用电经济性的要求，保持电压系统稳定在一个高效能的工作状态，使系统用电设备整体效能保持最佳。

2）通过本装置立体卷铁心、三维交叉设计，保持系统输入维持在最佳平衡状态。

3）高性能具有电抗功能的可调节机芯，对抑制系统谐波污染、抗冲击、吸收浪涌具有明显的作用。

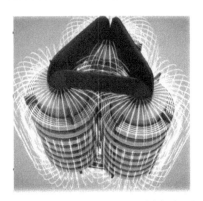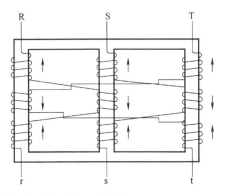

图 5-24　同步编码调节智能节电装置工作原理

4. 节能减碳效果

泓林电力技术股份公司配电系统节能改造项目，技术提供单位为威海智拓节能科技有限公司。在西配电室串联一套容量 2500kVA 的节电装置，在东配电室串联加装两台 1250kVA 的节电装置。改造完成后，年节约总电量 230 万 kW·h，折合年节约标煤 782tce，减排 CO_2 2111.4t/a。投资回收期约 25 个月。预计未来 5 年，推广应用比例可达到 15%，可节能 1.17 万 tce/a，减排 CO_2 约 3.17 万 t/a。

5.4.3　产业园区智能微电网平台建设与应用技术

1. 适用范围

产业园区智能微电网平台建设与应用技术适用于各类使用光伏发电、风电、生物质发电、储能系统的园区和工厂节能技术改造。

2. 基本原理

集成分散独立供能系统，靠近用户侧，容量相对较小，将分布式电源、负荷、储能元件及监控保护装置等有机融合，形成了一个单一可控单元；通过静态开关在公共连接点与上级电网相连，可实现孤岛与并网模式间的平滑转换；就近向用户供电，减少了输电线路损耗，增强了抵御来自上级电网故障影响的能力。当上级电网发生故障或电能质量不能满足要求时，微电网切换到孤岛模式下运行，保证自身安全稳定运行。其系统结构如图 5-25 所示。

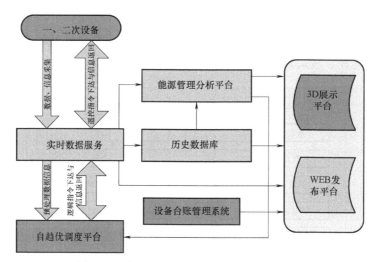

图 5-25　产业园区智能微电网平台系统结构

3. 技术功能特性

1）数据采集的网络拓扑结构和设备。

2）独立完善的监控系统。

3）可视化智能化的 3D 展示场景。

4. 节能减碳效果

辽宁激光产业园智能微电网平台项目，技术提供单位为辽宁宏成供电有限公司。建立产业园智能微电网平台，将园区所在的 11 个变电所内部的所有高低压电气设备的数据，进行采集和传输。项目改造后，每年可节省电量 769.6 万 kW·h，折合年节约标煤 2616.6tce，减排 CO_2 7064.8t/a。投资回收期约 4 年。预计未来 5 年，推广应用比例可达到 23%，可节能 4.31 万 tce/a，减排 CO_2 11.64 万 t/a。

5.4.4　薄膜太阳能新型绿色发电建材技术

1. 适用范围

薄膜太阳能新型绿色发电建材技术适用于光伏建筑一体化领域节能技术改造。

2. 基本原理

利用薄膜太阳能材料轻、薄、柔的特性，结合传统建材设计形态，采用芯片镀膜、曲面封装、层压等工艺,将薄膜电池芯片与曲面/平面玻璃融合,打造发电建材产品。该技术将照射到建筑屋顶和立面的太阳能高效利用并转化为电能,可为建筑内照明、办公、空调系统等提供电力供应,有效降低建筑对外界的能源依赖、减少能耗。玻璃基薄膜电池工艺流程如图 5-26 所示。

图 5-26 玻璃基薄膜电池工艺流程

3. 技术功能特性

1) 具备高效发电性能:薄膜太阳能电池芯片具有较高光电转化效率,能够实现全生命周期内发电,弱光性能优异,同时遮挡影响小,发电稳定性更好。

2) 满足太阳能建筑一体化设计要求:该技术及产品不仅具备生态建材基本属性,而且颜色可调、形状可定制,更适用于太阳能建筑一体化,满足建筑美学要求。

4. 节能减碳效果

奥林匹克森林公园科普展示中心 BIPV 项目,技术提供单位为汉能移动能源控股集团有限公司。对原有建筑功能进行改造,建设全球首个以太阳能为主线,以清洁能源为主题的专业展馆,同时打造薄膜发电建筑一体化(BIPV),实现展馆发电、用电、储电、售电智能化管理和最优化运行。改造完成后,年发电量约 44 万 kW·h,折合年节约标煤 149.6tce,减排 CO_2 403.92t/a。项目综合年效益合计为 40.7 万元,总投入为 657 万元,投资回收期 11 年。预计未来 5 年,推广应用比例可达到 5%，可节能 2.9 万 tce/a，减排 CO_2 7.83 万 t/a。

5.4.5 园区型新能源微电网节能技术

1. 适用范围

园区型新能源微电网节能技术适用于园区微电网节能技术改造。

2. 基本原理

采用光储技术、光功率平滑技术和削峰填谷控制策略，优化调度各种可再生能源和清洁能源发电、冷热电转换以及储能装置的充放电，实现微电网系统能效管理的节能经济性，降低对大电网的依赖和冲击。其能量管理系统界面如图 5-27 所示。

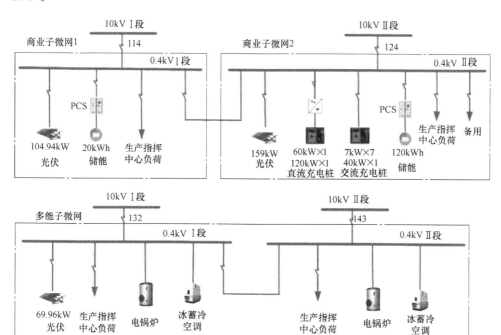

图 5-27　园区型新能源微电网节能技术能量管理系统界面

3. 技术功能特性

1）减小主干电网在负荷峰值期的负担，使各种分布式发电设备得到充分利用。

2）增强供电可靠性，在特殊情况下可以不间断地为特殊负荷供电，提高大电网的安全性。

3）可再生能源得到充分利用。

4. 节能减碳效果

江宁园区微电网改造项目，技术提供单位为国电南京自动化股份有限公司。建设新能源微电网系统，包括光伏、储能、燃机、充电桩等。该项目从 2017 年 11 月正式并网发电，光伏年累计发电量能达到 45.2 万 kW·h，折合年节约标煤 138.1tce，减排 CO_2 382.9t/a。该项目综合年效益合计为 95 万元，总投入为 258.2 万元，投资回收期约 2.7 年。预计未来 5 年，推广应用比例可达到 15%，可节能 187 万 tce/a，减排 CO_2 518.5 万 t/a。

5.4.6　园区多能互补微网系统技术

1. 适用范围

园区多能互补微网系统技术适用于园区能源信息化节能技术改造。

2. 基本原理

针对园区用能，融合分布式光伏、太阳能光热、风力发电、储热、储电、风力发电、交直流混合配电网、溴化锂热源制冷、智能充电桩等技术，通过智慧能源管理平台来实现各清洁能源供给、储存、传输、利用的综合管理及互补，降低园区用能成本。其工艺流程如图 5-28 所示。

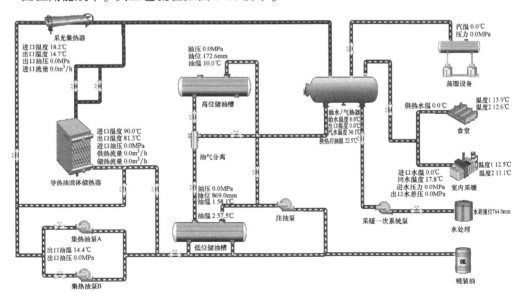

图 5-28　园区多能互补微网系统技术的工艺流程

3. 技术功能特性

1）通过电力电子双向变换装置，实现交、直流配电网的互通，形成柔性交、直流混合配电微电网。

2）融合蓄电池储电、固体储热两种方式，实现对电能、热能的存储，提升能源利用效率，弥补清洁能源间歇性、波动性的不足。

3）采用智慧能源管理平台对各环节进行综合管理。

4. 节能减碳效果

西电宝鸡电气有限公司多能互补微网系统解决方案及示范工程应用项目，技术提供单位为西电宝鸡电气有限公司。安装低压交直流柔性输配电系统，园区原有的 5.9MW 分布式光伏发电系统接入能源管理系统，新建智慧能源管理平台。光伏发电系统建设投运后每年可节约标煤 1700tce，供热系统折合年节约标煤 14tce，溴化锂热源制冷折合年节约标煤 60tce，综合年节约标煤 1774tce，减排 CO_2 4918.4t/a。该项目综合年效益合计为 150 万元，总投入为 463 万元，投资回收期约 3 年。预计未来 5 年，推广应用比例可达到 25%，可节能 10 万 tce/a，减排 CO_2 27.7 万 t/a。

第6章

"十四五"工业节能技术装备发展方向

　　"十四五"时期是我国经济发展低碳转型的关键期，为全面推动绿色低碳经济发展，《2030碳达峰行动方案》（以下简称《方案》）中明确提出："到2025年，非化石能源消费比重达到20%左右，单位国内生产总值能源消耗比2020年下降13.5%，单位国内生产总值二氧化碳排放比2020年下降18%。"《方案》把"节能降碳增效行动"作为"碳达峰十大行动"之一，并在工业领域进行全面部署，凸显了节能对实现碳达峰碳中和目标的重要作用。

　　中央财经委员会第九次会议指出，"十四五"是碳达峰的关键期、窗口期，要重点做好推动绿色低碳技术实现重大突破，抓紧部署低碳前沿技术研究，加快推广应用减污降碳技术。新形势下，加快推广先进适用节能技术装备（产品），推动工业节能和能效提升，已成为转变经济增长方式、提升经济发展质量和效益的重要抓手。一方面，超高能效设备（产品）等在我国有着广阔的市场空间和应用前景，可不断形成绿色发展新动能；另一方面，运用先进适用节能技术对重点行业进行节能低碳改造，有助于推动节能环保产业加快发展，提升制造业发展质量，形成新的经济增长点。

　　通过研究《2030年前碳达峰行动方案》《"十四五"全国清洁生产推行方案》《变压器能效提升计划2021—2023年》《电机能效提升计划2021—2023年》《"十四五"工业绿色发展规划》《"十四五"机械工业节能规划》等技术政策或规划文件，综合各行业节能技术的应用及研发方向的梳理总结，我们对"十四五"工业节能技术装备发展方向及趋势进行了初步探析，主要按照重点用能设备节能技术、重点行业及领域节能技术两个类别进行了分类探讨。

6.1 重点用能设备节能技术

6.1.1 高效变压器

通过应用高牌号取向硅钢片、非晶态合金、铜绕组线、新型合金绕组线、矿物绝缘油、环保型和防火绝缘油、高性能环氧树脂等新材料，采用立体卷铁心结构、优化高压箔绕线圈组模及线圈浇注工艺、多阶梯叠接缝等高效节能变压器结构设计与加工工艺技术创新等，提升变压器能效水平和整机性能。应用精细化无功补偿技术、智能分接开关、智能运行监测技术等，促进变压器数字化、绿色化、智能化水平，提升变压器系统能效水平。

6.1.2 高效电机系统

通过应用高效电工钢、永磁体材料、绝缘材料等新材料，采用节材工艺设计、复杂结构电机外壳的铝合金挤压近净成形、高效电机系统集成设计与优化等技术，提升电机绿色化设计水平和整机能效水平。应用磁悬浮高速电机系统、开关磁阻调速电机系统、绕线转子无刷双馈电机及变频控制系统、高效电机能效在线监测及远程运维等互联网+高效节能装备系统控制技术，提升电机系统电气化水平和能效水平，降低工业用户运维成本。

6.1.3 高效工业锅炉

通过应用复合结晶膜、红外节能涂料、隔热涂料等新材料，采用优化锅炉结构设计、调整锅炉受热面布置、减少燃烧污染物排放及烟温损失等技术，提升锅炉本体能效水平。应用锅炉系统能效在线诊断与专家咨询系统、主辅机匹配等互联网+高效节能锅炉系统控制技术，提升锅炉自动调节和智能燃烧控制水平。

6.2 重点行业及领域

6.2.1 重点行业

在建材行业，应用粉煤灰、工业废渣、尾矿渣等作为原料或水泥混合材料，

233

研发新型胶凝材料、低碳混凝土、木竹建材等低碳建材产品；在石化行业，应用高效催化、过程强化、高效精馏等技术工艺；在钢铁行业，应用全废钢电炉工艺、废水联合再生回用、焦化废水电磁强氧化深度处理等技术，研发应用氢能冶金、二氧化碳捕集利用一体化技术；在有色金属行业，应用很广的高效低碳铝电解、短流程冶炼、连续熔炼等技术，全面提高能源利用效率。"十四五"期间，建议推广的建材行业节能技术有"水泥外循环立磨技术""钢渣/矿渣辊压机终粉磨系统""水泥熟料节能降氮烧成技术""利用高热值危险废弃物替代水泥"；建议推广的石化化工行业节能技术有"高温高盐高硬稠油采出水资源化技术""大型清洁高效水煤浆气化技术""低压法双粗双精八塔蒸馏制取优级乙醇技术"等；建议推广的钢铁行业节能技术有"焦炉正压烘炉技术""铜冶炼领域汽电双驱同轴压缩机组（MCRT）技术""钢渣立磨终粉磨技术"等；建议推广的有色金属行业节能技术有"高纯铝连续旋转偏析法提纯节能技术""复杂多金属物料协同冶炼及综合回收关键技术"等。

6.2.2 储能及可再生能源利用技术

通过应用储能及多能互补技术装备，优化能源用能结构，提高能源利用效率。研发可再生制氢和储氢技术、多能互补分布式供能系统设计与微能源网智能调控技术、可再生能源与化石能源热化学互补的分布式电冷热联供技术，实现清洁低碳、安全高效供能用能。"十四五"期间，建议推广的储能及可再生能源利用技术有"基于物联网控制的储能式多能互补高效清洁太阳能光热利用系统""园区型新能源微电网节能技术""薄膜太阳能新型绿色发电建材技术""高电压大功率成套固体电蓄热炉""基于飞轮储能的发电机功率补偿及节能技术"等。

6.2.3 智慧能源管控系统技术

通过应用带有网络数据接口及数据传输功能的技术装备，推动工业生产数字化、智能化，提升人机智能融合创新；搭建工业互联网平台，提供基于工业知识机理的数据分析能力；建议有条件的生产企业加快能耗在线监测系统的建设，为开展能源审计、能效对标、能源计量审查、节能改造等提供支撑服务。"十四五"期间，建议推广的智慧能源管控系统技术有"能源消耗在线监测智慧管理平台""高炉热风炉燃烧控制模型""基于工业互联网钢铁企业智慧能源管控系

统""基于边缘计算的流程工业智能优化控制技术""区域综合能源管控系
统"等。

6.2.4　余热余压利用

应用余热余压高效回收节能技术装备，开展低品位余能深度回收利用，推进
余热余压利用技术与工艺节能相结合，提高高耗能行业余热余压回收利用效率。
"十四五"期间，建议推广的余热余压利用技术有"工业循环水余压能量闭环回
收利用技术""有机朗肯循环（ORC）发电技术""基于向心涡轮的中低品位余
能发电技术""基于喷淋换热的燃煤烟气余热深度回收和消白技术""循环氨水
余热回收系统""基于热能梯级利用的热电联产低位能供热技术""配套于大型
催化裂化装置补燃式余热锅炉"等。

"十四五"期间，节能技术装备产业将在工业绿色转型中继续扮演重要角
色。加快推广节能技术装备，大力发展绿色制造产业，将是推动我国经济社会发
展，实现产业结构调整，确保如期实现 2030 年前碳达峰目标的重要手段。

附　录

附录 A　《国家工业节能技术装备推荐目录（2019）》技术部分

工业节能技术部分

（一）流程工业节能改造技术

序号	技术名称	技术介绍	适用范围	目前推广比例	未来 5 年节能潜力	
					预计推广比例	节能能力/（万 tce/a）
1	生活垃圾生态化前处理和水泥窑协同后处理技术	通过滚筒筛、重力分选机、圆盘筛、除铁器等一系列机械分选装置，分选出垃圾中的易燃、无机物等，并进一步破碎，制成水泥窑垃圾预处理可燃物（CMSW）、无机灰渣等原料，水泥窑垃圾预处理可燃物（CMSW）、无机灰渣等原料经过一系列输送、计量装置，喂入新型干法水泥窑分解炉，替代部分燃煤、原料	适用于水泥行业水泥窑协同处置垃圾领域	5%	15%	70
2	高压力料床粉碎技术	采用成套稳定料床设备和装置（组合式分级机、"骑辊式"进料装置等）来解决人料中细粉含量较多时辊压机料床稳定性的问题，以增加辊压机的工作压力，从而提高其辊磨效率；同时通过对设备和系统的在线监测以及智能化控制保障设备和系统按照既定方式运行，实现水泥粉磨的高效率、低能耗、高品质的智能化生产	适用于建材行业水泥粉磨领域	10%	30%	40

（续）

序号	技术名称	技术介绍	适用范围	目前推广比例	未来 5 年节能潜力	
					预计推广比例	节能能力/（万 tce/a）
3	煤矸石固废制备超细煅烧高岭土技术与装备	以煤矸石固废为原料，经粉碎、磨矿、干燥、解聚、煅烧、再解聚等，得到超细煅烧高岭土产品	适用于非金属矿超细深加工制备微米级超细粉体功能材料领域	1%	15%	28
4	复合结晶膜	先对基质材料表面进行预处理，使基质材料表面粗糙度达到 SA3.0 级，再把复合结晶膜浆料充分润湿基质材料表面。经干燥固化后，再随炉升温进行焙烧，形成致密的复合结晶膜，它主要作用在基质材料表面，提升材料耐腐蚀、耐高温氧化、耐磨损及传热性能，从而达到提高生产率，降低生产成本的效果	适用于工业锅炉辐射受热面节能技术改造	1%	10%	15
5	反重力工业冷却水系统综合节能技术	采用功率因数提高、富余扬程释放、系统流量匹配、真空负压回收、冷却塔势能回收、逆流塔多层布水、冷却塔风机联合控制技术，提高了系统的整体效率，也提高了工业冷却水系统的自动化程度和运行稳定性	适用于工业冷却水节能技术改造	1%	5%	6.8
6	工艺冷却水系统能效控制技术	通过实时测定循环水末端生产负荷变化、室外气象条件、循环水管网阻抗系数变化及耗能设备运行工况等相关参数，以满足生产热交换需求为控制目标，自动寻优最佳工况点。通过 PID 调节控制循环水系统中水泵、冷却塔、阀门等部件的运行参数和组合方式，在保证工艺需求的前提下达到系统整体能耗最低	适用于工业冷却水节能技术改造	5%	10%	10
7	带分级燃烧的高效低阻预热器系统	通过预热器系统利用窑尾烟气对生料进行预热，在分解炉内对预热后的生料进行碳酸钙分解，减轻回转窑的负担，提高产量；通过集成创新，实现物料分散提高、气流速度降低、多级预热，达到系统的高效低阻，降低煤耗与电耗；通过分级燃烧技术降低窑尾烟气 NO_x 排放	适用于水泥行业预热器节能改造	0.4%	5%	28

（续）

序号	技术名称	技术介绍	适用范围	目前推广比例	未来5年节能潜力	
					预计推广比例	节能能力/（万 tce/a）
8	新型扭曲片管强化传热技术	裂解炉辐射段炉管安装扭曲片管段后，管内流体的流动形式由活塞流转变为旋转流，对炉管内壁形成强烈冲刷作用，大幅度减小了边界层厚度，增大了辐射段炉管总传热系数，从而降低了炉管管壁温度，降低了结焦速率，延长了裂解炉运行周期，降低了能耗	适用于乙烯裂解炉、各种炼油管式炉和高压锅炉等传热节能技术改造	17%	50%	10.5
9	智能连续式干粉砂浆生产线	利用特殊设计的三级搅拌系统、精准的动态计量系统以及计算机控制系统，实现了干粉砂浆的连续式生产，生产效率高、能耗低	适用于建材行业的干粉砂浆生产领域	10%	40%	16
10	低压法双粗双精八塔蒸馏制取优级酒精技术	采用多效热耦合蒸馏工艺，两塔进汽，八塔工作，将后一效的再沸器作为前一效的冷凝器，热量多次循环利用，最大限度地降低蒸馏过程中蒸汽和循环水消耗，各塔之间加热的再沸器采用降膜蒸发器原理，降低塔与塔之间的加热温差，节能效果明显	适用于化工行业优级酒精制造	20%	40%	29
11	水泥外循环立磨技术	物料从立磨中心开始喂料、落入磨盘中央，磨盘转动将物料甩向周边，加压磨辊与磨盘之间进行物料研磨，研磨后的物料经过磨刮料板刮出，从卸料口卸出，再经过斗提机喂入选粉系统与球磨机系统，可与球磨机配置成预粉磨或联合粉磨、半终粉磨，也可配置成终粉磨系统，能耗低，效率高	适应于水泥粉磨领域	5%	15%	20
12	高效低能耗合成尿素工艺技术	通过合理控制 N/C 比，使 CO_2 转化率高达63%，并在全冷凝反应器副产 0.5MPa(g) 的低压饱和蒸汽，在汽提塔内将大部分未生成尿素的氨基甲酸铵分解。通过设置简捷中压系统，将部分汽提塔分解负荷转移至中压系统。然后经低压分解回收系统和真空系统将尿素溶液浓缩至96%以上进行造粒，并对装置产生的含氨工艺冷凝液进行处理净化，作为锅炉给水重复利用，实现原料回收和废水零排放	适用于合成氨、尿素行业节能技术改造	3.3%	16%	84

（续）

序号	技术名称	技术介绍	适用范围	目前推广比例	未来5年节能潜力	
					预计推广比例	节能能力/（万 tce/a）
13	水泥熟料节能降氮烧成技术	采用"鹅颈管"结构的分解炉系统,增加了分解炉的固气比,同时对分解炉下部进行结构改造,使锥体区域形成煤粉燃烧的还原区,利用"非金属材质拢焰罩"低氮燃烧器,实现"正常火焰"的低氮煅烧,提高了窑内的热交换效率和熟料质量	适用于水泥行业新型干法水泥熟料煅烧领域	1%	20%	198
14	集成模块化窑衬节能技术	将轻量化耐火制品、纳米微孔绝热材料分层组合在一起,巧妙地利用不同材料的导热系数,将各层材料固化在各自能够承受的温度范围内,保证了使用效果和安全稳定性,减少热量损失	适用于建材行业回转窑节能技术改造	1%	28%	168
15	大螺旋角无缝内螺纹铜管节能技术	采用有限元模拟软件,分别建立了三辊行星轧制再结晶过程、高速圆盘拉伸状态模型、内螺纹滚珠旋压成形过程中减径拉拔道次、旋压螺纹起槽道次和定径道次及旋压变形三个道次的有限元模型,研发了一套基于铜管制造设备、工艺技术特点和生产实际的大螺旋角高效内螺纹铜管生产技术	适用于有色金属加工领域	8%	40%	15
16	钛白联产节能及资源再利用技术	将钛白粉生产工艺与硫酸低温余热回收生产蒸汽并发电的工艺技术紧密联合,同时将钛白粉与钛矿、钛渣混用技术以及连续酸解的工艺技术、钛白粉生产20%的稀硫酸的浓缩技术与硫酸铵及聚合硫酸铁的工艺技术、钛白粉生产水洗过程低浓度酸水与建材产品钛石膏的工艺技术等有机地联系起来,形成一个联合生产系统,从而最大程度利用能源资源	适用于化工行业钛白粉生产领域	35%	50%	238
17	高温高盐高硬稠油采出水资源化技术	通过 MBF 微气泡气浮、核桃壳除油除悬浮物、高密度悬浮澄清器除硅、MVC 蒸发脱盐、树脂软化,最后得到高品质产品水应用于注汽锅炉	适用于石化行业水处理领域	3%	20%	13
18	高辐射覆层节能技术	通过在蓄热体表面涂覆一层高发射率的材料,形成具有更高换热效率的复合蓄热体结构,提高蓄热体蓄热、放热速率,提高炉窑热效率	适用于工业炉窑节能技术改造	20%	30%	81

（续）

序号	技术名称	技术介绍	适用范围	目前推广比例	未来5年节能潜力	
					预计推广比例	节能能力/（万 tce/a）
19	工业循环水系统集成与优化技术	从冷却水池、循环水泵组、输送管网、调节阀门、换热装置、冷却塔等整体系统入手，通过与最新标准对标，确定高能耗发生环节，采用智能化系统管控软件、更换高效节能设备、合理分配水量水压等	适用于工业循环水节能技术改造	10%	30%	3
20	高纯铝连续旋转偏析法提纯节能技术	采用侧部强制冷却定向凝固提纯新工艺，合理控制固液界面流动速度，精确调整结晶温度和结晶速度；提纯完成后用倾动装置将尾铝液体排出体外，再将提纯铝固体和坩埚快速放入加热装置中，将高温凝固的提纯铝固体短时间内再次熔化，熔化后铝液在提纯装置中再次进行提纯；重复操作，直到获得符合纯度要求的高纯铝	适用于有色金属行业高纯铝提纯领域	20%	40%	10.2

（二）重点用能设备系统节能技术

序号	技术名称	技术介绍	适用范围	目前推广比例	未来5年节能潜力	
					预计推广比例	节能能力/（万 tce/a）
1	纳米远红外节能电热技术	利用纳米级合金电热丝产生热能，通过石英管转化远红外线，远红外线绝大部分渗透到料筒，小部分被反射的红外线经过裹敷纳米保温材料的反射层镜面多次往复反射，绝大部分能量都被辐射进料筒加热，实现单向辐射，降低了热损失	适用于橡塑行业料筒加热、其他行业管道加热等领域	7%	20%	2.56
2	特大型空分关键节能技术	利用低温精馏原理，采用以系统能量耦合为核心的工艺包、高效的精馏塔和换热器系统、高效的分子筛脱除和加热系统、高效传动设备等，实现空分设备的低能耗、安全稳定运行	适用于煤化工、石油化工、冶金等行业的空分设备领域	20%	50%	24
3	大小容积切换家用高效多联机技术	多联机大小容积切换压缩机技术具有两种运行模式：双缸运行模式满足中、高负荷需求，单缸运行模式满足低负荷需求；单缸运行模式在减小压缩机工作容积的同时提升压缩机运行频率，使压缩机在最高效的运行频率下工作，减小输出和提升低负荷能效	适用于空调、采暖等行业的多联机节能改造领域	5%	20%	1.56

（续）

序号	技术名称	技术介绍	适用范围	目前推广比例	未来 5 年节能潜力	
					预计推广比例	节能能力/（万 tce/a）
4	石英高导双效节能加热器技术	采用独创的结构设计和高导热金属材料,同时利用热传导和热辐射原理,提高了热能利用率。特殊的高导热金属超导材料增加了镜面反射装置,提高了热能一致性;可复制的结构单元对不同产品需求具有延展适应性;外层配置高效纳米隔热层,与镜面反射装置实现双重隔热,进一步提高了保温、节能效果	适用于塑料、橡胶加工设备,如注塑机、挤出机的机筒加热等领域	5%	30%	42.5
5	高效智能轻量化桥式起重机关键产业化技术	优化起重机主梁、端梁、小车架等主要结构件的设计,优化卷筒组、吊钩组、车轮组等关键配套件结构,通过主结构与其他关键部件的整体协调配套设计、减量化设计、结构自适应技术等,实现起重机自重减小 15%～30%,高度降低 15%～30%,总装机功率（能耗）降低 15%～30%	适用于起重量 5～800t,跨度10.5～31.5m,工作级别 A3～A5 系列起重机的高效、智能、轻量化设计制造	20%	50%	19.6
6	永磁直驱电动滚筒技术	永磁直驱电动滚筒外壳设计为外转子,转子内部采用磁钢形成磁路,定子线圈固定在机轴的轴套上,机轴为空心轴,电源引线从接线盒由机轴的空心穿入与线圈连接,其外还有相应支撑的端盖,支座,轴承和油盖主要零件以及密封,紧固等标准件,由变频驱动器直接驱动滚筒,传动效率大幅度上升	适用于冶金、矿山、煤炭等行业的大、中型带式输送机节能改造领域	1%	5%	4.08
7	新型球磨机直驱永磁同步电动机系统	采用新型球磨机用永磁直驱同步电动机系统替代原有的减速机+异步电动机组成的驱动系统,减少系统传动节点,缩短传动链,降低故障率,提高传动效率,保证系统安全可靠运行	适用于矿山、水泥、陶瓷等行业低转速大转矩动力设备领域	1%	20%	6.8
8	钎杆调质悬挂线蓄热式热处理技术	采用两侧整面式燃气蓄热墙作为加热载体,采用多点温度监控技术,通过布置在系统中的温度检测点,实时检测蓄热体温、排烟温度、工件淬火前温度、淬火液温度等,系统自动调整加热炉温度、淬火液温度、进出料节拍,保证工件质量的一致性,综合能耗由 500kW·h/t 降低至 350kW·h/t	适用于轴类钎杆零件热处理工艺节能技术改造领域	10%	30%	2.3

（续）

序号	技术名称	技术介绍	适用范围	目前推广比例	未来 5 年节能潜力	
					预计推广比例	节能能力/（万 tce/a）
9	新型固体物料输送节能环保技术	将物料从卸料、转运到受料的整个过程控制在密封空间进行；根据物料自身的物化特性，采用计算模拟仿真数据，设计输送设备结构模型，通过减少破碎减少粉尘产生、降低除尘风量，大幅度降低除尘系统风量和风压，实现高效输送、减尘、抑尘、除尘	适用于钢铁、矿山、火电、石化等行业的散装物料输送领域	1%	15%	2.3
10	全模式染色机高效节能染整装备技术	通过多模式喷嘴系统和超低浴比染液动力及循环系统，采用喷嘴与提布系统内置于主缸的超低张力织物运行技术，使主泵在气流雾化染色模式时高扬程低流量，在气液分流及溢流染色模式时低扬程高流量，保持高效率运行，并提升主泵汽蚀余量，有效降低了染色机的浴比，实现了低耗水量、耗电量和耗蒸汽量	适用于纺织印染行业的针织、梭织印染领域	2%	10%	8.2
11	国产高性能低压变频技术	控制单元与功率单元分开，控制单元使用 X86-CPU 作为核心芯片，功率单元采用 DSP 完成控制，通过以太网高速通信，采用实时多任务控制技术、整流器技术、同步电动机矢量控制技术等实现高效稳定变频	适用于冶金、船舶、港机等行业的低压高端变频调速领域	1%	5%	7.5
12	高效过冷水式制冰机组	通过制冷主机产生的低温乙二醇溶液或制冷剂直接蒸发产生的冷量将蓄冰槽里的水经动态制冰机组里的过冷却器换热降温成-2℃过冷水，再通过制冰机组里的超声波促晶装置解除过冷生成冰浆，通过管道输送到蓄冰槽里；制冰过程依靠高速对流换热和热传导换热，传热系数大、换热时不制冰，制冰时不换热，换热和制冰分两步完成，制冰速度快且恒定	适用于空调、制冰、预冷等领域	2%	25%	2.94
13	SAF 气流溢流两用染色机	通过风喷嘴吹出的风力带动布料运行进行染色，有效解决了厚克重、高密度、紧密梭织布等面料的染色问题，染色浴比只有传统溢流染色机的一半，最低可达到 1∶2.5，在拓展使用范围的同时大幅度减少了能耗和排污量	适用于纺织印染设备节能技术改造	7%	30%	14.3

（续）

序号	技术名称	技术介绍	适用范围	目前推广比例	未来5年节能潜力	
					预计推广比例	节能能力/（万tce/a）
14	开关磁阻调速电机系统节能技术	基于开关磁阻电机研制出的新型高效节能电机系统,电机采用12/8极结构,极靴比例合理,增加了电感的重叠系数,磁拉力更大更均匀,有效降低了转矩脉动,减小电机本体的振动噪声;采用结合换相点+转子位置检测+电流幅值变化的实时控制技术,提升了电机效率	适用于建材、机床、油田、矿山等行业电机系统节能技术改造	10%	35%	5.0
15	工业蒸汽轮机通流结构技改提效技术	在原高能耗工业汽轮机组的基础上,对其通流结构进行设计优化和改造,通过热力计算,增加原机组通流结构压力级、套缸体、优化叶片型线、更换汽封、优化喷嘴结构、配套隔板等辅助系统,提升运行效率,在同等工况条件下实现机组多做功、多出力,多产电	适用工业热工系统(容量50MW以下蒸汽轮机)的节能技术改造	10%	36%	30
16	循环水系统高效节能技术	通过对流体输送工况的检测及参数采集,建立水力数学模型,计算最优循环水输送方案,找到系统的最佳运行工况点,设计生产与系统最匹配的高效流体传输设备,同时配套完善自动化控制方式,使系统始终保持最佳运行工况,实现循环水系统高效节能	适用于化工、冶金行业,热电行业的循环水系统节能改造	3%	10%	4.5

（三）能源信息化管控技术

序号	技术名称	技术介绍	适用范围	目前推广比例	未来5年节能潜力	
					预计推广比例	节能能力/（万tce/a）
1	创新5G系统平台演进式多频多制式容量分布系统(eCDS)产品及技术	系统由射频容量接入转换单元/板卡、容量接入单元、演进式容量拉远单元、容量分配单元和集成5G微容量拉远单元组成,其中CDU及pCRU可根据工程实际应用配置选用。该技术应用使设备提高了效率,降低了单机能耗;改变了原有低效的组网方式,节省大量传统RRU设备	适用于电信行业通信领域	1%	20%	64.6

（续）

序号	技术名称	技术介绍	适用范围	目前推广比例	未来5年节能潜力	
					预计推广比例	节能能力/（万tce/a）
2	电动汽车群智能充电系统	电动汽车智能充电系统由防护、通信、检测、计量、交互等多个方面的辅助功能组成，实现10kV高压接入，经过AC/DC功率模块转换成直流电为电动汽车进行充电。通过高效散热、高压箱集成、高效AC/DC转换、负荷调度与智能充电等多项核心技术使系统具有很好的节能效果	适用于电动汽车充电领域	10%	20%	15.6
3	精密空调节能控制技术	通过降低压缩机与风机的转速，使单位时间内通过冷凝器和蒸发器的冷媒流量下降，增加精密节能控制柜，使压缩机、室内风机的供电先经过节能控制柜，通过节能控制柜采集室内的温度信号，由控制器输出相应控制信号给总变频器，进而控制这两个器件的工作频率，达到降低能耗的目的	适用于电子行业数据中心节能改造	<1%	30%	1.485
4	绕线转子无刷双馈电机及变频控制系统	无刷双馈电机是一种新型交流感应电机，由两套不同极对数定子绕组和一套闭合、无电刷、无滑环装置的转子构成。两套定子绕组产生不同极对数的旋转磁场间接相互作用，转子对其相互作用进行控制来实现能量传递；既能作为电动机运行，也能作为发电机运行，兼有异步电动机和同步电动机的特点	适用于电机节能技术改造项目	<1%	20%	6.02
5	工商业园区新能源微电网技术	工商业园区新能源微电网是以自主研发的电能路由器、储能变流器、光伏逆变器等全系列电力电子一次产品为支撑，以微网能量管理系统、中央控制器、运维云平台等二次产品为辅，构建的全生态链微网能量管理及运维系统	适用电力行业微电网领域	1%	20%	1.93
6	炼化企业公用工程系统智能优化技术	本技术包括氢气系统智能优化技术和蒸汽动力系统智能优化技术，提高了系统氢气利用效率，实现蒸汽产-输-用集成建模与优化。并在系统模拟基础上，开发实时监测、用能诊断、运行优化、排产和能耗管理等核心功能，辅助工艺人员优化系统操作、识别系统瓶颈，精细化日常管理	适用于炼化企业、石化基地、化工园区公用工程资源的集成管理与优化	6.7%	30%	37.5

（续）

序号	技术名称	技术介绍	适用范围	目前推广比例	未来5年节能潜力	
					预计推广比例	节能能力/（万tce/a）
7	流程型智能制造节能减排支撑平台技术	是一个UNIX版本的支撑实时仿真、控制、信息系统软件开发、调试和执行的软件工具,实现了生产工艺流程的全面在线监视、在线预警、在线诊断和优化,应用高精度、全物理过程的数学模型形成了系统节能减排的在线仿真试验床,支持设备系统在线特性研究、热效率优化和动静态配合等深层次优化控制问题的研究,研究保证产品质量和降低生产能耗的方法	适用于电力、水泥、钢铁等行业的数字化管控领域	1%	10%	22
8	直流互馈型抽油机节能群控系统	将同一采油(气)区块的各井抽油机电控逆变终端通过直流互馈型直流母线方式统一供电,充分发挥直流供电的优点和多抽油机的群体优势。将现代网络化无线通信管理方式与油井群控配置组态相结合,实现集群井间协调和监控管理	适用于工矿油气开采等行业的供电和电控系统增产节能改造	12%	30%	8.1
9	同步编码调节智能节电装置	利用电磁平衡原理,通过对配电系统电能质量优化治理,如切断富余电压、电磁移项、抑制谐波、抗击浪涌、平衡三相等,通过同步编码调节控制,实现智能化和云端监视	适用于输配电系统优化领域	≤2%	15%	1.17
10	基于电磁平衡原理、柔性电磁补偿调节的节能保护技术	应用电磁平衡、电磁感应以及电磁补偿原理;采用动态调整稳定三相电压、电磁储能以及特有的柔性补偿调节技术,提高功率因数、消减谐波、降低涌流影响、实现智能稳压稳流,从系统的角度实现节能降耗。同时电能质量的提高也有效改善了各种设备的运行环境,从而延长设备寿命,提高运行效率	适用于配电系统整体节能改造	1%	5%	1.35
11	基于云控的流线包覆式节能辊道窑技术	将尾部部分冷风抽出打入直冷区加热至170~180℃,将缓冷区抽出的高温余热送至干燥系统利用,利用非预混式旋流型二次配风烧嘴,调节窑内燃烧空气,保证温度场均匀性,通过预热空气和燃料,节省窑炉燃料,将设备信息引入互联网云端,实现在线监测,并接入微信和iBOK专用移动终端,实现窑炉产线的远程管理与协助	适用于建材行业陶瓷工业窑炉生产线项目	3%	15%	3.47

（续）

序号	技术名称	技术介绍	适用范围	目前推广比例	未来5年节能潜力	
					预计推广比例	节能能力/（万tce/a）
12	高炉热风炉燃烧控制模型	采用数学模型与专家系统相结合的方式处理复杂工况。在保证多阶段不同参数燃烧的基础上，在工况复杂多变的应用环境下满足烧炉需求，解决了热风炉非线性、大滞后、慢时变特性的复杂控制问题，通过更精确的空燃比控制、更完善的烧炉换炉机制，提供更合适的烧炉策略	适用于高炉热风炉燃烧系统优化	1%	15%	43.6
13	基于边缘计算的流程工业智能生产节能优化控制技术	该技术具有自学习能力，能够实现在线建模功能，可针对不同装置、不同生产过程形成最适合的控制模型和优化模型，不但能够通过先进控制模块使各流程工业生产装置达到"快、准、稳、优"的最佳控制效果，而且能够通过优化模块使装置或整个系统达到最优的运行状态	适用于各类化工、流程工业等行业的智能生产、智能控制领域	1%	5%	1.6
14	产业园区智能微电网平台建设与应用技术	智能微电网是集成先进电力技术的分散独立供能系统，靠近用户侧，容量相对较小，将分布式电源、负荷、储能元件及监控保护装置等有机融合，形成了一个单一可控单元；通过静态开关在公共连接点与上级电网相连，可实现孤岛与并网模式间的平滑转换；就近向用户供电，减少了输电线路损耗	适用于各类使用光伏发电、风电、生物质发电、储能系统的园区和工厂	10%	23%	4.31

（四）可再生能源及余能利用技术

序号	技术名称	技术介绍	适用范围	目前推广比例	未来5年节能潜力	
					预计推广比例	节能能力/（万tce/a）
1	石墨盐酸合成装置余废热高效回收利用技术	通过研发高导热石墨材料、炉体分段结构设计等技术，设计出副产段，采用纯水将氯化氢气体冷却的同时，利用合成反应热加热纯水副产出0.8MPa的蒸汽，供用户并网使用	适用于石墨盐酸合成装置余废热回收利用领域	5%	30%	10
2	转炉烟气热回收成套技术开发与应用	基于能量梯级利用及有限元模拟计算分析，采用转炉烟道汽化冷却优化用能关键技术，通过一系列高效能核心动力设备，实现了烟气的高效回收利用	适用于冶金行业转炉炼钢烟气热回收利用领域	10%	20%	51

（续）

序号	技术名称	技术介绍	适用范围	目前推广比例	未来 5 年节能潜力	
					预计推广比例	节能能力/（万 tce/a）
3	球形蒸汽蓄能器	当转炉吹氧时,汽化冷却装置产生的多余蒸汽被引入球形蒸汽蓄能器内,随着压力升高,热水被加热同时蒸汽凝结成水,水位随着升高,完成了充热过程。在转炉非吹氧期或蒸发量较小的瞬间,用户继续用汽时,球形蒸汽蓄能器中的压力下降,伴随部分热水发生闪蒸以弥补产汽的不足,水位开始降低并实现了放热过程（向外供汽）	适用于钢铁冶金、火电、造纸等行业的蒸汽回收利用领域	10%	30%	4.07
4	基于大型增汽机的热电厂乏汽余热回收供热及冷端节能系统	利用大型蒸汽增汽机（蒸汽喷射器）,引射汽轮机低压缸排汽（乏汽）,混合升压升温后的蒸汽作为加热蒸汽,进入热网凝汽器,加热热网水,阶梯式逐级加热热网回水,达到供热所需温度后,向市政热网供热水,实现了乏汽余热的回收利用	适用于电力行业乏汽余热回收利用领域	1%	20%	421.6
5	基于喷淋换热的燃煤烟气余热深度回收和消白技术	在湿法脱硫后的烟道中设置直接接触式喷淋换热器,高湿低温烟气在喷淋换热器中与低温中介水直接接触换热,烟气温度降低至露点以下,烟气中的水蒸气冷凝,回收烟气的显热和潜热,同时回收水分,并吸收烟气中的 SO_2、NO_x 以及粉尘等污染物;中介水作为吸收式热泵机组的低温热源,在喷淋换热器中升温,在吸收式热泵机组中放热降温;吸收式热泵回收的热量提供给热用户	适用于烟气余热深度利用与消白领域	12%	30%	60
6	天然气管网压力能回收及冷能综合利用系统	该系统由螺杆膨胀发电机组、热泵补热系统、冷能综合回收系统等组成。上游管线的高压天然气,经旁通管路进入螺杆膨胀发电机组,单级或双级等熵膨胀后进入下级城市管网,膨胀过程中螺杆膨胀机驱动发电机发出稳定电能,膨胀过程中产生的冷能经载冷剂循环系统输送到制冰、空调、冷冻、冷藏等用冷单元。热泵补热系统同时将天然气加热到规范要求	适用于天然气行业的压力能综合利用领域	1%	15%	1.16

（续）

序号	技术名称	技术介绍	适用范围	目前推广比例	未来5年节能潜力	
					预计推广比例	节能能力/（万 tce/a）
7	焦炉上升管荒煤气高温显热高效高品位回收技术	采用无应力复合间壁式螺旋盘管上升管换热器结构，对焦炉上升管内排出的800℃高温荒煤气进行高效高品位显热回收，降温幅度150～200℃，回收热量可用于产生≥1.6MPa饱和蒸汽，或对蒸汽加热至400℃以上，或产生≥260℃的高温导热油，可替代脱苯管式加热炉	适用于冶金、焦化等行业的焦炉上升管荒煤气显热回收领域	1%	15%	4.82
8	燃气烟气自驱动深度全热回收技术	基于最新的烟驱换热理论进行系统结构的优化设计，综合了热泵技术、高效相变换热技术、热质交换强化技术。采用三段式烟气全热回收器分段回收烟气中的热量，利用自身排出高温烟气的高品位热能做热泵的驱动能源，同时创造尾段烟气除湿的低温环境，深度回收热湿废气中的余热	适用于烟气余热回收利用领域	1%	10%	3.59
9	低温露点烟气余热回收技术	采用REGLASS玻璃板式换热器作为空气预热器的低温段，对烟气进行深度余热回收，同时依靠玻璃本身的耐腐蚀性，解决预热器低温酸露点腐蚀问题	适用于余热回收及烟气污染治理领域	1%	20%	1.26
10	循环氨水余热回收系统	采用一种直接以循环氨水作为驱动热源的溴化锂制冷机组，实现余热回收，可用于夏季制冷、冬季供暖。一方面实现荒煤气显热高效安全回收，另一方面还能对现有生产工艺改善、提高产能	适用于钢铁、焦化等行业的循环氨水余热回收领域	20%	50%	12.42
11	硫酸低温热回收技术	采用高温高浓酸吸收硫酸生成的热量，将吸收酸温提到180～200℃，硫酸浓度达到99%以上，然后在系统中用蒸汽发生器替代循环水冷却器，将高温硫酸的热量传给蒸汽发生器中的水产生蒸汽	适用于化工和冶金等行业的硫酸生产领域	10%	30%	65.8
12	基于向心涡轮的中低品位余能发电技术	采用有机朗肯循环（ORC）的热力学原理，将低品位余热转化为高品质清洁电能，通过有机工质的应用，适应余热资源不同温度范围的利用，采用向心涡轮技术，提高系统发电效率及系统运行的可靠性	适用于中低温热源回收利用领域	0.5%	15%	137.1

（续）

序号	技术名称	技术介绍	适用范围	目前推广比例	未来 5 年节能潜力	
					预计推广比例	节能能力/（万 tce/a）
13	高温热泵能质调配技术	以消耗一部分高品位能（电能、机械能或高温热等）为代价，通过热力循环把热能由低温物体转移到高温物体，利用逆向卡诺循环的能量转化系统	适用于炼厂低温余热回收利用领域	5%	25%	5.64
14	油田污水余热资源综合利用技术	针对油田污水的特点及原油特性，选取最优方案，确定最佳的参数，通过出水 100℃ 以上的高温压缩式热泵工艺设计，优化了污水余热利用系统能流参数	适用于油田等行业的集输站库余热回收领域	10%	30%	3.12
15	炼油加热炉深度节能技术	采用耐酸露点腐蚀的石墨作为主要材料，开发出具有耐腐蚀性能的新型石墨空气预热器，从根本上解决烟气露点腐蚀问题，深度回收烟气余热	适用于加热炉低温烟气余热利用领域	1%	20%	4.25
16	基于热泵技术的低温余废热综合利用技术	通过吸收式热泵技术，制出低温冷源，回收工艺装置余热；通过大温差输配，减少余热输配损失；通过吸收式换热，向用户传递热量，同时实现热量的品位匹配	适用于石化、钢铁、化工等行业的余热回收利用领域	2.5%	20%	34
17	联碱工业煅烧余热回收应用于结晶冷却高效节能技术及装置	采用溴化锂装置制冷代替氨压缩机制冷用于降低联碱结晶温度，回收利用煅烧系统炉气废热，同时降低煅烧后工序冷却负荷，达到能源再生和合理利用，降低了系统能耗。采用预冷析装置，进一步降低冷 AI 温度，降低了结晶工段冷冻负荷，同时又解决了冷 AI 温度过低容易结晶堵塞换热器的问题	适用于纯碱等行业的余热回收利用领域	10%	40%	16.57
18	高密度相变储能设备	通过研发的高密度纳米相变储能材料在相变过程中吸收或释放大量热能，通过封装相变材料封装储能设备，可利用谷值电或清洁能源产生的电能，通过空气源热泵、水源热泵、电锅炉等电转热装置制热，然后通过换热介质将热量存储于该设备中，待平峰时刻通过换热介质将设备中的热量释放出来，可用于用户供热及生活用水，平抑峰电电价	适用于清洁集中供热及煤改电领域	25%	34%	3.53

（续）

序号	技术名称	技术介绍	适用范围	目前推广比例	未来5年节能潜力	
					预计推广比例	节能能力/（万tce/a）
19	带压尾气膨胀制冷回收发电技术	尾气在经过涡轮膨胀机后,由于叶轮高速旋转的离心力作用,使气体膨胀,温度降低,尾气中的有机物冷凝液化被分离回收,同时尾气压力能转化为机械能,传递给同轴的发电机进行发电,最后并网输出	适用于双氧水、苯酚丙酮、苯甲酸、丁二烯等行业的尾气制冷回收发电领域	10%	35%	18.1

（五）煤炭高效清洁利用及其他工业节能技术

序号	技术名称	技术介绍	适用范围	目前推广比例	未来5年节能潜力	
					预计推广比例	节能能力/（万tce/a）
1	水煤浆气化节能技术	燃烧室衬里采用垂直悬挂自然循环膜式水冷壁,利用凝渣保护原理,气化温度可以提高至1700℃,在燃烧室下部设置辐射废锅,通过独特的高效传热辐射式受热面结构回收粗合成气显热,有效避免结渣积灰问题,使气化炉在生产合成气的同时联产高品质蒸气,提高了能量利用效率	适用于电力行业煤气化领域	30%	45%	23
2	基于物联网控制的储能式多能互补高效清洁太阳能光热利用系统	采用全玻璃真空高效集热器将太阳能光热转换为热能,通过高容量热储能复合新材料、精准单向热水回流控制、多能互补系统和智能物联网管理平台等关键技术,稳定、高效、持续向用热末端供热	适用于建筑及园区清洁供热领域	3%	29%	30.28
3	薄膜太阳能新型绿色发电建材技术	采用芯片镀膜、曲面封装、层压等工艺,将薄膜电池芯片与曲面/平面玻璃融合,打造发电建材产品,再通过电气等集成系统为建筑赋能,使建筑自身成为绿色发电体	适用于光伏建筑一体化领域	<1%	5%	2.9
4	焦炉正压烘炉技术	利用专门的空气供给系统和燃气供给系统,通过向炭化室内不断鼓入热气,使全炉在整个烘炉过程中保持正压,推动热气流经炭化室、燃烧室、蓄热室、烟道等部位后从烟囱排出,使焦炉升温至正常加热(或装煤)温度,整个烘炉过程实现自动控制	适用于冶金行业焦炉烘炉节能技术改造	50%	70%	97.6

（续）

序号	技术名称	技术介绍	适用范围	目前推广比例	未来5年节能潜力	
					预计推广比例	节能能力/（万 tce/a）
5	一种应用于工业窑炉纳米材料的隔热技术	通过预压成型技术形成一种高孔隙率复合板材技术,复合料在混合机里面进行混合、分散之后下放到预压设备,预压设备预压之后送入压合机,压合机在常温、高压下将粉料成型,然后通过切割设备切割成需求的规格尺寸,再送入到烘干设备	适用于工业窑炉节能技术改造	1%	30%	16.71
6	高加载力中速磨煤机应用于燃煤电站百万机组的技术	磨盘带动的三个均匀分布在磨盘圆周上的磨辊转动,将煤碾压成细粉并在离心力的作用下溢出磨盘。由进入磨煤机的一次热风在对原煤干燥的同时将磨碎的煤粉输送至分离器中进行二次分离,合格的煤粉进入炉膛燃烧,粗粉返回重新磨制	适用于电力行业磨煤系统	10%	25%	2.48
7	井下磁分离矿井水处理技术	通过投加混凝剂、助凝剂和磁种,使悬浮物在较短时间内形成以磁种为"核"的微絮凝体,在流经磁分离机磁盘组时,水中所含的磁性悬浮絮团受到磁场力的作用,吸附在磁盘盘面上,随着磁盘的转动,迅速从水体中分离出来,从而实现固液分离。分离出的污泥经刮渣和输送装置进入磁分离磁鼓,将这些絮团打散后通过磁鼓的分选,使磁种和非磁性物质分离出来,回收的磁种通过磁种投加泵打入混凝装置前端,循环利用	适用于矿井水处理领域	10%	15%	1.84
8	工业煤粉锅炉高效低氮煤粉燃烧技术	通过一次风粉通道的中心高浓度煤粉气流在回流烟气的加热下可迅速着火;助燃空气在燃烧器上由二次风通道径向分级给入,在燃烧过程初期使煤粉处于低氧富燃料气氛,大大降低氮氧化物的生成量;在三次风通道中通入适量的再循环烟气,通过降低中后期氧气浓度,减缓燃烧的强度,降低燃烧温度,降低了热力型氮氧化物的生成	适用于工业煤粉锅炉节能技术改造	30%	50%	56
9	工业加热炉炉内强化热辐射节能技术	采用高新材料制作而成的集增加炉膛有效辐射面积、提高炉膛表面发射率和定向辐射传热功能于一体的加热炉辐射传热增效技术与装置	适用于工业加热炉节能技术改造	15%	40%	43

（续）

序号	技术名称	技术介绍	适用范围	目前推广比例	未来5年节能潜力	
					预计推广比例	节能能力/（万tce/a）
10	气化炉湿煤灰掺烧系统设备	以熔渣形式排出气化炉的煤灰,经水冷却、固化后通过锁斗泄压排放,并经捞渣机送出界区。系统排放的黑水送去闪蒸、沉降系统,以达到回收热量及黑水再生循环使用	适用于煤化工行业循环流化床锅炉节能技术改造	10%	25%	84.3
11	高效工业富余煤气发电技术	高压蒸汽进入汽轮机高压缸做功后再通过锅炉加热到初始温度,加热后的低压蒸汽进入汽轮机低压缸做功,汽轮机带动发电机发电。做完功后的蒸汽变为凝结水再次进入锅炉进行加热变为蒸汽,从而完成一次再热循环的热力过程	适用于冶金行业的富余煤气发电领域	5%	25%	61.2
12	水处理系统污料原位再生技术	在过滤器/池内对失去过滤功能的滤料,使用压缩空气、高压水、超声波、专用再生介质等合适的方式快速恢复它的功能,使之达到重新利用的目的	适用于工业水处理领域	<1%	10%	2.03
13	固体绝缘铜包铝管母线	利用趋肤效应,合理搭配铜、铝管的厚度,提高铜的利用率,增大表面积,改善导电电流密度不均匀系数,使其额定电流温升降低,过载能力提高,降低损耗,节约电能	适用于电力行业节能改造	5%	10%	15.93
14	高效超净工业炉技术	通过对加热炉燃烧系统的多介质并流对烟气进行余热回收,实现加热炉烟气的超低温排放;通过换热系统的多段布置解决低温烟气对引风机的腐蚀问题;通过复合阻蚀剂系统解决烟气的低温硫酸露点腐蚀问题,解决燃料型氮氧化物的生成问题;通过低过剩空气系数下分级燃烧及烟气回流技术实现氮氧化物超低排放;通过冷凝水洗涤技术实现烟气颗粒物的超低排放	适用于石化行业加热炉节能技术改造	1%	20%	3.35
15	软特性准稳定直流除尘器电源节能技术	交流电经过可控缓冲整流滤波后,经BUCK电路进行斩波降压,将降压后的电压作为高频逆变器的输入,高频逆变的输出经过整流变压器变压后,串联至磁控软稳模块,磁控软稳模块的输出再经过整流输出至除尘器电场	适用于工业除烟除尘器节能改造	1%	5%	3.03

（续）

序号	技术名称	技术介绍	适用范围	目前推广比例	未来5年节能潜力	
					预计推广比例	节能能力/（万tce/a）
16	快速互换天然气/煤粉双燃料燃烧技术	通过强化燃烧技术保证难燃燃料顺利着火及自主燃烧,其次通过对喷嘴、喷射角度、结构尺寸、流场分布等方面的设计,控制易燃燃料的燃烧过程	适用于工业供热节能技术改造	1%	10%	35.6
17	600MW等级超临界锅炉升参数改造技术	通过重新分配锅炉各级受热面吸热比例,增加锅炉过热器系统受热面积,提高锅炉过热蒸汽温度。同时相应调整其他受热面积,保证锅炉排烟温度与改造前处于相当的水平或略优于改造前,并对相应过热器受热面材料进行升级,满足蒸汽温度升高的要求	电力行业锅炉节能技术改造	1%	4%	11.25

附录 B 《国家工业节能技术装备推荐目录(2020)》技术部分

工业节能技术部分

(一)流程工业节能改造技术

序号	技术名称	技术简介	适用范围	目前推广比例	未来5年节能潜力	
					预计推广比例	节能能力/（万tce/a）
1	外循环生料立磨技术	采用外循环立磨系统工艺,将立磨的研磨和分选功能分开,物料在外循环立磨中经过研磨后全部排到磨机外,经过提升机进入组合式选粉机进行分选,分选后的成品进入旋风收尘器收集、粗颗粒物料回到立磨进行再次研磨。所有的物料均通过机械提升,能源利用效率大幅提升,系统气体阻力降低5000Pa,降低了通风能耗和电耗	适用于水泥等行业的原料立磨节能技术改造	<5%	10%	9.65

（续）

序号	技术名称	技术简介	适用范围	目前推广比例	未来5年节能潜力	
					预计推广比例	节能能力/（万 tce/a）
2	钢渣/矿渣辊压机终粉磨系统	以辊压机和动静组合式选粉机为核心设备,全部物料为外循环,除铁方便,避免块状金属富集,辊面寿命可达立磨的两倍,具有广泛的物料适应性,可以单独粉磨矿渣、钢渣,也可用于成品比表面积<700m²/kg 的类似物料的粉磨,系统阻力低,节电效果明显,生产矿渣微粉时,系统电耗<35kW·h/t	适用于建材等行业的微粉制备工艺节能改造	<5%	20%	8.72
3	陶瓷原料连续制浆系统	采用自动精确连续配料、原料预处理系统、泥料/黏土连续化浆系统、连续式球磨方法等关键技术,实现自动配料和自动出浆的功能,节能效果显著	适用于建筑及卫生陶瓷原料生产工艺节能改造	<5%	10%	92.1
4	带中段辊破的列进式冷却机	采用区域供风急冷技术并在冷却机中段设置了高温辊式破碎机,经过辊式破碎机,大块红料得到充分破碎,落入到第二段箅床的大部分熟料颗粒已经基本控制在25mm 以下,经过第二段箅床的再次冷却后,以较低的温度排出,热回收效率高,可降低烧成系统热耗,平均节约标煤 2kgce/t 熟料	适用于水泥生产线节能技术改造	<5%	10%	26.6
5	卧式玻璃直线四边砂轮式磨边技术	采用多轴伺服电动机联动技术,精确控制各移动部件定位以及磨轮相对于玻璃的移动速度,准确检测玻璃的移动位置以及尺寸,能够同步打磨玻璃每一条边的上下棱边及端面,夹持机构的设置,能有效地减少玻璃自身的震动,可同时完成玻璃的四条边打磨,提升了玻璃棱边加工的效率	适用于玻璃深加工领域节能技术改造	<5%	10%	3.5
6	宽粒级磁铁矿湿式弱磁预选分级磨矿技术	采用宽粒级磁铁矿湿式弱磁预选、分级磨矿新工艺,解决了磁铁矿石粒级范围较宽不能直接湿式预选的问题,通过选矿机预选抛出磁铁矿中的尾矿,减少入磨矿石量,再利用绞笼式双层脱水分级筛对精矿和尾矿进行筛分,粗粒精矿进入球磨机,细粒精矿进入旋流器分级,粗粒尾矿作为建材综合利用,细粒尾矿改善总尾矿粒级分布,从源头上提高了充填强度和尾矿库安全性,节能效果明显	适用于冶金行业的磁铁矿磨矿工艺节能技术改造	<5%	15%	18

（续）

序号	技术名称	技术简介	适用范围	目前推广比例	未来5年节能潜力	
					预计推广比例	节能能力/（万tce/a）
7	新型水泥熟料冷却技术及装备	采用新型前吹高效算板、高效急冷斜坡、高温区细分供风、新型高温耐磨材料、智能化"自动驾驶"、新型流量调节阀等技术，高温热熟料通过风冷可实现对热熟料的冷却并完成热量的交换和回收，中置辊式破碎机将熟料破碎至<25mm粒度，同时步进式结构的算床将熟料输送至下一道工序，热回收效率高、输送运转率高、磨损低，可有效降低电耗	适用于水泥行业节能技术改造	5%	50%	120
8	高能效长寿化双膛立式石灰窑装备及控制技术	采用石灰石双膛换向蓄热煅烧工艺，通过采取风料逆流和并流复合接触、窑内V形料面精准调节、周向各级燃料精准供给、基于物燃料煅烧特性的最优换向控制、柔性拼装与强固砌筑衬体等关键技术，可实现石灰窑的节能化、长寿化多重效益，能耗低至96.07kgce/t，活性度392mL/4N-HCl，使用寿命约8年	适用于冶金行业节能技术改造	5%	35%	178
9	机械磨损陶瓷合金自动修复技术	将陶瓷合金粉末加入润滑油（脂），在摩擦润滑的过程中利用机械运动产生的能量使陶瓷合金粉末与铁基表面金属发生反应，自动生成具有高硬度、高光洁度、低摩擦系数、耐磨、耐腐蚀等特点的陶瓷合金层，实现设备的机械磨损修复与高效运转，减少摩擦阻力，提高机械设备的承载能力，提高输出功率，提升设备的整体性能，节能5%以上	适用于使用润滑油（脂）的机械设备的节能降耗	5%	15%	95
10	焦炉加热优化控制及管理技术	采用炉顶立火道自动测温技术，对焦炉温度进行精细检测，采用自主研发的控制算法，对焦炉加热煤气流量及分烟道吸力进行精确调节，改善了焦炉温度的稳定性，可节省焦炉加热煤气量2%以上	适用于冶金行业焦炉节能技术改造	5%	20%	21
11	升膜多效蒸发技术	采用一体式升膜多效蒸发器、多效蒸发流程，将多个具备蒸馏和汽液分离功能有效的组合到一起，实现蒸汽热量的梯级利用，在正压或负压条件下完成蒸发，解决了蒸发过程中加热和蒸发不同步的难题，蒸汽使用量小，换热效率高，蒸发效率高	适用于化工、制药等行业的节能技术改造	5%	15%	13

（续）

序号	技术名称	技术简介	适用范围	目前推广比例	未来5年节能潜力	
					预计推广比例	节能能力/（万tce/a）
12	利用高热值危险废弃物替代水泥窑燃料综合技术	采用成套水泥窑可替代燃料开发技术工艺,针对形态不同的危物形成两种不同处置方案:液态高热值危废通过调配、过滤等手段预处理,打入防静电、泄压储罐再次过滤后,喷入水泥窑内焚烧;固态高热值废弃物通过增设的回转式固废焚烧炉燃烧,产生的热气、残渣进入分解炉,热量100%用于熟料煅烧,残渣中的无机物作为熟料替代,重金属固化于熟料晶格,可实现废弃物替代部分燃料,替代率达23%~25%,节能效果好	适用于利用水泥窑协同处置废弃物等领域节能技术改造	10%	30%	15
13	钢渣立磨终粉磨技术	采用料层粉磨、高效选粉技术,集破碎、粉磨、烘干、选粉为一体,集成了粉磨单元与选粉单元;通过磨内除铁排铁、外循环除铁、高压力少磨辊研磨等技术,使得钢渣中的金属铁有效去除,钢渣立磨粉磨系统能耗降低至40kW·h/t以下	适用于钢铁、建材等行业的钢渣微粉制备工艺节能改造	10%	30%	8.9
14	炉窑烟气节能降耗一体化技术	将尿素颗粒与催化剂充分混合后,喷入750~960℃的锅炉炉膛,通过催化剂的作用,分别脱除掉NO_x、SO_2。脱硫脱硝过程不需要空压机、循环泵、搅拌器、排出泵、氧化风机、声波清灰器、污水处理、废渣处理、危废处理等设备,节约电能、水资源	适用于锅炉烟气处理领域节能技术改造	15%	35%	36
15	低导热多层复合莫来石砖	采用多层复合技术,产品由工作层、保温层、隔热层复合成。技术通过对各层的化学组分、结构和产品的制作工艺进行优化,使产品使用性能优于传统制品,导热系数得到明显降低;产品应用于大型水泥窑过渡带,不仅能够满足水泥窑的使用要求,且保温隔热效果远优于硅莫砖、硅莫红砖以及镁铝尖晶石砖,筒体外表温度明显降低,节能效果显著	适用于水泥行业的回转窑过渡带节能技术改造	20%	40%	68.3

（续）

序号	技术名称	技术简介	适用范围	目前推广比例	未来 5 年节能潜力	
					预计推广比例	节能能力/（万 tce/a）
16	大型清洁高效水煤浆气化技术	将一定浓度的水煤浆通过给料泵加压与高压氧气喷入气化室，经雾化、传热、蒸发、脱挥发分、燃烧、气化等过程，煤浆颗粒在气化炉内最终形成以 CO、H_2 为主的合成煤气及灰渣，气体经分级净化达到后续工段的要求，灰渣采用换热式渣水系统处理，可实现日处理煤量 3000t，综合能耗低、碳转化率高	适用于煤炭高效清洁利用领域	20%	40%	36
17	铜冶炼领域汽电双驱同轴压缩机组（MCRT）技术	采用空压机和增压机一体机结构，将原本独立的两个压缩机集成在一个多轴齿轮箱上，形成新的空、增压一体式压缩机，取消了汽轮发电环节，减少能量转换过程的损失，压缩机多变效率最高可达 88%，提高能量回收效率，提升了运行经济性	适用于铜冶炼领域节能技术改造	20%	40%	10
18	汽轮驱动高炉鼓风机与电动/发电机同轴机组技术	采用高炉鼓风与发电同轴技术，设计汽轮机和电动机同轴驱动高炉鼓风机组（BCSM），实现了汽电双驱提高能源转换效率的功能，能源转换效率提高 8% 以上，缩短汽拖机组 80% 启动时间，保证复杂机组的轴系稳定性。设计高炉鼓风机与汽轮发电同轴机组（BCSG），既实现了高炉备用鼓风机功能，又在备用鼓风机闲置期，转为汽轮发电机组用，同时解决了汽轮机驱动鼓风机起动时间长的问题，提高了高炉系统的能源利用效率	适用于冶金领域高炉节能技术改造	40%	60%	40

（二）余热余压节能改造技术

序号	技术名称	技术简介	适用范围	目前推广比例	未来 5 年节能潜力	
					预计推广比例	节能能力/（万 tce/a）
19	锅炉烟气深度冷却技术	采用恒壁温换热器，控制换热面的壁面温度始终高于烟气的酸露点温度之上 10~15℃，解决常规换热器低温腐蚀的问题；实现了烟气换热后温度的精准控制，设备投资较低。使用该技术进行改造后，可提高锅炉的效率 20%~5%	适用于锅炉烟气余热利用领域节能技术改造	<5%	10%	66

（续）

序号	技术名称	技术简介	适用范围	目前推广比例	未来5年节能潜力	
					预计推广比例	节能能力/（万tce/a）
20	工业循环水余压能量闭环回收利用技术	以三轴双驱动能量回收循环水输送泵组为核心，采用液力透平回收回水余压能量，通过离合器直接传递到循环水泵输入轴上，减少电机出力，实现电机输出部分能量的闭环回收及循环利用，节能效果明显，延长了换热设备高效运行周期	适用于工业循环水的节能技术改造	<5%	15%	38
21	微型燃气轮机能源梯级利用节能技术	以微型燃气轮机发电机组为核心，采用布雷顿循环，将高压空气送入燃烧室与燃料混合燃烧，燃烧后的高温高压气体进入涡轮做功发电，排出的高温烟气通过后端余热利用设备组成多能源输出的联供系统，进行能源梯级利用，可实时调节热电比，提高系统综合能源效率	适用于微型燃气轮机能源梯级利用节能技术改造	<5%	15%	36
22	工业燃煤机组烟气低品位余热回收利用技术	采用燃煤烟气湿法脱硫系统余热回收利用技术，在湿法脱硫塔内设置若干间接取热装备，对湿法脱硫后饱和烟气、脱硫浆液或脱硫塔进口原烟气进行间接换热，回收湿法脱硫系统中气液两相的低品位余热，并将回收热量用于锅炉送风预热或锅炉除氧器补水预热，降低燃煤机组煤耗量	适用于工业燃煤机组烟气余热利用领域节能技术改造	<5%	10%	100
23	电厂用低压驱动热泵技术	采用多级发生、多级冷凝的热泵机组回收电厂余热，充分利用汽轮机冷端损失的热量，驱动热源的品位要求低（可用不足0.1MPa的低压蒸汽驱动），在较低的热源温度下有效提升热网水温，提高热电厂供热能力，降低热电联产综合供热能耗	适用于热电厂节能技术改造	10%	30%	58

（三）重点用能设备系统节能技术

序号	技术名称	技术简介	适用范围	目前推广比例	未来5年节能潜力	
					预计推广比例	节能能力/（万tce/a）
24	旋转电磁制热技术	运用永磁旋转磁场切割导体产生的磁滞、涡流以及二次电流产生的热功率，同时高效地将热能转换给流体媒质使其快速升温，产生不高于100℃的流体媒质，拓展了旋转电机的第三功能。在-40~40℃的环境温度下保持98%以上的热效率，相比于传统的供热锅炉技术，具有显著的阻垢抑垢和缓蚀效果，综合节能效果明显	适用于供热行业节能技术改造	<5%	10%	9.5

（续）

序号	技术名称	技术简介	适用范围	目前推广比例	未来5年节能潜力	
					预计推广比例	节能能力/（万 tce/a）
25	多模式节能型低露点干燥技术	通过压缩空气末级余热利用、常压鼓风深度再生、压缩空气吹冷流程与可视化独立控制体系，突破传统零气耗余热干燥常压露点-30℃局限，在多变的环境工况下，智能适应常压露点-20℃到压力露点-40℃，实现多压力露点、多模式控制的独特性，压缩空气品质稳定，有效降低了设备运行费用，节能效果明显	适用于流程工业用压缩空气供气系统的节能技术改造	<5%	20%	6.6
26	异步电动机永磁化改造技术	将传统电动机转子永磁化，降低电动机定子绕组中电流显著降低，减少绕组铜耗，减少能力消耗、提升电动机能效水平，综合节电效果明显	适用于异步电动机节能技术改造	<5%	10%	4.3
27	特制电动机技术	定子采用低损耗冷轧硅钢片、VPI真空压力浸漆技术，转子采用高纯度铝锭，优化设计风扇及通风系统、电机线圈绕组等降低了定子铜耗、转子损耗、铁耗、机械损耗、杂散耗等损耗，综合提升了电动机效率，可满足各种空载、满载以及变频系统需求	适用于电动机系统节能技术改造	<5%	6%	4.9
28	中央空调热水锅炉	采用中央空调余热多级回收制热水技术，将排到大气中的废热转变为可再生能源二次利用；在中央空调机组上安装一个高效的热回收设备及热泵接驳装置，利用高温的冷媒与自来水进行热交换，自来水通过多级热量热回收中央空调高温冷媒的热量，可提供55~80℃的热水，在制冷时降低了冷凝压力，同时提高机组制冷效果和制冷机组的效率，降低了空调机组电耗	适用于空调设备的节能技术改造	<5%	15%	21.5
29	电缸驱动游梁式抽油机技术	在传统游梁式抽油机的基础上采用电缸代替效率低下的感应电动机、带轮、减速机、四连杆机构，直接驱动游梁采油；电缸主要由相互运动的内外圆管、伺服电动机、滚珠丝杠以及上下连接件组成，内圆管固定在底座上，滚珠丝杠的螺母固定在内圆管顶端，丝杠固定在外圆管上，伺服电动机正反转带动滚珠丝杠正反转，滚珠丝杠将旋转运动转换成上下直线运动，从而通过外圆管带动游梁上下运动，节能效果显著	适用于油田地表采油设备节能技术改造	<5%	10%	68

（续）

序号	技术名称	技术简介	适用范围	目前推广比例	未来5年节能潜力	
					预计推广比例	节能能力/（万tce/a）
30	智能磁悬浮透平真空泵综合节能技术	采用磁悬浮轴承技术，彻底消除摩擦，无须润滑；采用高速电动机直驱技术，无机械传动损失；采用智能管理模式，根据工况自动调整真空度，实现了防喘振、防过载及异常工况下的高度智能化操作，极大地降低了操作和维护要求，相比传统水环真空泵节能效果显著，节水率近100%	适用于造纸行业真空干燥工艺节能改造	<5%	10%	53
31	超大型4段蓄热式高速燃烧技术	设计优化了排烟及空气换向系统，注入燃料在贫氧状态下燃烧，采用低温有焰大火、低温有焰小火、高温无焰大火、高温无焰小火4段燃烧技术，有效提升热效率、降低污染物排放，可实现 NO_x 排放 ≤120mg/m³，排烟温度≤130℃，节能效果明显	适用于热处理行业加热炉的节能改造	5%	15%	8.4
32	卧式油冷型永磁调速器技术	透过气隙传递转矩，电动机与负载设备转轴之间无须机械连接，电动机旋转时带动导体主动转子切割磁力线，在导磁盘中通过涡电流产生感应磁场，感应磁场和永磁场之间磁性的相互吸合和排斥拉动从动转载，从而实现了电动机与负载之间的转矩传输，代替传统的电子变频器、液力耦合器，节能效果明显	适用于工业传动系统节能改造	5%	23%	34
33	电极锅炉设计技术开发及制造	采用电极加热技术，添加一定数量电解质的纯水作为导体，当高压电（一般6~25kV）三相电极放电时，电流通过水做功，从而产生可以控制并加以利用的热水和蒸汽，直接将电能转换为热能，配合智能控制系统，实现了电极锅炉系统及蓄热系统的全自动化控制，锅炉的热效率可达99%	适用于核电、火电行业的起动锅炉节能技术改造	5%	15%	39
34	汽轮机变工况运行改造节能技术	通过热力计算，重新设计汽轮机组运行参数，调整原机组压力级数，改变叶片型线，优化汽封结构，将整个通流面积进行调整，改造后机组运行参数满足实际工况需求；不更换新机，投资小，改造工期短，机组运行效率不低于出厂新机组设计值	适用于汽轮机节能技术改造	10%	40%	40

（续）

序号	技术名称	技术简介	适用范围	目前推广比例	未来5年节能潜力	
					预计推广比例	节能能力/（万tce/a）
35	循环水系统节能技术	采用在线流体系统的纠偏技术,通过对原运行工况的检测及参数采集,计算系统的最佳运行工况点,定制与系统匹配的高效流体传输设备,配套自动控制设备,对温度、电流、压力、系统流量等性能参数进行实时监控,系统节电效果明显	适用于化工行业循环水系统节能技术改造	10%	20%	5.28
36	燃煤锅炉智能调载趋零积灰趋零结露深度节能技术	采用"趋零积灰、趋零结露、变功率智能技术"和"活动列管式空气预热器"技术,利用积灰机制返积灰,以反冲刷方式自洁清灰,以控制烟气与受热面的交换大小来实现恒定排烟温度和变功率,配合互联网远程监控,可实现智能控制、自洁清灰、恒温抗露、调变负荷、飞灰自燃、炉内除尘功能,提高锅炉在线运行热效率4%以上	适用于工业燃煤锅炉节能技术改造	12%	50%	146
37	低温空气源热泵供热技术	采用喷气增焓技术,将空气中低位能,通过压缩机转变为高位能产生热量,实现生活供热;相比电锅炉、电暖气等节电效果明显;同时采用霜水处理技术,解决了低温气候下普通机型蒸发器霜水堆积结冰的难题	适用于各行业生活供热节能改造	15%	40%	9.8

（四）能源信息化管控技术

序号	技术名称	技术简介	适用范围	目前推广比例	未来5年节能潜力	
					预计推广比例	节能能力/（万tce/a）
38	园区型新能源微电网节能技术	采用光储技术、光功率平滑技术和削峰填谷控制策略,优化调度各种可再生能源和清洁能源发电、冷热电转换以及储能装置的充放电,实现微电网系统能效管理的节能经济性,降低对大电网的依赖和冲击	适用于园区微电网节能技术改造	<5%	15%	187

（续）

序号	技术名称	技术简介	适用范围	目前推广比例	未来 5 年节能潜力	
					预计推广比例	节能能力/（万 tce/a）
39	基于大数据的船舶企业智慧能源管控信息系统	利用物联网技术实现能耗数据的自动采集,利用大数据技术对数据进行聚类、清洗和分析,结合软计量模型对缺失的数据进行仿真计算,建立企业范围内的资源-能源平衡模型,设定评价指标体系,判定能效水平及损失主要环节,实现能源计划编制与跟踪、统计分析、动态优化、预测预警、报表服务、能源审计、反馈控制等功能,推动企业不断挖掘节能潜力,提升能源利用效率,年节约能源 5%左右	适用于船舶行业能源信息化管控领域节能改造	<5%	15%	15
40	能效分析管理与诊断优化节能技术	集成应用了信息技术、自诊断分析技术和大数据挖掘技术,从设备运行、工艺管控和管理策略三大方面对用能系统进行节能改造;建立了结合生产工艺特性的节能诊断分析模型,从安全运行和经济运行两方面深度挖掘工艺和管理的节能空间	适用于能源系统诊断与优化节能技术改造	<5%	10%	15
41	工业企业综合能源管控平台	由企业综合能源管控系统及电力抄表软件构成,电力抄表软件为后台处理子系统提供准确而可靠的数据,通过应用大数据、云计算、边缘计算和物联网等技术组建的能源管控系统,实现企业能源信息化集中监控、设备节能精细化管理、能源系统化管理等,降低设备运行成本	适用于工业企业能源信息化管控节能改造	<5%	10%	18
42	中央空调节能优化管理控制系统	采用 i-MEC(管理+设备+控制)、模块化、系统智能集成、物联网等技术,对中央空调各个运行环节控制、整体联动调节;通过管网水力平衡动态调节、负荷动态预测、分时分区控温、室内动态热舒适性优化调节,实现空调系统全自动化、高效运行,显著降低中央空调耗电量	适用于空调系统节能技术改造	<5%	10%	15
43	工厂动力设备新型故障诊断及能源管理技术	依托 CET 高精度、高可靠性的电力能效监测和交互终端,运用大数据分析功能,诊断与优化动力设备故障情况、能效水平,分析预测动力设备能源需求量,实现对企业能源动态监控和数字化管理,系统节能量≥3%	适用于工业企业能源信息化管控节能改造	<5%	10%	5

（续）

序号	技术名称	技术简介	适用范围	目前推广比例	未来5年节能潜力	
					预计推广比例	节能能力/（万 tce/a）
44	能源消耗在线监测智慧管理平台	由能耗采集传输系统、数据中心、能耗监管平台软件、监控中心、客户端、远程服务端六大部分组成的能源消耗在线监测智慧管理平台，通过具有远传通信接口的智能计量器具对能耗数据进行采集，数据中心对数据进行综合处理，实现工厂-车间-生产线-重点用能设备能耗数据的可视化以及工业企业多层级能效水平在线评价及多级用能监管，提升企业用能效率	适用于能源信息化管控领域节能技术改造	<5%	10%	6.7
45	钢铁企业智慧能源管控系统	运用新一代数字化技术、大数据能源预测和调度模型技术，构建钢铁工业智慧能源管控系统，动态预测企业能源平衡和负荷变化，实现了钢铁企业水、电、风、气的一体化、高效化、无人化管理，有效提高能源循环利用和自给比例	适用于钢铁行业能源信息化管控节能技术改造	5%	15%	41
46	园区多能互补微网系统技术	针对园区用能，融合分布式光伏、太阳能光热、风力发电、储热、储电、风力发电、交直流混合配电网、溴化锂热源制冷、智能充电桩等技术，通过智慧能源管理平台来实现各清洁能源供给、储存、传输、利用的综合管理及互补，降低园区用能成本	适用于园区能源信息化节能技术改造	5%	25%	10
47	能耗数据采集及能效分析关键技术	采用动态定义区域的方式确定能耗数据分析和采集粒度，定量分析能效，可实现能耗在线监测，提供设备故障预警，支持预防性维护功能，根据能耗分析结果确定相关的节能措施建议，形成智能分析报告，为节能减排决策提供依据，节能效果可达2%~5%	适用于能源信息化管控领域节能技术改造	5%	20%	16
48	企业能源可视化管理系统	采用"中心云+边缘云"的云边协同解决方案，设计基于Spring开源架构，使用分布式消息系统等进行节点和服务的消息传递，数据存储使用单节点或分布式集群存储，支持秒级高并发，可对设备进行实时监测、运行数据分析与故障预警，对工厂的能源数据进行采集和分析、集节能控制、碳管理于一体，综合节电率显著	适用于能源信息化管控领域节能技术改造	5%	10%	14

（续）

序号	技术名称	技术简介	适用范围	目前推广比例	未来5年节能潜力	
					预计推广比例	节能能力/（万tce/a）
49	基于工业互联网钢铁企业智慧能源管控系统	采用大数据、云计算、人工智能等新一代信息技术，对能源生产全过程进行能耗能效评价分析、平衡预测分析和耦合优化分析，对能源产生量、消耗量进行精准预测，通过与数据共享、协同，建立能源流、铁素流、价值流及设备状态的动态平衡优化体系，有效降低能源损失，提高能源转化效率，可降低综合能耗	适用于钢铁行业能源信息化节能改造	10%	30%	18
50	磁悬浮中央空调机房节能改造技术	集成应用高效磁悬浮冷水机技术、水泵变频技术、机房实时能效监测调控技术，根据系统工况及负荷需要，控制冷冻泵、冷却泵和冷却塔转速，降低辅机的用电，通过软件与设备连接，可实时采集用能数据并自动分析，智能化管控机房，实现高效制冷，与传统中央空调机房相比，节能效果明显	适用于中央空调系统节能技术改造	15%	30%	44
51	退役电池梯次利用储能系统	采用磷酸铁锂退役电池、集装箱、组串式储能变流器（PCS）组成电池柜，通过电池管理系统（BMS）、能量管理系统（EMS）对电池柜系统进行精确管理，实现电池系统的安全运行，并将数据上传至综合管理云平台，实现能耗数据远程监控，电池充放电循环寿命大于3000次，系统效率高	适用于退役电池梯次利用领域	20%	40%	24

（五）其他工业节能技术

序号	技术名称	技术简介	适用范围	目前推广比例	未来5年节能潜力	
					预计推广比例	节能能力/（万tce/a）
52	铜包铝芯节能环保电力电缆	基于铜铝合金包覆焊接技术，开发了一套铜包铝心电缆的生产工艺。使用铜包铝作为导体的电缆具有导电性能好、重量轻、强度高等特点，在同等载流情况下，线缆温升低、线损小，减少电能损耗5%~10%，与单纯铜芯导体线缆相比价格降低，可降低采购成本20%以上	适用于输配电线路节能技术改造	<5%	10%	42

（续）

序号	技术名称	技术简介	适用范围	目前推广比例	未来 5 年节能潜力	
					预计推广比例	节能能力/（万 tce/a）
53	高效节能等离子织物前处理技术	采用连续稳定、均匀、致密、柔和的常压低温等离子体作用于织物表面，使织物表面发生一系列物理、化学改性，增强织物的亲水性、可染整性，很好地解决了低频放电技术在处理织物时织物被等离子流击穿形成破洞的难题，节水率可达 90% 以上，减少化学助剂 35%、减少电能消耗 15%，废水浓度降低 25%，处理过程无二次污染	适用于纺织印染行业节能技术改造	<5%	10%	7.7
54	介孔绝热材料节能技术及应用	以介孔材料为主，辅以无机纤维以及添加剂制备介孔复合绝热材料，利用介孔绝热材料的纳米孔道结构，从热传导、热对流以及热辐射三个方面对热量传递进行有效阻隔，从而获得优异的绝热性能，节能效果显著	适用于隔热保温领域节能技术改造	<5%	15%	28
55	双源热泵废热梯级利用技术	通过双源热泵充分利用洗浴废水废热制取热水，废热水通过换热器，将冷水从 8~15℃ 提升至 28℃ 左右，再经水源热泵（或空气源热泵）冷凝器二级加热，达到 45℃ 左右，系统实现了废热水的废热梯级利用、水源与空气源互补，全年平均 COP 达 5.5，节能效果显著	适用于低温热水供应领域节能技术改造	<5%	10%	9
56	新钠灯照明节能技术	新钠灯采用钠和多种稀土金属卤化物作为发光物质，集中了高压钠灯和陶瓷金卤灯的优点，具有高光效、高显色性的特点，色温 3000K，140W 光效可达 120~130lm/W，照明效果等同于 250W 的高压钠灯，配套使用照明控制系统，相比于高压钠灯，节电效果明显	适用于户外照明领域节能技术改造	<5%	20%	33.3
57	城轨永磁牵引系统	基于永磁控制技术，将外部 DC1500V/DC750V 输入电源逆变成频率、电压均可调的三相交流电，驱动永磁同步电机并使得列车能够向前、向后进行牵引和制动，与传统异步电动机牵引系统相比，永磁牵引系统节能率高达 30%，是下一代牵引系统的发展方向	适用于城市轨道交通行业节能技术改造	5%	30%	20

（续）

序号	技术名称	技术简介	适用范围	目前推广比例	未来 5 年节能潜力	
					预计推广比例	节能能力/（万 tce/a）
58	地铁再生制动能量回馈关键技术与应用	采用全控型 IGBT 器件及 PWM 控制技术，将车辆制动产生的直流电能转换为交流电能，回馈到中压交流电网，供整条线路的车辆及车站负荷利用，系统通过电压判断出车辆是否处于制动状态，当检测到车辆制动时迅速开启逆变回馈状态，将制动能量回馈到交流电网，制动结束后切回待机状态，等待下一次制动，节能效果明显	适用于城市轨道交通等行业节能技术改造	10%	20%	8.9
59	板管蒸发冷却式空调制冷技术	采用板管蒸发式冷却及平面液膜换热技术，以板管蒸发式冷凝器取代传统的盘管型蒸发式冷凝器，改善流体流动状况，增大流体对冷凝器表面的润湿率及覆盖面积，提升蒸发式冷凝器传热与流阻性能，单位面积换热量提高 15%、单位排热量风机功率降低 50%、单位排热量设备体积节省 30%	适用于工业制冷领域节能技术改造	20%	50%	8.5

附录 C 本书常用系数

名称	数值
电力折标系数	0.340kgce/（kW·h）（2019 年）
电力折标系数	0.325kgce/（kW·h）（2020 年）
汽油折标系数	1.47tce/t
柴油折标系数	1.46tce/t
蒸汽折标系数	0.0929tce/t
天然气折标系数	1.3300kgce/m^3
标煤热值	7000kcal/kgce
CO_2 折标系数	2.7725t/tce
煤气热值	4280kcal/m^3

参 考 文 献

[1] 中华人民共和国中央人民政府. 中共中央国务院关于完整准确全面贯彻新发展理念做好碳达峰碳中和工作的意见 [EB/OL]. (2021-10-24) [2021-11-15]. http：//www. gov. cn/zhengce/2021/10/24/content_5644613. htm.

[2] 中华人民共和国中央人民政府. 国务院关于印发 2030 年前碳达峰行动方案的通知：国发〔2021〕23 号 [EB/OL]. (2021-10-26) [2021-11-15]. http：//www. gov. cn/zhengce/content/2021/10/26/content_5644984. htm.

[3] 中华人民共和国中央人民政府. 国务院关于加快建立健全绿色低碳循环发展经济体系的指导意见：国发〔2021〕4 号 [EB/OL]. (2021-02-22) [2021-11-15]. http：//www. gov. cn/zhengce/content/2021/02/22/content_5588274. htm.

[4] 北京市发展和改革委员会. 北京市发展和改革委员会北京市科学技术委员会中关村科技园区管理委员会关于印发进一步完善市场导向的绿色技术创新体系若干措施的通知 [EB/OL]. (2021-10-11) [2021-11-15]. http：//fgw. beijing. gov. cn/gzdt/tztg/202111/t20211104_2529410. htm.

[5] 天津市人民政府. 天津市人民政府关于印发天津市国民经济和社会发展第十四个五年规划和二〇三五年远景目标纲要的通知：津政发〔2021〕5 号 [EB/OL]. (2021-02-08) [2021-11-15]. http：//www. tj. gov. cn/zwgk/szfwj/tjsrmzf/202102/t20210208 _ 5353467. html.

[6] 内蒙古自治区人民政府办公厅. 内蒙古自治区人民政府办公厅关于印发自治区"十四五"生态环境保护规划的通知：内政办发〔2021〕51 号 [EB/OL]. (2021-09-26) [2021-11-15]. https：//www. nmg. gov. cn/zwgk/zdxxgk/shgysyjs/hjbh/sthjzc/202110/t20211012_1901718. html.

[7] 上海市发展和改革委员会. 关于印发上海市 2021 年节能减排和应对气候变化重点工作安排的通知：沪发改环资〔2021〕77 号 [EB/OL]. (2021-07-01) [2021-11-15]. https：//fgw. sh. gov. cn/fgw_zyjyhhjbh/20211101/016046c8be9749dc8bda2f42f4766463. html.

[8] 山东省工业和信息化厅. 关于印发《山东省工业和信息化领域循环经济"十四五"发展规划》的通知：鲁工信发〔2021〕4 号 [EB/OL]. (2021-10-08) [2021-11-15]. http：//gxt. shandong. gov. cn/art/2021/9/30/art_15182_10294914. html.

[9] 河南省发展和改革委员会. 关于实施重点用能单位节能降碳改造三年行动计划的通知：豫发改环资〔2021〕696 号 [EB/OL]. (2021-08-26) [2021-11-15]. http：//fgw. henan. gov. cn/2021/08-26/2301021. html.

[10] 湖南省人民政府办公厅. 关于印发《湖南省"十四五"生态环境保护规划》的通知：

湘政办发〔2021〕61号〔EB/OL〕. (2021-09-30)〔2021-11-15〕. http：//www. hunan. gov. cn/hnszf/xxgk/wjk/szfbgt/202110/t20211022_20838349. html.

[11] 陕西省人民政府办公厅. 关于印发"十四五"生态环境保护规划的通知：陕政办发〔2021〕25号〔EB/OL〕. (2021-09-18)〔2021-11-15〕. http：//www. shaanxi. gov. cn/zfxxgk/fdzdgknr/zcwj/szfbgtwj/szbf/202110/t20211026_2195654. html.

[12] 深圳市工业和信息化局. 深圳市工业和信息化局关于印发《深圳市工业和信息化局支持绿色发展促进工业"碳达峰"扶持计划操作规程》的通知：深工信规〔2021〕4号〔EB/OL〕. (2021-08-16)〔2021-11-15〕. http：//gxj. sz. gov. cn/gkmlpt/content/9/9063/post_9063126. html#3115.

[13] 人民政协网. 建材行业能否提前碳达峰〔EB/OL〕.〔2021-8-11〕. http：//www. rmzxb. com. cn/c/2021-08-11/2927948. shtml.

[14] 新浪财经. 中钢协执行会长何文波：已完成《钢铁行业碳达峰实施方案》初稿，基本明确了行业的达峰路径、重点任务及降碳潜力〔EB/OL〕.〔2021-07-17〕. https：//finance. sina. com. cn/stock/stockzmt/2021-07-17/doc-ikqciyzk6066839. shtml.

[15] 中国化工报. 行业发布碳达峰与碳中和宣言 提出六项倡议和承诺〔EB/OL〕.〔2021-01-15〕. http：//www. ccin. com. cn/detail/6ecef091a828d0f55d5c41a8e046f5e6.

[16] 人民网. 中国有色金属工业协会：《有色金属行业碳达峰实施方案》正在征求意见.〔EB/OL〕.〔2021-04-08〕. http：//finance. people. com. cn/GB/n1/2021/0408/c1004-32073250. html.

[17] 中华人民共和国工业和信息化部. 中华人民共和国工业和信息化部公告2016年第58号〔EB/OL〕.〔2016-11-15〕. https：//www. miit. gov. cn/jgsj/jns/gzdt/art/2020/art_e55ed3a5cf3947869d25dbf6cad302f8. html.

[18] 中华人民共和国工业和信息化部. 中华人民共和国工业和信息化部公告2017年第50号〔EB/OL〕.〔2017-11-15〕. https：//www. miit. gov. cn/jgsj/jns/wjfb/art/2020/art_9c7238e38a004f97a13977c793c136e9. html.

[19] 中华人民共和国工业和信息化部. 中华人民共和国工业和信息化部公告2018年第55号〔EB/OL〕.〔2018-11-05〕. https：//www. miit. gov. cn/jgsj/jns/gzdt/art/2020/art_96452c896753481c9e6d0accd1005bc1. html.

[20] 中华人民共和国工业和信息化部. 中华人民共和国工业和信息化部公告2019年第55号〔EB/OL〕.〔2019-12-10〕. https：//www. miit. gov. cn/jgsj/jns/gzdt/art/2020/art_bb255391e07d4d0ca2aefa8ccdbc994b. html.

[21] 中华人民共和国工业和信息化部. 中华人民共和国工业和信息化部公告2020年第40号〔EB/OL〕.〔2020-11-05〕. https：//www. miit. gov. cn/zwgk/zcwj/wjfb/gg/art/

2020/art_e0190e6c3c404e54a7958e863d68d6a2. html.

［22］ 中华人民共和国工业和信息化部. 中华人民共和国工业和信息化部公告 2016 年第 13 号 ［EB/OL］. ［2016-3-25］. https：//www. miit. gov. cn/zwgk/zcwj/wjfb/gg/art/2020/art_4c79221c10534566a220faa23eb9b76e. html.

［23］ 中华人民共和国工业和信息化部. 中华人民共和国工业和信息化部公告 2018 年第 5 号 ［EB/OL］. ［2018-02-01］. https：//www. miit. gov. cn/jgsj/jns/wjfb/art/2020/art_75e12acdb97a4dd2ae867bfc96aaa85d. html.

［24］ 中华人民共和国工业和信息化部. 绿色数据中心先进适用技术产品目录（2019 年版）公告 ［EB/OL］. ［2019-11-08］. https：//www. miit. gov. cn/jgsj/jns/nyjy/art/2020/art_24e9bd36e3aa478fb8adaa5a0314a09a. html.

［25］ 中华人民共和国国家发展和改革委员会. 《国家重点节能低碳技术推广目录（2017 年本，节能部分）》发布 ［EB/OL］. ［2018-02-28］. https：//www. ndrc. gov. cn/fggz/hjyzy/jnhnx/201803/t20180302_1134163. html？code＝&state＝123.

［26］ 中华人民共和国国家发展和改革委员会. 中华人民共和国国家发展和改革委员会公告 2018 年第 3 号 ［EB/OL］. ［2018-01-31］. https：//www. ndrc. gov. cn/xxgk/zcfb/gg/201802/t20180212_961202. html？code＝&state＝123.

［27］ 中华人民共和国国家发展和改革委员会. 中华人民共和国国家发展和改革委员会公告 2016 年第 30 号 ［EB/OL］. ［2016-12-30］. https：//www. ndrc. gov. cn/xxgk/zcfb/gg/201701/t20170119_961173. html？code＝&state＝123.

［28］ 中华人民共和国国家发展和改革委员会. 关于对《战略性新兴产业重点产品和服务指导目录》（2016 版）征求修订意见的公告 ［EB/OL］. ［2018-09-21］. https：//www. ndrc. gov. cn/xwdt/tzgg/201809/t20180921_959239. html？code＝&state＝123.

［29］ 中国人民银行. 中国人民银行发展改革委证监会关于印发《绿色债券支持项目目录（2021 年版）》的通知银发 ［2021］ 96 号 ［EB/OL］. ［2021-04-21］. http：//www. pbc. gov. cn/goutongjiaoliu/113456/113469/4236341/index. html.

［30］ 中华人民共和国财政部. 关于印发节能节水和环境保护专用设备企业所得税优惠目录（2017 年版）的通知财税 ［2017］ 71 号 ［EB/OL］. ［2017-09-06］. http：//szs. mof. gov. cn/zhengcefabu/201709/t20170925_2710919. htm.

［31］ 祁连中，李伟，谢威，等. 层燃锅炉自动化低氮燃烧技术的研究应用 ［J］. 工业锅炉，2020（2）：25-30.

［32］ 中华人民共和国国家发展和改革委员会. 国家发展和改革委员会等部门关于严格能效约束推动重点领域节能降碳的若干意见发改产业 ［2021］ 1464 号 ［EB/OL］. ［2021-10-21］. https：//www. ndrc. gov. cn/xxgk/zcfb/tz/202110/t20211021_1300583. html？

code＝＆state＝123.

[33] 沙宏磊，张诚，赵旭辉，等. 磁悬浮透平真空泵在造纸行业的应用［C］. //中国造纸学会. 中国造纸学会第十九届学术年会论文集. 北京：中国造纸学会，2020.

[34] 淄博科邦热工科技有限公司. 水泥熟料节能降氮烧成技术［J］. 新世纪水泥导报，2019，25（1）：34.

[35] 张概兴. SNCR-SCR 烟气脱硝技术及其应用分析［J］. 节能与环保，2021（10）：56-57.

[36] 王子驰，雷炳银，徐立军，等. 多能互补分布式能源与综合能源管理系统优化调度［J］. 微型电脑应用，2021，37（8）：119-122.

[37] 中华人民共和国工业和信息化部. 三部门关于印发《变压器能效提升计划（2021-2023 年）》的通知［EB/OL］.［2021-01-15］. https：//wap. miit. gov. cn/jgsj/jns/wjfb/art/2021/art_0c09a0c21942449db1524b56caeeced8. html.

[38] 中华人民共和国工业和信息化部. 工业和信息化部办公厅市场监管总局办公厅关于印发《电机能效提升计划（2021-2023 年）》的通知工信厅联节〔2021〕45 号［EB/OL］.［2021-11-22］. https：//wap. miit. gov. cn/jgsj/jns/gzdt/art/2021/art _09b9a0f43de9496abff73b1954831e37. html.